绿色水产养殖典型技术模式丛书

增殖型

海洋牧场技术模式

ZENGZHIXING

HAIYANG MUCHANG JISHU MOSHI

全国水产技术推广总站 ◎ 组编

中国农业出版社

北 京

图书在版编目（CIP）数据

增殖型海洋牧场技术模式 / 全国水产技术推广总站组编 .—北京：中国农业出版社，2021.11
（绿色水产养殖典型技术模式丛书）
ISBN 978-7-109-28956-7

Ⅰ.①增… Ⅱ.①全… Ⅲ.①海洋农牧场—水产养殖
Ⅳ.①S953.2②S96

中国版本图书馆 CIP 数据核字（2021）第 246133 号

中国农业出版社出版

地址：北京市朝阳区麦子店街 18 号楼
邮编：100125
策划编辑：武旭峰　王金环
责任编辑：王金环
版式设计：王　晨　责任校对：吴丽婷
印刷：北京通州皇家印刷厂
版次：2021 年 11 月第 1 版
印次：2021 年 11 月北京第 1 次印刷
发行：新华书店北京发行所
开本：700mm×1000mm　1/16
印张：13.75　插页：20
字数：320 千字
定价：58.00 元

丛书编委会

EDITORIALBOARD

本书编委会

DITORIALBOARD

丛书序
Preface

■■■

　　绿色发展是发展观的一场深刻革命。以习近平同志为核心的党中央提出创新、协调、绿色、开放、共享的新发展理念，党的十九大和十九届五中全会将贯彻新发展理念作为经济社会发展的指导方针，明确要求推动绿色发展，促进人与自然和谐共生。

　　进入新发展阶段，我国已开启全面建设社会主义现代化国家新征程，贯彻新发展理念、推进农业绿色发展，是全面推进乡村振兴、加快农业农村现代化，实现农业高质高效、农村宜居宜业、农民富裕富足奋斗目标的重要基础和必由之路，是"三农"工作义不容辞的责任和使命。

　　渔业是我国农业的重要组成部分，在实施乡村振兴战略和农业农村现代化进程中扮演着重要角色。2020年我国水产品总产量6 549万吨，其中水产养殖产量5 224万吨，占到我国水产总产量的近80％，占到世界水产养殖总产量的60％以上，成为保障我国水产品供给和满足人民营养健康需求的主要力量，同时也在促进乡村产业发展、增加农渔民收入、改善水域生态环境等方面发挥着重要作用。

　　2019年，经国务院同意，农业农村部等十部委印发《关于加快推进水产养殖业绿色发展的若干意见》，对水产养殖绿色发展作出部署安排。2020年，农业农村部部署开展水产绿色健康养殖"五大行动"，重点针对制约水产养殖业绿色发展的关键环节和问题，组织实施生态健康

养殖技术模式推广、养殖尾水治理、水产养殖用药减量、配合饲料替代幼杂鱼、水产种业质量提升等重点行动，助推水产养殖业绿色发展。

为贯彻中央战略部署和有关文件要求，全国水产技术推广总站组织各地水产技术推广机构、科研院所、高等院校、养殖生产主体及有关专家，总结提炼了一批技术成熟、效果显著、符合绿色发展要求的水产养殖技术模式，编撰形成"绿色水产养殖典型技术模式丛书"（简称"丛书"）。"丛书"内容力求顺应形势和产业发展需要，具有较强的针对性和实用性。"丛书"在编写上注重理论与实践结合、技术与案例并举，以深入浅出、通俗易懂、图文并茂的方式系统介绍各种养殖技术模式，同时将丰富的图片、文档、视频、音频等融合到书中，读者可通过手机扫描二维码观看视频，轻松学技术、长知识。

"丛书"可以作为水产养殖业者的学习和技术指导手册，也可作为水产技术推广人员、科研教学人员、管理人员和水产专业学生的参考用书。

希望这套"丛书"的出版发行和普及应用，能为推进我国水产养殖业转型升级和绿色高质量发展、助力农业农村现代化和乡村振兴作出积极贡献。

丛书编委会

2021 年 6 月

前 言
Foreword

∎∎∎

　　世界各国高度重视生物多样性保护与修复。生物资源，特别是渔业资源的衰退，已经得到全世界的高度关注。联合国粮食及农业组织发布的《2018年世界渔业和水产养殖状况》强调，其所评估的海洋渔业（含鱼类、甲壳类、软体动物和其他水生动物）资源状况持续恶化。生物资源可持续限度内捕捞的海洋鱼类种群比例呈下降趋势，从1974年的90％下降到2017年的65.8％。相比之下，生物资源不可持续水平上捕捞的鱼类种群比例从1974年的10％增加到2017年的34.2％，20世纪70年代末和20世纪80年代增幅最大。2017年，在最大产量上可持续捕捞的种群占总评估种群的59.6％，未充分捕捞种群仅占6.2％，未充分捕捞的鱼类种群比例自1974年以来持续下降。

　　海洋牧场建设是保障优质蛋白供给、促进产业转型升级和践行"绿水青山就是金山银山"理念的具体实践。海洋牧场是基于生态学原理，充分利用自然生产力，运用现代工程技术和管理模式，通过生境修复和人工增殖，在适宜海域构建的兼具环境保护、资源养护和渔业持续产出功能的生态系统。《中国水生生物资源养护行动纲要》明确指出，渔业资源增殖是水生生物资源养护的重要组成部分。增殖型海洋牧场即聚焦增殖策略、适应性增殖模式，选定重点海洋物种繁衍为生态核心目标，实现生物量增加、资源恢复和海洋生态系统修复。

　　我国海洋生态牧场发展迅速。从2015年起，我国近海已有136个国家级海洋牧场示范区获得批准建设，其中76个是增殖型海洋牧场。

据不完全统计，国家级海洋牧场示范区建设总面积已超过 2.08×10^5 公顷。经过 50 余年的努力，我国海洋生态牧场建设效果显著，在理论和实践方面都取得了丰硕成果，为现代化海洋牧场建设提供了建设方向和参考样例，同时也奠定了坚实的技术基础。

2021 年是"十四五"开局之年，更是中国开启第二个百年奋斗目标的"元年"，我国将开启全面建设社会主义现代化国家新征程。为此，必须强化水生生物资源养护，在长江流域重点水域实施十年禁捕；实施海洋渔业资源总量管理，推动沿海省份全面开展限额捕捞试点，规范有序发展海洋牧场；稳步发展稻渔综合种养和大水面生态渔业，鼓励发展碳汇渔业等。由此可见，采用创新原理和技术，高效构建增殖型海洋牧场，十分迫切。

建设增殖型海洋牧场必须坚持生态保护优先、自然修复为主、"三生一体"（即"生产、生活、生态"）和多元融合的理念。增殖型海洋牧场发展理念未来有望拓展到淡水水域，形成陆海统筹的水域生态牧场。

坚持生态保护优先。增殖型海洋牧场建设必须突出保护理念的坚决性与首要性，能保护的就不要修复，能修复的就不要重建。对于受损严重的海域，在加强生境保护的同时，针对海域受损现状，"因海制宜"提出行之有效的修复方案。根据承载力与生物资源特征，科学确定增殖的物种与规模，是增殖型海洋牧场建设和保障可持续发展的重中之重。

坚持自然修复为主。增殖型海洋牧场建设必须突出与自然共建的理念，利用并充分发挥自然修复能力；在生境修复与资源养护的过程中必须遵循并符合自然规律，不搞破坏性修复；建设技术、设施与模式必须具备科学性，在科学实验的基础上，实现技术高效化、装备现代化与模式生态化，系统有效地修复受损的海域生态系统。

坚持"三生一体"。增殖型海洋牧场建设必须促进生态、生产与生活协调发展。为了促进增殖型海洋牧场建设和可持续发展，积极拓展绿色加工、休闲渔业等二三产业的发展。在保护环境、养护资源和实现渔业持续产出的同时，推动产业交叉融合，促进产业转型升级，为渔民增收和渔业增效注入活力。

坚持多元融合。增殖型海洋牧场建设在抓实生态修复、资源养护的基础之上，构建渔旅融合、渔能融合新模式，提高增殖型海洋牧场的服务价值；融入海上风电、太阳能发电、波浪能发电等功能，实现集约节约用海，生态效益和经济效益并举的可持续发展模式。在环境和资源条件较好的区域，以发展休闲渔业为建设目标，开展高值经济鱼类增殖放流，配建陆基或船基旅游保障单元，适度发展游钓渔业、潜水观光等旅游产业；建立可再生能源观测系统，科学选址，立体布局，发展海上风电、波浪能等新能源产业。

为了贯彻落实《关于加快推进水产养殖业绿色发展的若干意见》(农渔发〔2019〕1号) 精神，促进水产养殖业生态健康可持续发展，全国水产技术推广总站决定组织编写《绿色水产养殖典型技术模式丛书》。《增殖型海洋牧场技术模式》是其中之一，旨在为进一步规范海洋牧场建设提供参考。

本书编委会具体分工如下，前言由杨红生、张锋编写，第一章由张秀梅、杨红生、于宗赫、林承刚、胡成业编写，第二章由章守宇、梁振林、胡超群、张立斌、郭禹、邢丽丽编写，第三章由张涛、王爱民、张沛东、王清、奉杰、章守宇、汪振华、王凯、张立斌、黄晖、郭禹、李培良、程家骅编写，第四章由关长涛、陈丕茂、李娇、佟飞、林军、许强、王爱民、孙立元、唐衍力、王云中、张云岭、王维忠、王磊平、薛清海、李长青、李波编写，第五章由田涛、吴忠鑫、周毅、许强、王熙杰、于伟松、丁峰编写，二维码内容由孙景春、罗刚、房燕、许强、覃乐政、闫冬春等完成，书稿统筹编写由罗刚、许强、孙景春、房燕、李苗、陈圣灿、陈梓聪等完成。

由于时间和编者水平所限，书中有不妥之处在所难免，敬请广大读者批评指正！

编　者

2021 年 8 月

目 录
Contents

■ ■ ■

第一章

海洋牧场概述

第一节　海洋牧场的定义、分类及发展简史

一、海洋牧场的定义、分类

（一）海洋牧场的定义

一般认为，海洋牧场理念起源于 20 世纪 70 年代的美国和日本（杨红生，2016）。美国于 1968 年提出了海洋牧场建造计划，并于 1974 年在加利福尼亚建成巨藻海洋牧场（陈丕茂等，2019）。日本虽然在 20 世纪 50 年代开始使用"海洋牧场（Sea ranching）"这一用语，但直到1971 年才在日本水产厅海洋审议会议文件中提出"海洋牧场"的具体定义，即"海洋牧场将成为未来渔业的基本技术体系，这一系统可以从海洋生物资源中持续产生食物"。此后一段时期，日本不断丰富和完善"海洋牧场"的内涵。1973 年，在冲绳国际海洋博览会上，日本着重强调了"海洋牧场是一种在人为管理下维护和利用海洋资源的全新生产形式"。1976 年，在日本海洋科学技术中心（Japan Marine Science and Technology Center，JAMSTEC）的海洋牧场技术评定调查报告中，将海洋牧场概念定义为"将水产业作为粮食产业和海洋环境保护产业，以系统的科学理论与技术实践为支撑，在制度化管理体制下形成的未来产业系统模式"；至 1980 年，日本农林水产省农林水产技术会议在论证"海洋牧场化计划"时，将海洋牧场的定义进一步扩展为"将苗种生产、渔场建造、苗种放流、养成管理、收获管理、环境控制、病害防治等广泛的技术要素有机组合的管理型渔业"，是"栽培渔业高度发展阶段的形态"（刘卓等，1995）。在欧美地区，1980 年 Thorpe 提出了海洋牧场（Ocean ranching）的概念，认为海洋牧场是一种渔业方式，即幼鱼增殖放流后，在不受保护、不被看管的自然环境中，依靠天然饵料生长，

待达到需求规格后进行捕获（Thrope，1980）。1996 年，在联合国粮食及农业组织（Food and Agriculture Organization of the United Nations，FAO）召开的海洋牧场国际研讨会上，进一步阐述了"海洋牧场"的概念，并将"资源增殖"或"增殖放流"视为"海洋牧场"，同时评价了"海洋牧场"的发展现状及未来发展方向，得到了欧美各国学者的广泛认同（陈丕茂等，2019；王凤霞等，2018）。20 世纪 90 年代后，欧美国家以及 FAO 普遍将"渔业资源增殖（Stock enhancement）"等同于"海洋牧场（Marine ranching）"，使海洋牧场的主要内涵包括了增殖种的放流、生长与捕获。

我国学者在较早时期就提出了基于增殖放流的海洋牧场理念，并对海洋牧场理念的发展做出了原创性的贡献。早在 1947 年，朱树屏就首次提出了"水即是鱼的牧场"的概念，倡导"种鱼""种水"（陈丕茂等，2019；朱树屏，2007）。1963 年，朱树屏又进一步提出与"海洋农牧化"相似的理念，认为水产的本质就是水里的农业，"海洋、湖泊就是鱼虾等水生动物生活的牧场"（朱树屏，2007）。1965年，曾呈奎院士明确提出了"海洋生产农牧化"概念，将其定义为"通过人为干涉改造海洋环境，以创造经济生物生长发育所需要的良好环境条件，同时也对生物本身进行必要的改良，以提高它们的产量和质量"，认为海洋生产同陆地上的"农牧化"一样，包括了两个内容，即通过"滩涂、礁盘式生产，浮筏式生产，网箓式生产，池塘式生产等"方式方法实现"农业化"，以及通过"放养"或"放牧"等放养型生产方式，利用自然海域的生产力，实现"牧业化"（曾呈奎，1979）。随后，冯顺楼在 1983 年提出了建设人工鱼礁，开创我国海洋渔业新局面的建议，通过为鱼类提供栖息场所、上升流对海底营养物的带动作用，以及改变种群结构等可以有效实现渔业资源的增殖，相当于农业生产上的选种、育种、播种，从而将人工鱼礁纳入海洋牧场的内涵（冯顺楼，1983）。1989 年，冯顺楼进一步提出了要以人工鱼礁为基础，结合人工藻场、人工鱼苗放流，建设我国的海洋牧场（冯顺楼，1989）。自 20 世纪 90 年代后，我国学者开始从系统构建角度不断深化海洋牧场的概念，逐渐将增殖放流、生境营造、繁育驯化和环境监测等理念综合融入海洋牧场的概念（陈永茂等，2000）。随后，有学者进一步从人为管理及技术应用角度对海洋牧场的定义不断补充完善。如阙华勇等提出，要建立生态化、良种化、工程化、高质化的渔业生产与管理模式，实现"海陆统筹、三产贯通"的海洋渔业新业态（阙华勇等，2016）。2009 年，陈勇在总结前人研究和建设实践的基础上，提出了"现代化海洋牧场"的建设理念和技术体系，他认为现代化海洋牧场"是一种基于生态系统特征，以现代科学技术为支撑和运用现代管理理论与方法进行管理，最终实现生态健康、资源丰富、产品安全的一种现代海洋渔业生产方式"（陈勇，2020），进一步丰富与阐述了海洋牧场的内涵。2017 年农业部渔业渔政管理局组织编著的《中国海洋牧场发展战略研究》一书中，将海洋牧场定义为"基于海洋生态系统原理，在特定海域经过人工鱼礁、增殖放流等措施，构建或修复海洋生物繁殖、生长、索饵或避敌所需的场所，增殖渔业资源、改善海域生态环境，实现渔业资源可持续利用的渔业模式"，并通过中华人民共和国水产行业标准《海洋牧场分类》（SC/T 9111—2017）将这一定义明确发布（中华人民共和国农业部，2017；农业部渔业渔政管理局，2017）。2019 年 3 月 31 日，在浙江舟山召开的第 230 届"双清论坛"上，与会代表围绕"海洋牧场环境演化与生态环境承载力、生境营造与增殖的技术促进机制、生态过程及其资源养护和增殖效应、监测预警信息技术、风险防控与综合管理"等议题，对国内外在该领域的研究现状、研究进展、研究热点、研究趋势等进行了认真分析，针对海洋牧场的概念和内涵进行了深入探讨，以生态系统保护为主基调对海洋牧场进行了新的定义，即"海洋牧场是基于生态学原理，充分利用自然生产力，运用现代工程技术和管理模式，通过生境修复和人工增殖，在适宜海域构建的兼具环境保护、资源养护和渔业持续产出功能的生态系统"（彩图 1）。

（二）海洋牧场的分类

截至目前，国外对于海洋牧场的分类研究报道相对较少。在日本仅见有学者于 1991 年提出将海洋牧场大致分为两个类型，即全量收获型和再生产型。全量收获型是指在放流海域全量收获所有的放流苗种，即放流多少收获多少；再生产型则是指使放流苗种在自然海域中自然生长与繁殖，待其融入自然资源后再进行捕捞生产，即先进行鱼类资源的补充再进行捕捞生产（农林水产技术会议事务局，1991）。在欧美地区，Leber 于 1999 年提出将海洋牧场分为捕获型和补充型两大类型（Leber

等，1999）。其中捕获型海洋牧场是指将人工繁育苗种放流到海洋后，待其长成后再进行收获；补充型海洋牧场是指人工苗种在放流后，经适当的人工管理使其生长至性成熟并自然繁殖，对资源量进行补充。由于国外学者通常将海洋牧场等同于资源增殖，因而其后续提出的全量收获型、捕获型与一代回收型表达的内涵基本一致，补充型、资源造成型与再生产型所表达的内涵也一致（Leber 等，1999；唐启升，2019）。

在我国，针对海洋牧场开展的分类研究相对较多，依据不同的分类原则可将海洋牧场的类型进行多种划分。综合已有报道来看，主要分类原则包括了 4 项，即功能分异原则、区域分异原则、物种分异原则、利用分异原则。除以上 4 项分类原则外，还有按生产方式和建设水平等进行的分类，均能从不同角度阐明不同海洋牧场的类型和特征（陈丕茂等，2019）。2017 年 6 月，农业部发布了中华人民共和国水产行业标准《海洋牧场分类》（SC/T 9111—2017）（表 1-1），将海洋牧场明确划分为两级。其中，第一级将按功能分异原则，划分为养护型海洋牧场、增殖型海洋牧场和休闲型海洋牧场三类。养护型海洋牧场是指以保护和修复生态环境、养护渔业资源或珍稀濒危物种为主要目的的海洋牧场。增殖型海洋牧场是指以增殖渔业资源和产出渔获物为主要目的的海洋牧场。休闲型海洋牧场是指以休闲垂钓和渔业观光等为主要目的的海洋牧场。在第一级划分基础上，进一步通过第二级划分将养护型海洋牧场按区域分异原则分为 4 类；增殖型海洋牧场按物种分异原则分为 6 类；休闲型海洋牧场按利用分异原则分为 2 类（中华人民共和国农业部，2017）。养护型、增殖型和休闲型 3 类海洋牧场，均为综合性海洋牧场，其区别在于主要功能和目的的不同。这一分类方法分级相对明确，分类划分依据简明实用，有利于海洋牧场技术标准体系的构建，适合我国的海洋牧场实际发展建设情况（陈丕茂等，2019）。在此基础上，2017 年 10 月，山东省质量技术监督局颁布了《海洋牧场建设规范》系列地方标准，依据山东省海洋生境特征与海洋牧场建设现状，以游钓型、投礁型、底播型、装备型与田园型等多种特色牧场建设为主体对象，对山东省管辖海域内的海洋牧场进行了更精细的分类（山东省质量技术监督局，2017）。

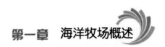

表 1-1　中华人民共和国水产行业标准《海洋牧场分类》（SC/T 9111—2017）
　　　　的海洋牧场分类

海洋牧场分类		对中国现有常用名称的归类
一级	二级	
养护型海洋牧场	河口养护型海洋牧场 海湾养护型海洋牧场 岛礁养护型海洋牧场 近海养护型海洋牧场	归类 10 种：生态型海洋牧场、生态修复型海洋牧场、资源生态保护型海洋牧场、资源养护型海洋牧场、资源修复型海洋牧场、种质保护型海洋牧场、增殖保护型海洋牧场、公益型海洋牧场、生态公益型海洋牧场、准生态公益型海洋牧场
增殖型海洋牧场	鱼类增殖型海洋牧场 甲壳类增殖型海洋牧场 贝类增殖型海洋牧场 海藻增殖型海洋牧场 海珍品增殖型海洋牧场 其他物种增殖型海洋牧场	归类 5 种：海珍品增殖型海洋牧场、渔业增养殖型海洋牧场、经济型海洋牧场、生态开发型海洋牧场、渔获型海洋牧场
休闲型海洋牧场	休闲垂钓型海洋牧场 渔业观光型海洋牧场	归类 5 种：休闲垂钓型海洋牧场、（休闲渔业）开放型海洋牧场、（休闲渔业）开发型海洋牧场、休闲观光型海洋牧场、休闲生态型海洋牧场

二、海洋牧场的发展历程

（一）国外发展历程

19 世纪 60—80 年代，为了应对因水电开发等导致的洄游性鲑科鱼类的减少，美国、加拿大、苏联以及日本等国家实施了大规模的鲑科鱼类增殖放流计划。随后，在世界其他地区，如澳大利亚、新西兰等国家也开展了类似的增殖放流实践（陈丕茂，2019）。20 世纪初，为了稳定近海渔业资源，美国、英国、挪威等国家针对多种海洋生物开展了增殖放流工作，放流种类包括鳕、黑线鳕、狭鳕、鲽、鲆、龙虾等多种海洋经济种（杨红生，2016）。但综合来看，这一时期开展的很多放流实践并未取得显著效果（唐启升，2019）。随着人工鱼礁的出现，海洋牧场建设开始从单纯的经济种类放流向资源养护转变。从字面上看，人工鱼礁是指人为向水中投放各种材料的物体，以鱼类为对象，供其聚集、栖息的设施。又因鱼礁作为捕捞技术的副渔具用来诱集鱼类，进行捕捞生产，所以曾使用"渔礁"一词（杨吝等，2005）。随着人们对渔业资源的过度开发，鱼礁的用途也在不断变化，目前其定义已扩充为："人工

鱼礁是人们在大海中经过科学选点而设置的构造物，旨在改善海域生态环境，为鱼类等水生生物的聚集、索饵、繁殖、生长、避敌提供必要的、安全的栖息场所，以达到保护、增殖渔业资源和提高渔获量的目的"（陈心等，2006）。

20 世纪 50 年代，日本开始将人工鱼礁建设纳入国家规划来实施。1954 年，日本政府已开始有计划地建设小规模人工鱼礁，到 1958 年则开始进行较大规模的人工鱼礁建设，希望通过人工鱼礁建设为海洋生物营造良好的栖息生境，改善近岸海域生态环境，保障近海渔业的可持续发展。1971 年，"海洋牧场"一词首先出现在日本提出的"海洋牧场系统构想"中。1974 年，日本政府颁布了《沿岸渔场整修开发法》，将人工鱼礁建设逐步制度化。在此指引下，日本于 1976 年开始进行大规模的沿岸渔场整治开发。1978—1987 年，日本水产厅制定了《海洋牧场计划》，规划在日本列岛沿海兴建 5 000 千米长的人工鱼礁带，把整个日本沿海建设成为广阔的"海洋牧场"（农业部渔业渔政管理局，2017）。1986 年，日本沿岸渔业振兴开发协会公布了《沿岸渔场整备开发事业人工鱼礁渔场建设计划指南》，该指南随即成为日本人工鱼礁建设的标准和依据。1987 年，日本开始实施"海洋牧场计划"，建设了世界上第一个现代意义上的海洋牧场——黑潮海洋牧场（王凤霞等，2018）。随着日本国内人工鱼礁建设的持续开展，人工鱼礁开始逐渐遍布日本列岛沿海。至 20 世纪 90 年代，日本已在全国近岸 12.3% 的海域设置了人工鱼礁（杨吝等，2005），建立了以大分县海洋牧场为代表的一批海洋牧场，并将增殖放流、人工鱼礁建设、鱼类行为驯化技术等充分融入海洋牧场建设，形成了一整套精细化的海洋牧场管理体系，揭开了海洋牧场"工业革命"的序幕（杨红生，2016）。

美国的海洋牧场建设也是起步于人工鱼礁建设。1935 年，美国在新泽西州梅角附近建造了世界上第一座人造鱼礁。二战后美国的人工鱼礁建设逐步加快，建礁范围从美国东部海岸逐步扩大到西部海岸和墨西哥湾以及夏威夷地区；1968 年美国政府提出了建造海洋牧场计划，1972 年通过 92-402 号法案以法律形式付诸实施，自此掀起了美国人工鱼礁建设的高潮，并于 1974 年在加利福尼亚州建成巨藻海洋牧场（陈丕茂等，2018；农业部渔业渔政管理局，2017）；20 世纪 80 年代，随着在全国沿海建设人工鱼礁的《国家渔业增殖提案》的通过，以及

1985 年《国家人工鱼礁计划》的出台，美国成为继日本之后第二个把人工鱼礁建设纳入国家发展计划的国家，促使美国的人工鱼礁建设迅速发展。至 20 世纪 80 年代初期，美国已在近岸海域投放 1 200 处人工鱼礁；至 2000 年时已达到 2 400 处，游钓人数已达 1 亿左右，海洋生态和经济效益得到显著提升（杨金龙，2004）。

韩国从 1973 年开始在沿海大规模投放人工鱼礁，20 世纪 90 年代中期制订了《韩国海洋牧场事业的长期发展计划（2008—2030）》，并于 1998 年开始实施海洋牧场计划，在韩国东、西、南部沿海建设 5 个不同类型的海洋牧场示范区。截至 2000 年，韩国在海洋牧场建设领域投资约 4 253 亿韩元（约合人民币 30 亿元），累计建设海洋牧场 14 万公顷（杨宝瑞等，2014；刘同渝，2003）。2005 年，韩国制定了《小规模海洋牧场推进计划》，从 2006 年开始到 2020 年投资 2 500 亿韩元，在全国建设 50 多个小规模海洋牧场，覆盖全部沿海海域。2009 年韩国又将最初的"小规模海洋牧场"更名为"沿岸海洋牧场"，开始逐步建设海洋牧场示范基地，进一步推进沿岸海洋牧场建设（杨宝瑞等，2014）。

在欧洲地区，自 20 世纪以来，许多国家都制定了各自的海洋牧场发展计划，开展以人工鱼礁建设为基础的海洋牧场建设。自 20 世纪 60 年代起，挪威、法国、西班牙等国纷纷开展人工鱼礁建设与增殖放流实践。挪威于 1988 年开始在马斯峡湾开展鳕的增殖放流，并于 1990 年提出了海洋牧场建设计划，2000 年开始人工鱼礁建设。西班牙于 1979 年在巴塞罗那沿岸海域完成了第一个面积约 1 000 米^2 的人工鱼礁建设，并于 1983 年颁布了《关于人工鱼礁的多年度指导计划》（王凤霞等，2018）。位于南半球的澳大利亚等国，也根据本国的渔业资源特点开展了多年的资源增殖与人工栖息地营造工作（涂逢俊，1994）。

随着世界各国海洋牧场建设的逐渐兴起，海洋牧场相关研究工作也得到迅速发展。据不完全统计，1968—2019 年，国际上对海洋牧场的研究呈稳定增长态势，尤其是在 20 世纪 90 年代前后，随着日本、美国、澳大利亚、韩国、中国等国家相继出台了《日本海洋研究开发长期计划（1998—2007）》《美国海洋战略发展规划（1995—2005）》《澳大利亚海洋科技计划》《韩国海洋牧场长期发展计划（1998—2030）》《中国国家级海洋牧场示范区建设规划（2017—2025）》等国家战略规划，海洋牧场相关研究进入快速发展阶段。截至 2019 年上半年，全世界已发

表海洋牧场研究相关论文和著作累计达 2 400 余篇/部（董利苹，2020）。

为进一步在世界范围内推动人工鱼礁的研究工作，1974 年，近 250 名学者在美国休斯敦参加了第一届人工鱼礁和人工栖息地国际研讨会（CARAH），旨在加强世界各国人工鱼礁研究人员的信息沟通，并提高人们对人工鱼礁在渔业资源管护方面的应用价值与潜力等的关注程度。自此，CARAH 每 3 年在不同国家举办一次。2017 年，第 11 届 CARAH 在马来西亚举办。此外，为了进一步发展资源增殖及海洋牧场相关研究，提高资源增殖对改善渔业资源状况的效率，1997 年，第一届资源增殖与海洋牧场国际论坛（ISSESR）在挪威卑尔根举行。该论坛每 4～5 年举办一次，以帮助相关研究人员交流资源增殖领域的最新研究成果。2019 年，第 6 届资源增殖与海洋牧场国际论坛在美国佛罗里达州举办。以上国际学术会议对于推进海洋牧场研究成果交流、促进相关技术融合发展等发挥了重要作用。

（二）国内发展历程

我国海洋牧场发展同样经历了初期的资源增殖放流、人工鱼礁投放及系统化海洋牧场产业发展等阶段。早在 20 世纪 70 年代中后期，我国就开展了对虾的增殖放流实践（尹增强等，2008）。从 20 世纪 80 年代末开始，逐步开展了海蜇、三疣梭子蟹、金乌贼、曼氏无针乌贼、真鲷、黑鲷、大黄鱼、牙鲆、许氏平鲉、虾夷扇贝、魁蚶、仿刺参等多种海洋经济种的规模化增殖放流工作（杨红生，2016）。我国人工鱼礁建设最早始于 1979 年，在广西钦州地区投放了 26 座试验性小型单体人工鱼礁（杨红生，2016）。从 20 世纪 80 年代起，人工鱼礁建设工作进一步得到国家的重视，全国各地共投放了 2.87 万件人工鱼礁，总计 8.9 万空方[*]（杨红生，2016）。进入 21 世纪以来，广东、浙江、江苏、山东和辽宁等沿海省份通过政府提供资金和政策支持，依托企业实施建设的新模式，掀起了新一轮人工鱼礁建设热潮。2005—2009 年，仅山东省就开展了 20 余种海洋生物的增殖放流，累计投放苗种约 95.5 亿单位，投放礁体 226.6 万空方（游桂云等，2012）。2001—2006 年，浙江省在大陈、鱼山、秀山等 7 个生态区共投放鱼礁 4.66×10^5 空方（王伟定，2007）。自 2010 年起，天津、广东、海南等沿海省份均已开启人工

---

[*] "空方"为人工鱼礁形成的空间体积，单位是立方米，行业习惯称为"空方"。——编者注

鱼礁的规划和建设活动（张健等，2014）。2013 年发布的《国务院关于促进海洋渔业持续健康发展的若干意见》中明确要求"发展海洋牧场，加强人工鱼礁投放，加大渔业资源增殖放流力度"。2015 年，随着绿色发展理念的提出，以及国家级海洋牧场示范区创建活动的开展，极大地促进了我国海洋牧场建设的发展。据不完全统计，截至 2018 年，全国已累计投入海洋牧场建设资金超过 55 亿元，已建国家级海洋牧场示范区达 86 处，人工鱼礁投放量达 6.094×10^{11} 空方（中华人民共和国农业部，2017）。2019 年，农业农村部发布了修订的《国家级海洋牧场示范区建设规划（2017—2025 年）》，根据该规划，到 2025 年，将在全国创建区域代表性强、生态功能突出、具有典型示范和辐射带动作用的国家级海洋牧场示范区 200 个。截至 2020 年底，农业农村部已批复建设国家级海洋牧场示范区 136 处，这对我国近海生物资源养护和生态环境修复发挥了积极的推动作用。

随着我国海洋牧场建设的持续开展，海洋牧场的内涵也不断得到发展与完善，海洋牧场的理论研究体系逐步形成，相关论著不断涌现。据不完全统计，从 1968 年至 2019 年，我国与海洋牧场研究相关的论文发文量以年均 11.44% 的速度迅速增长（董利苹等，2020）。2005 年，我国第一部人工鱼礁专著《中国人工鱼礁的理论与实践》出版，该书由中国水产科学研究院南海水产研究所杨吝等专家编著。基于我国人工鱼礁建设的基本理论及实践经验，并借鉴国外人工鱼礁建设的成功经验，该书详细介绍了人工鱼礁的发展历史和概况以及开展人工鱼礁建设工作所涉及的一些基本知识和做法，总结了我国早期人工鱼礁建设的一些经验教训，并根据人工鱼礁的发展趋势对我国人工鱼礁建设前景作了展望（杨吝等，2005）。2011 年，又有一部人工鱼礁新著作——《人工鱼礁关键技术研究与示范》出版。该书总结了我国人工鱼礁建设项目研究的理论和技术成果，是我国第一部以自主创新研究成果为基础形成的人工鱼礁专著，丰富和充实了我国人工鱼礁和海洋牧场研究的理论基础（贾晓平等，2011）。同年出版的《海州湾海洋牧场：人工鱼礁建设》则以我国海州湾海洋牧场为例，进一步详细介绍了人工鱼礁建设的基本原理及其生态环境效益（朱孔文等，2010）。2014 年由杨宝瑞等编著出版的《韩国海洋牧场建设与研究》，则是我国第一本较详细介绍韩国海洋牧场建设历程、总结韩国海洋牧场建设经验的书籍，为我国海洋工作者了解

国外海洋牧场建设情况提供了较好的参考（杨宝瑞等，2014）。2017年，由中国科学院海洋研究所杨红生编著的《海洋牧场构建原理与实践》出版。该书重点介绍了我国海洋牧场建设的历程，对海洋牧场的生产过程与承载力、海洋牧场的基本分类与功能设计等内容进行了总结与探讨（杨红生，2017）。同年出版的《国家海洋发展战略与浙江蓝色牧场建设路径研究》，则详细介绍了浙江省蓝色牧场建设的背景、理论体系构建、建设现状及影响因素等，对浙江省海洋牧场相关研究进行了详细的总结（胡求光，2018）。2018年，又有一部海洋牧场专著——《海洋牧场概论》出版。该书全面梳理了海洋牧场的概念、发展历程及趋势，并对日本、美国、韩国等国外主要海洋牧场建设国家以及我国海洋牧场建设发展历程进行了较详细的总结与对比（王凤霞等，2018）。同年，由中国科学院海洋研究所杨红生等专家编著的《海洋牧场监测与生物承载力》出版，该书以我国黄渤海典型海洋牧场为例，针对不同海洋牧场的发展模式，评估了其主要经济生物承载力，分析了各海洋牧场的承载力现状，并预测了其承载力的发展趋势及潜力，为海洋牧场建设的未来发展提供了理论参考（杨红生等，2017）。

近年来，随着海洋牧场理论研究与实践的不断发展，海洋牧场建设除传统意义上的增加渔业资源外，开始更加强调海洋生境的修复与重建以及生物资源的养护（杨红生，2016）。海洋牧场的建设与研究内容也逐渐由单一的增殖放流和人工鱼礁建设，开始注重整体系统的构建及全过程的管理等，发展出了涵盖育种、育苗、养殖、增殖、回捕等过程的良种选育和苗种培育技术、海藻场生境构建技术、增养殖设施与工程装备技术、精深加工与高值化利用技术等海洋牧场建设关键技术（彩图2）。为了进一步开展相关技术研发，2010年由中国水产科学研究院南海水产研究所承担的公益性行业（农业）科研专项项目"人工海洋牧场高效利用配套技术模式研究与示范"、2017年由中国科学院海洋研究所承担的中科院重点部署项目"高效海洋生态牧场关键技术集成与示范"、2019年由科技部发布的国家重点研发计划"蓝色粮仓科技创新"重点专项等多个国家级、省部级研发课题相继立项与实施，着力解决现代化海洋牧场关键技术的研发与示范，标志着中国现代化海洋牧场技术研发的全面展开。在科技联合协作方面，中国水产学会海洋牧场专业委员会、国家现代海洋牧场科技创新联盟、海洋牧场建设专家咨询委员会等海洋牧场科技联合协作组织相继成立，这些科技研发交流平台和研究咨询机构的建立对保障中国现代化海洋牧场研究的快速发展发挥了重要作用。在建设规范方面，《人工鱼礁建设技术规范》（SC/T 9416—2014）、《人工鱼礁资源养护效果评价技术规范》（SC/T 9417—2015）、《海洋牧场分类》（SC/T 9111—2017）等行业标准的发布，对于海洋牧场的规范化建设起到了重要的推动作用，标志着我国海洋牧场建设已朝着科学、规范、有序的发展道路前进（陈勇，2020；杨红生，2016）。

2017年，中央1号文件中首次提出了"发展现代化海洋牧场，加强区域协同保护，合理控制近海捕捞"，"现代化"特征已逐步成为未来我国海洋牧场发展的核心元素之一，我国海洋牧场的建设与发展进入了新阶段（陈坤等，2020）。2018年，中央1号文件再次强调"建设现代化海洋牧场"（中共中央国务院，2018）。同年，习近平总书记在庆祝海南建省办经济特区30周年大会讲话中强调，加快培育新兴海洋产业，支持海南建设现代化海洋牧场，着力推动海洋经济向质量效益型转变。2019年，中央1号文件再次强调要"推进海洋牧场建设"，我国海洋牧场建设不断迎来新的发展机遇。

第二节 增殖型海洋牧场发展理念

一、生态优先、生境修复

在现有捕捞和养殖业面临诸多问题的背景下，海洋牧场作为一种新的产业形态，其发展有赖于健康的海洋生态系统，因此必须重视生境修复和资源养护，根据承载力确定合理的建设规模，这是海洋牧场可持续发展的前提。目前，我国除少数海洋牧场在设计中涉及对红树林、海草床、海藻场、牡蛎礁、珊瑚礁的修复外，其他多以增殖经济价值较高的水产品为目的，忽视了对环境和生态系统功能的恢复，对渔业资源结构、遗传多样性等关注不足。若在海洋牧场建设中仍将提高产量作为首要目的，不仅会导致产品品质下降，更会对海洋牧场生态系统的稳定性造成不利影响，违背了可持续发展的建设理念。因此，生态优先理念必须在未来的现代化海洋牧场建设实践中作为第一要务加以重视。生态优先也不意味是完全杜绝开发利用，而是要道法自然，与自然共建。针对不同海区的条件和现状，能够采取限制性措施进行保护的，就不用额外人工干预修复；能够

修复受损现状的，就不要轻易改变物理环境条件开展重建；在生态优先的前提下，要用合理开发，换取最佳生态效益的生境修复效果。

二、资源增殖、自然养护

国际上对海洋牧场的定义更加趋向于资源的增殖及养护，例如《海洋科学百科全书》对海洋牧场的定义为：海洋牧场通常是指资源增殖（Ocean ranching is most often referred to as stock enhancement），或者说海洋牧场与资源增殖含义几乎相等（唐启升，2019）。由此可见，资源增殖及养护是海洋牧场的重要功能之一。但海洋牧场不等同于增殖放流和人工鱼礁建设。增殖放流是海洋牧场建设的内容之一，是将人工孵育的海洋动物苗种投放入海而后捕捞的一种生产方式。人工鱼礁是为入海生物提供栖息地，是海洋牧场建设过程中采用的一种技术手段。真正的海洋牧场构建包括了苗种繁育、初级生产力提升、生境修复、全过程管理等一系列关键环节。海洋牧场强调的是重复利用自然环境的自我修复能力，通过投放人工鱼礁，移植海草床等人工措施，限制以往的过度开发行为，降低人为干扰；通过增殖放流加速原有生物链的修复速度，为受损生态系统的自我修复提供时间、环境及生物条件。

三、陆海统筹、三产贯通

海洋牧场不仅仅局限在特定范围的自然海区，在地理区域分布上可分为陆域和海域两大部分，分别承担着不同功能，而海陆连通性的丧失不利于充分发挥海洋牧场的综合效益。海岸带生态系统属于典型的生态交错区，具有较高的生态活力，海洋牧场的建设必将带动海岸带的保护和开发工作。盐碱地生态农场的牧草和耐盐植物可作为滩涂生态农牧场的优质饲料，滩涂生态农牧场为浅海生态牧场的增殖放流工作提供了大量健康苗种，浅海生态牧场又通过海水肥料的生产促进盐碱地生态农场的建设，文化产业和生态旅游业则进一步加强了海岸带生态农牧场的内在联系。未来应打通一、二、三产业，使海洋牧场成为经济社会系统和生态系统的一部分，特别是将休闲渔业和生态旅游等产业有机融入海洋牧场建设中，充分发挥其对上下游产业和周边区域产业的拉动作用，最终形成盐碱地生态农场-滩涂生态农牧场-浅海生态牧场"三场连通"、水产品生产-精深加工-休闲渔业等"三产融合"的现代化海洋牧场架构。该模式将有利于带动海岸带生物资源的合理利用，建立覆盖陆海的海岸带生态系统保护和持续利用新模式，促进我国沿海生态文明建设和社会可持续发展。

四、功能多元、和谐共赢

水产优质蛋白的生产只是海洋牧场诸多功能之一，现代化海洋牧场建设更加重视功能的多元化。海洋牧场是自然环境、社会环境和人类相互作用所构成的整体，其生态系统组成结构的多样性决定了海洋牧场是具备多元功能的综合体。海洋牧场建设的首要前提是在一定海域范围内营造健康的生态系统，具备净化水体环境、补充食物来源、提供栖息场所等生态功能。通过提高海区初级生产力，聚集以天然饵料为食的小型鱼虾类等饵料生物，吸引经济渔业种类，从而达到养护渔业资源、提高水产品品质的目的。海洋牧场建设融合清洁可再生能源建设、海水综合利用、盐碱地耐盐植物栽培利用，可最大限度利用海岸带环境和空间资源，提高海洋产能。但目前海洋牧场的空间利用和开发模式落后，仅水下部分空间得以利用，而水上空间尚未得到有效开发，并且存在海上电力资源不足的问题，导致大型现代化海洋牧场运行设备和监测设施等无法长期稳定高效运行。海洋能是一种具有巨大发掘潜力的可再生能源，而且清洁无污染，但地域性强，能量密度低，现阶段可以广泛利用的主要是海上风能。海洋牧场与海上风电融合发展能够充分利用区域海洋空间，弥补各自不足。在离岸风力发电场建设之初就将水下支持设施设置成资源养护设施，一方面可以更有效地发挥资源增殖的功能，另一方面能够减少风力发电站退役后的拆除成本，实现经济、生态效益最大化。在海上风电建设技术成熟的欧洲，如德国、荷兰、比利时、挪威等国家已经实施了海上风电和海水增养殖结合的试点研究，为评估海上风电和多营养层次养殖融合发展潜力提供了参考案例（Buck and Langan，2017）。以日本、韩国为代表的亚洲国家也开展了海上风电与海水养殖结合项目，进一步证明了融合发展的可行性。海洋牧场和海上风电的有效结合能发挥出巨大的空间集约效应，可有效推动环境保护、资源养护和新能源开发的融合发展，带动太阳能、潮汐能等清洁能源的开发利用，必将产生更大的生态、社会和经济效益。

海洋牧场建设成熟后，可以充分利用生态环境和生物资源，逐步由

单纯的增殖型海洋牧场向综合型、休闲旅游型海洋牧场方向发展，合理规划布局，建设海洋牧场度假村，开展海上观光、海底潜水、海钓、低空飞行、游艇等海洋第三产业，吸引周边人群参与到海洋牧场的运营中来，打造新型的海岸带绿色田园综合体。在开发浅海、近岸海域基础上，向深海、远洋海域进军，在全方位、多维度层面上开发建设新型海洋牧场（颜慧慧和王凤霞，2016；杨红生等，2018）。

伴随人类社会的不断发展，海洋逐渐成为维持人类生存和发展的重要自然条件，大量人口聚集在沿海地区，在推动经济发展和社会进步的同时，也引发了一系列生态危机。人海和谐要求人类重新思考人与海、人与人之间的关系，以平等、友善、全面的态度对待海洋，形成人海和谐共生的文化根基。在经济价值层面，必须杜绝对海洋资源的掠夺式开发，坚持将生态文明建设融入海洋经济发展的全过程中，通过推动海洋科技进步实现海洋经济可持续发展。在社会价值层面，主张公平分配海洋利益，协调海洋区域与陆地区域、沿海国与内陆国之间的社会发展，协调人际与代际的发展。在生态价值层面，主张人与自然建立一种和睦的、平等的、协调发展的新型关系，实现思维方式的转变，善待人类赖以生存的环境，生态环境保护与经济发展并重，在保护中开发，在开发中保护，最终实现人、陆、海的和谐发展。

第三节　增殖型海洋牧场构建的生态学原理

一、个体生态学原理

个体生态学（autoecology）是以生物个体及其栖息地为研究对象，研究栖息地环境对生物的影响及生物对栖息地的适应以及适应的形态、生理和生化机制。海洋牧场通过投放人工鱼礁等透水构造物营造人工生境，提高生态系统的空间异质性及环境异质性，进而可影响鱼类个体的行为、代谢和生长。从20世纪80年代起，我国学者开始对鱼类的趋光性、捕食行为对人工鱼礁和气泡幕的行为反应等进行了广泛研究，并取得了一定成果。

海洋牧场多栖息岩礁性鱼类，这些鱼类通常具有攻击和领域行为。而这些行为与对侵入者的察觉情况、竞争者数量、食物丰富度、活动水平等因素相关，因此海洋牧场建设过程中投放人工鱼礁可能通过限制视力范围和领域范围，为弱势鱼类提供隐蔽场所、减少鱼类活动等，最终导致攻击行为减少，允许多种鱼类的同域共存。Näslund 等（2013）的研究显示，向水体添加构造物，能够减少大西洋鲑（*Salmo salar*）鱼鳍损伤，表明构造物可能减少攻击行为。这一结论在其他鱼类的相关研究中也得到进一步证实，如斑马鱼（*Danio rerio*）、尖齿鲇（*Chias gariepinus*）、巴西珠母丽鱼（*Geophagus brasiliensis*）、花狼鱼（*Anarhichas minor*）、伦氏罗非鱼（*Tilapia rendalli*）等。

鱼类个体间的攻击行为可能会对鱼体造成损伤，使其产生生理压力，影响个体生长。人工鱼礁能有效减小鱼类的生理压力水平，降低血浆皮质醇含量，如大西洋鲑、克林雷氏鲇（*Rhamdia quelen*）等。皮质醇作为一种重要的压力激素，在鱼体代谢调节中发挥重要作用，有研究显示投放适宜的构造物能够降低江鳕（*Lota lota*）的代谢率。然而，投放构造物可显著减少鱼类活动，但这对生长的影响如何尚存在争议。相关研究表明，投放适宜的构造物能显著提高鱼类生长率，如许氏平鲉（*Sebastes schlegelii*）、革胡子鲇（*Clarias gariepinus*）、大西洋鲑、丝尾鳠（*Mystus nemurus*）等。相反，也有研究表明投放构造物不会对鱼类生长产生显著影响，甚至产生消极影响。综上所述，海洋牧场投放人工鱼礁，增加环境复杂程度会对鱼类的行为（如攻击行为、摄食行为、活动水平等）、生理（如皮质醇含量、代谢等）、生长等产生一系列影响，因此要结合实际情况，综合考虑鱼类个体差异和构造物性质（如类型、数量等）等因素，避免不适宜的礁体投放对鱼类栖息、生长等产生消极影响。

二、种群生态学原理

种群（population）是指一定时间、一定区域内同种个体的组合。种群生态学研究的主要内容包括种群与环境之间的相互关系以及种群内的相互作用等。目前，关于海洋牧场种群生态学的研究尚处于起步阶段，主要集中于人工鱼礁的鱼类诱集效果及鱼礁区生物量变动等。

人工鱼礁的投放会引起周围海域物理环境的变化，进而产生一系列生态响应。由于人工鱼礁能够产生流场效应、庇护场效应、化学效应、阴影效应、音响效应和生物效应等多种效应，可在不同程度上诱使鱼类种群的集聚，从而进一步增加海洋牧场的生物量。人工鱼礁的生物效应主要表现在其上的附着生物、周边的底栖生物和浮游生物等的种类、数

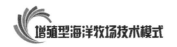

量将随投礁时间的推移而增加，尤其是人工鱼礁对鱼类种群的诱集效应受礁体附着生物的种类组成和数量变化等的直接影响。

20世纪60—70年代，日本学者开始研究人工鱼礁对鱼类行为的影响，从人工鱼礁对近海鱼类诱集效应出发，开展了一系列室内实验，结果表明鱼类种群的移入或迁出行为与鱼礁区周围的生态条件，如水流、温度、光照、饵料及敌害生物等条件密切相关。近年来，国外学者对鱼类趋流性方面开展了大量研究。相关学者研究了远东多线鱼（*Pleurogrammus azonus*）和大泷六线鱼（*Hexagrammos otakii*）等在回流水槽中的趋流性和耐流性等（今井义弘和高谷义幸，1998）。目前，我国的相关研究主要集中在室内模拟条件下礁体结构、数量和布局等对鱼类的诱集作用。陈勇等（2002，2006）对许氏平鲉、鲍属（*Haliotis*）幼贝和马粪海胆（*Hemicentrotus pulcherrimus*）幼体等研究发现，底栖种类对不同模型礁均表现出显著的趋礁性。田芳等（2012）对真鲷诱集效果的实验表明，2个礁体的平均集鱼率达到20%以上，高于单个礁体，礁体数量对诱集效果有明显的影响。Jan等（2003）研究台湾北部海岸的3处人工鱼礁群与诱集鱼类生物量的关系，发现鱼类丰度、生物量与鱼礁规模符合S形曲线关系，鱼礁规模达到某一临界值后鱼类的生物量和丰度缓慢增加甚至下降。杨超杰（2017）对不同比例数量和布局的模型礁进行室内实验，发现礁体投放比例小于40%时，实验鱼平均聚集率小于63%，不同布局方式下实验鱼的聚集率均存在极显著差异，礁体投放比例为50%、60%时，平均聚集率达到最大，约为72%，显著高于不放置模型礁的对照区（45.4%）。

三、群落生态学原理

群落是指栖息在同一地域中的动物、植物和微生物组成的复合体。群落生态学（synecology）以生物群落为研究对象，包括群落的物种组成、群落结构及多样性、群落的性质与功能、群落的演替与生态恢复等。随着渔业资源的不断衰退，海洋生物群落生态学研究已成为人们关注的热点。目前，与海洋牧场相关的群落生态学研究主要集中于物种组成、群落演替、物种多样性等方面。

研究发现，人工鱼礁投放到海中，从无海藻附着到形成顶级群落，主要经历绿藻门、红藻门至褐藻门三个演替过程，褐藻的大量附着标志着海洋牧场海藻群落发展成熟（Ohno，1993）。群落演替是生物与环境共同作用的结果，不同海洋牧场的海藻群落到达顶级阶段的时间以及群落组成可能存在较大差异。在日本 Nabeta 湾和 Tosa 湾，人工鱼礁海藻群落演替到顶级阶段一般需要 1.5～3.5 年，以马尾藻属或爱森藻属为优势种。经过 6 年的演替，不同类型人工鱼礁附着海藻优势种均演变为马尾藻属的种类（Ohno，1993；Serizawa and Ohno，1995）。杨超杰（2017）对青岛崂山湾海洋牧场藻类演替的研究发现，阶梯型人工鱼礁表面藻类的出现顺序为：绿藻、红藻、褐藻。其中绿藻在春、夏、秋的 5 个月均有分布，8 月红藻开始附着，到 9 月红藻附着量达到最大，同时出现小型褐藻，10 月红藻消失。

海洋牧场建设因投放人工鱼礁产生的诸多效应，如阴影效应、流场效应和生物效应等，在不同程度上可吸引底层鱼类的大量聚集。吴忠鑫（2015）对俚岛海洋牧场人工鱼礁区调查发现，群落中的优势种为许氏平鲉、斑头鱼（*Agrammus agrammus*）、大泷六线鱼（*Hexagrammos otakii*）3 种岩礁性鱼类以及斑尾复虾虎鱼（*Synechogobius ommaturus*）。排除人工鱼礁产生的物理、化学和生物效应之外，从物种与环境因子的对应排序可知，3 种岩礁性鱼类受温度影响较大，渔获量随水温的升高而增加。相关研究表明，环境因子中，水温对底层鱼类和大型无脊椎动物群落变化起主要作用。Aburto-Oropeza 等（2001）分析了加利福尼亚湾岩礁性鱼类多样性指数和表层温度的季节性变化。结果表明，6—10 月，岩礁性鱼类的多样性较高，11 月至次年 2 月，多样性相对较低，该变化趋势与表层温度的变化趋势相符，环境条件的季节性变化影响鱼类的繁殖和补充，进而影响鱼类群落结构。

四、生态系统生态学原理

生态系统生态学（Ecosystem ecology）是研究生态系统的组成要素、结构与功能、发展与演替，以及人为影响与调控的生态科学。Odum（1983）在《生态系统》一书中创建了一整套能量符号语言，以简便的方式来描述复杂的生态系统。生态通道模型（Ecopath）基于 Odum 兄弟的生态系统理论，定量描述能量在生态系统生物组成之间的流动，以评价生态系统的成熟状况。目前，Ecopath 模型已被广泛应用于各大海域的相关研究，国内多位学者利用该模型开展了不同生态系统

的能量流动及生态系统特征的研究。

海洋牧场生态系统是人为介导下建立的特殊生态系统，其能量流动和物质循环呈现一定的特殊性，因此需要引入一系列特征参数来对其生态系统特征进行分析。近年来，Ecopath 模型也逐渐用于海洋牧场生态系统物质和能量流动及增殖对象的生态容量评估。Pitcher 等（2002）使用生态系统模型（Ecopath with Ecosim，EwE）模拟了人工鱼礁在香港海洋保护区投放后对岩礁性鱼类生物量和捕捞量的影响。结果表明，随着人工鱼礁建设面积的加大（3%～62%），岩礁性鱼类的生物量显著增加；在 10 年模拟期间，每年以 3% 的速率逐步降低渔业捕捞努力量后的模拟结果显示，与鱼礁区不进行管护或存在小规模渔业压力状况相比，模拟末期大型底层鱼类贡献的岩礁性鱼类总捕捞量将有三倍的增长，且该策略的长期收益可能性更大。Shipley（2008）利用 EwE 模型进行了美国亚拉巴马州人工鱼礁区空间布局策略的研究，模拟了不同人工鱼礁布放策略对鱼类营养层次的影响，结果发现，当两个礁体布放距离小于 1 千米时，优势种红鲷（*Lutjanus campechanus*）的摄食范围开始重叠，造成其摄食饵料质量有所降低。吴忠鑫（2015）系统分析了山东俚岛海洋牧场生态系统的能量流动规律和系统结构特征，发现除碎屑外，总生物量的 48.91% 由底栖鱼类和多数无脊椎动物组成，渔业的总产量达到 86.82 吨/（千米^2·年），主要由低营养级碎屑食性的刺参（*Apostichopus japonicas*）和草食性的其他棘皮动物以及皱纹盘鲍（*Haliotis discus hannai*）组成，因此呈现出一个相对低的渔获物营养级，并指出俚岛海洋牧场生态系统目前的成熟度、稳定性和扰动抵抗力相对较低，系统仍处在发展阶段。刘洪雁（2018）对青岛崂山湾海洋牧场生态系统的能量流动规律和系统结构特征进行研究，生态网络分析表明，各功能组的营养级范围为 1.0～4.26，星康吉鳗（*Conger myriaster*）占据最高营养级。崂山湾海洋牧场生态系统成熟度较高，食物网结构较复杂，系统内部稳定性较高。

五、景观生态学原理

景观生态学（Landscape ecology）是一个新领域，主要研究生态系统的异质性组合，探讨环境、生物群落与人类社会的整体性，尤其强调人类活动在改变生物与环境方面的作用。20 世纪 80 年代以来，景观生态学理论在国内外取得了长足发展，形成了保护海洋生物生境、规划海洋景观环境和海洋生态经济效益可持续发展的有效途径。

近年来，我国海洋牧场建设发展迅速，但其发展模式较为单一，主要效益体现在生态系统保护和资源养护两方面。将休闲渔业与海洋牧场建设结合在一起，不仅可以充分发挥海洋牧场资源养护和生态系统保护的功能，提高海洋牧场的开发效率，而且可以带动旅游产业发展，促进渔业产业结构调整，增加经济和社会效益。然而，对海洋牧场生态景观规划建设及生态效益的研究较少，缺乏与生态环境相结合的景观观赏性开发。段丁毓等（2020）以广东柘林湾海洋牧场为例，应用景观生态分类理论方法，对其进行景观生态分类，建立了柘林湾海洋牧场景观生态分类系统，将柘林湾海洋牧场划分为3个一级景观（开放景观、建筑景观和文化景观）、5个二级景观（自然景观、半自然景观、滨海景观、科教文化景观和海洋文化景观）和16个三级景观（近岸景观、浅海景观、滩涂景观、海滩景观、岛礁景观、人工鱼礁景观、海藻养殖景观、传统网箱养殖景观、深水网箱养殖景观、贝藻综合养殖景观、筏式养殖景观、增殖放流景观、贝类底播景观、滨海旅游景观、历史人文景观和海商文化景观），并应用空间分析技术绘制了各级景观生态分类示意图（彩图3），分析了其景观分布状况。

基于景观生态学原理对海洋牧场进行生态规划与管理能够将自然环境和文化艺术有机结合，充分利用自然景观资源与人文景观资源，开拓海洋牧场休闲渔业、旅游业发展的新道路。然而，面对不同海区的海洋牧场，景观生态学尚未完全应用于海洋牧场空间格局规划。针对类型多样的海洋牧场及其特殊的环境空间特征，系统研究海洋牧场景观要素，分析其景观结构组成特征和空间配置关系，明确海洋牧场景观构成的主导因素、影响因子及其景观要素各干扰因子间的相互作用等尚处于起步阶段，这是海洋牧场景观生态学亟须解决的问题。

第四节　增殖型海洋牧场构建模式与原理

一、人工鱼礁

（一）人工鱼礁型海洋牧场的定义和生态功能

人工鱼礁作为海洋牧场的一项基本建设工程，其最大特点是能使生

19

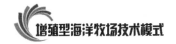

物附着或者聚集。礁体复杂的结构和空隙，为恋礁性生物提供了良好的栖息场所，鱼礁区形成的上升流、涡流等复杂的流态，有利于提高水域肥沃度，形成生物种类多、数量大的生态环境（尤永生，2004）。人工鱼礁型海洋牧场即依托自然环境，以生态修复为导向，以投放人工鱼礁为重要手段构建的海洋牧场。目前我国人工鱼礁型海洋牧场建设正处于快速发展阶段。2015 年 5 月，农业部组织开展了国家级海洋牧场示范区创建活动，推进以人工鱼礁型海洋牧场建设为主要形式的区域性渔业资源养护、生态环境保护和渔业综合开发；至 2020 年底，先后组织开展了共计 136 处国家级海洋牧场示范区建设工作，海洋牧场建设的主要目的是在注重环境保护与资源养护的基础之上，实现渔业资源的持续产出。

彩图 4 所示的一种适用于浅海底播增养殖的多层组合式海珍礁。该设施制作方便，可为增殖的鲍、海参提供立体的栖息空间及隐蔽所；礁体具有宽阔、粗糙的表面积供各种大型藻类及底栖微藻附着，便于形成藻床，为增殖的海珍品提供充足的饵料；礁体内间距适中，有利于集聚许氏平鲉等恋礁性鱼类，便于进行增殖产品的批量收获。应用该设施可在缺乏礁石和不适宜进行鲍、海参底播增殖的浅海沙泥底质海区进行海珍品增殖生产，有利于拓展海珍品增殖区域，提高增殖型海洋牧场的产品产量。

（二）核心物种生态学特征与功能群构建原理

人工鱼礁型海洋牧场中通过投礁可诱集鱼类、甲壳类、棘皮类等生物。海州湾人工鱼礁建设 4 年的实践经验表明，投礁一年后，海域中大型底栖生物由 32 种增加至 38 种，平均生物量和栖息密度也相应增加，分别由 0.560 3 克/米^2 和 0.207 5 个/米^2 增加到 1.127 克/米^2 和 0.387 5 个/米^2，投礁 4 年后大型底栖生物种类多达 44 种（俞锦辰等，2019），表明人工鱼礁型海洋牧场具有良好的生物诱集效果，有利于提升生态系统生物多样性和结构稳定性。

以核心物种鱼类为例，综合国内学者根据鱼与鱼礁结构的相对位置对其的分类，将人工鱼礁型海洋牧场中的主要鱼类分为以下 4 种类型（王磊，2007；陈勇等，2002），并提出相应的功能群构建原理。

Ⅰ型鱼类：身体大部分接触礁体，如鳗鲡（*Anguilla japonica*）、海鳗（*Muraenesox cinereus*）等埋没或挖掘型鱼类。

Ⅱ型鱼类：栖息于鱼礁内部或鱼礁空隙之中，以胸鳍或腹部等部位接触礁体的鱼类，如石斑鱼（*Epinephelus septemfasciatus*）、大泷六线鱼等。

Ⅲ型鱼类：身体不接触鱼礁，但在鱼礁周围游泳和在海底栖息的鱼类。如比目鱼（*Hippoglossus stenolepis*）、石鲷（*Oplegnathus fasciatus*）、鲽（*Pseudopleuronectes yokohamae*）、牙鲆（*Paralichthys olivaceus*）、珊瑚礁鱼类等；

Ⅳ型鱼类：集群在鱼礁上方的鱼类。如头足类（Cephalopoda）、鰤（*Seriola aureovittata*）、鲣（*Katsuwonus pelamis*）、鲹（*Carangoides ferdau*）、鲐（*Trachurus japonicus*）、金枪鱼（*Thunnus thynnus*）和沙丁鱼（*Sadinops melanostictus*）等。

根据不同的功能群应采用不同的构建原理，Ⅰ型鱼类的鱼礁需要较高的稳定性，防止波浪和鱼类行为改变其固定位置。Ⅱ型鱼类的鱼礁必须具有较好的水循环性能和较多的遮蔽空间，鱼礁以不规则投放为好。Ⅲ型鱼类视距调节能力较差，最远只能看到 1.5 米左右，要求鱼礁的包络面积大，相互间距不超过 2 米为宜，使鱼礁不断出现在鱼的视野之内。Ⅳ型鱼类依据水中固体定位，且受地形波影响。因此，鱼礁应有一定的体积和数量，使鱼类感觉到鱼礁的存在。

（三）区域选择原理与可能建设区域

人工鱼礁的选址是人工鱼礁型海洋牧场建设的关键，选址需要考虑以下因素：①海流状况。海流可引起海底冲淤，导致礁体易发生漂移。流场变化和泥沙沉积影响固着性底栖动物的生物量及其分布。②底质状况。水中泥沙含量过高会掩埋礁体，妨碍生物附着，影响人工鱼礁的效果。美国特拉华湾沙浪区域投放的人工鱼礁礁体基部曾在一年的时间内堆积沙丘厚度达 0.75 米（Foster et al.，1994）。因此，应尽量选择有浅层细沙覆盖的坚硬岩石质海床，避免在黏土、淤泥质和散沙上建造，以防礁体下沉。③投放水深。一方面投放时要将礁体置于足够的水深处，以减轻风浪可能对礁体的损害；另一方面，若将人工鱼礁建在水深较深的海域，可能因含氧量低，使鱼礁很难发挥其生态功能，或因光线不足藻类难以附着。也不便于潜水员对礁体的维护保养和监测工作。④生态系统保护。投礁时应综合考虑目标增殖对象与原有生态系统的适应性关系，考量温度、盐度、溶解氧等水质参数，以及被捕食者和捕食者等生物因素。尽量避免在存有大量珊瑚礁以及大量底栖生物着生的海床区域建设，以保护原有生态系统。⑤航道、公共设施避让。投礁选址时应避让港口航道、海洋倾倒区、国家海洋功能区、军事禁航区、海底电缆、光纤和油气管道通过区域、通航密集区等海域，考虑陆水交通情况，协调与其他礁区的相对位置。

人工鱼礁型海洋牧场建设可以利用地理信息系统（GIS）等方法对候选区域进行勘测，待建区域应尽量选择地坡平缓，沙质为主，泥沙淤积少，海流多样化、流速不大，营养盐较为丰富的海域，附近有天然岩礁的地形条件更佳。已投放的人工鱼礁效果表明，人工鱼礁适宜建在礁体处泥沙年淤积平均强度小于 30 毫米，水深 20～30 米的海域中，一般投放海域的流速以不超过 0.8 米/秒为宜（赵海涛等，2006）。

（四）核心设施选择原理与关键参数

人工鱼礁是人工鱼礁型海洋牧场建设的核心设施。在建设过程中需要依据不同海区的具体情况选择不同的礁体投放。礁体设计与选择应考虑以下参数：

①基底承载度。礁体所在基底需要有足够的承载力，防止礁体整体下沉。可通过改变礁体材料密度和与基底的接触面积等方式进行处理。②礁体滑移度。需要保证礁体的最大基底摩擦力大于水平波流作用力，防止礁体整体滑移。③礁体稳定性。需要综合考虑礁体波流作用力与礁体浮重力，避免礁体整体倾覆对周围环境造成不利影响。④礁体结构强度。礁体需要能承受搬运、沉没后砂石挤压、堆垒而不至于破损，保持结构的完整性（王磊，2007）。

礁体材料选择时应考虑礁体的经济性、稳定性、耐久性及与兼容性。①经济性。成本较高、来源匮乏的礁体材料可能会影响海洋牧场建设的开展。因此，需要保证材料易得、成本适中。②耐久性。需要充分考虑海水的理化作用对礁体材料的损害，例如钢铁等金属材质的礁体易受海水的腐蚀而导致鱼礁解体。礁体在水下耐久性应达到 30 年以上。③兼容性。礁体材料选择时需要考虑与周围环境的协调性。煤灰等材质的鱼礁在投放后的溶出物质，可能会影响鱼礁附近的水环境。礁体材料在选择二次利用的废弃材料时，需要彻底清理以消除其对海洋环境造成的污染风险。例如，对于长度在 10 米以上的报废渔船，清污、清垢必须达到《船舶污染物排放标准》（GB 3552—1983）方可用于船礁制作。

（五）承载力评估与提升原理

海洋牧场生物承载力（Marine ranching bio-capacity）指保持海洋牧场生态系统相对稳定，并可持续产出的最大生物量。目前较为常用的海洋牧场生物承载力评估方法，包括用于底播型獐子岛海洋牧场的基于营养盐限制和基于显性生态效应的承载力评估方法、用于参礁型牟平北部湾海洋牧场的基于个体生长模型和种群动力学的 FARM 模型、用于人工鱼礁型海州湾海洋牧场的基于生态系统食物网稳定的 Ecopath 模型（杨红生，2018）。Ecopath with Ecosim（EwE）模型曾被成功应用于山东省琵琶口海域富瀚国家级海洋牧场重要经济生物承载力评估，量化了该海洋牧场的生态系统能量流动和营养结构状况（奉杰等，2018）。具体步骤为"获取评估海域生态系统的平衡的 Ecopath 模型后，逐步提高模型中目标种类的生物量（捕捞量也相应地成比例增加），以表示实际生产中目标种类增殖规模的扩大。当提高目标种的生物量到系统中另一功能组的生态营养转换效率大于 1 时，意味着此时系统允许的生物量即为该物种的生物承载力"（杨红生，2018）。

基于 Ecopath 模型，评估了海州湾人工鱼礁型海洋牧场生态系统转换效率为 11.0%，总初级生产力/总呼吸量值为 1.17，表明该生态系统基本成熟和稳定。其中许氏平鲉和大泷六线鱼的生物承载力分别为 0.168 4 吨/千米^2 和 0.094 8 吨/千米^2。另外，该海域礁区刺参每年每平方米承载力为 1.07 千克，建议每年每平方米投放刺参不超过 7 头，这为人工鱼礁型海洋牧场承载力评估提供了良好案例（杨红生，2018）。

承载力的提升有利于增强生态系统自我修复能力，是实现海洋牧场良性循环的关键因素。在人工鱼礁型海洋牧场的建设过程中，可以通过探捕、潜水调查、渔民生产调查等了解附着生物、增殖或诱集生物的种类和数量，以调整承载力评估模型。基于模拟结果，开展海洋牧场区生物功能群的增殖调控，以维护生物多样性，进一步保持、完善生态环境，提升海洋牧场承载力。

二、牡蛎礁

（一）牡蛎礁型海洋牧场的定义和生态功能

牡蛎礁是由牡蛎物种不断附着在蛎壳上，聚集和堆积而形成的礁体或礁床。牡蛎是生态系统的关键物种，对整个生态系统起着调控作用，

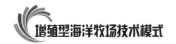

被喻为"生态系统工程师"（Gutiérrez et al.，2003）。牡蛎礁型海洋牧场可以定义为：基于海洋生态学原理和现代海洋工程技术，充分利用自然生产力，在特定海域以牡蛎礁修复为基础养护渔业资源的生态系统。

牡蛎礁可净化水体，提高水体清澈度，移除水体中营养物，还有利于抑制有害藻潮的暴发；牡蛎在自身生长发育过程中不断通过钙化作用完成碳的封存，同时牡蛎礁的生物泵功能有助于加速生物沉积过程；牡蛎礁能消减海浪能、护滩促淤，减少岸线侵蚀；同时也为很多鱼虾蟹等幼苗提供栖息育幼场所，提高生物多样性，增加生物量（杨心愿，2019）。因此牡蛎礁被称为"温带的珊瑚礁"。

尽管牡蛎礁能够带来诸多生态效益，然而由于长期对其缺乏认识，过度捕捞和不合理的采捕方式常常使牡蛎礁的高度和结构遭到破坏，使牡蛎面临补充不足、缺少附着基质、淤泥掩埋和低氧威胁等问题，加之海岸带栖息地受环境污染与人类活动的严重影响，全球牡蛎礁都面临退化危机。研究表明，世界上 85％ 的牡蛎礁已经消失或功能性灭绝（Beck et al.，2011）。因此，建立牡蛎礁型海洋牧场，以牡蛎礁修复为基础，恢复生态系统功能，增殖渔业资源，是实现生态效益和经济效益双赢和可持续发展的一项重要措施。

（二）核心物种生态学特征与功能群构建原理

牡蛎主要分布在潮间带和浅潮下带地区，一般在水深 10 米以上的区域分布。牡蛎有两种主要的繁殖方式：卵生型和幼生型。卵生型牡蛎在生殖腺饱满后一旦受到外界刺激就会开始排卵、放精。成熟的精子和卵子被排出体外后，在海水中受精、孵化并发育。幼生型牡蛎，在卵子成熟后排到母体的外套腔内的鳃叶间受精孵化、发育，之后再进入海水中继续生长。这些幼虫很快会长出贝壳，以浮游植物为食，营浮游生活3 周后，会转为匍匐生活，继而附着在坚硬基质的表面，并与其他牡蛎结合形成牡蛎礁。

通常，牡蛎礁衰退的原因不是"补充受限"，就是"底质受限"，或二者兼有（Brumbaugh and Coen，2009），需要进行辅助再生或生态重建。补充受限的环境往往缺乏足够的具备繁殖能力的亲贝。底质受限的环境通常缺乏可供贝类幼虫附着的礁体结构。当面临补充受限时，需要人为在礁体上添加牡蛎产卵亲体或幼苗，可以利用牡蛎苗圃在码头上使用浮筏或网箱养殖到成体，后移植到修复区域，增加礁区的亲体数量；

而更多的做法是补充牡蛎幼苗，幼苗来源于育苗场、池塘或使用附着基在高补充量区域收集，待幼苗附着后转移至修复礁区，大规模修复时通常采用此法。对于缺乏附着基底的环境，需要根据当地的生物和非生物环境，选择合适的材料设计构建附着礁体（Fitzsimons et al.，2019）。

（三）区域选择原理与可能建设的区域

贝类礁体修复项目的选址往往决定修复计划能否成功。例如，选址若位于定期发生低氧事件或环境剧烈变化的地区，牡蛎可能会发生周期性的高死亡率事件，修复的礁体或许将永远无法发挥功能。成功的礁体选址要既能满足目标物种的生理需求，也能符合当地社区的利益（例如：对礁体材料的接受度、用户群体冲突、法规遵守情况）。要了解在某一河口或沿海地区开展修复工作是否可行，既可以采用对现有信息进行简单总结的方式，也可以借助更复杂的栖息地适宜性模型（Habitat suitability indices）及 GIS 进行空间分析。

根据生态系统的生物和物理属性需求，确定开展修复工作的可行区域，需要解决一系列基本问题（Fitzsimons，2019）。这些问题主要分为三个方面，①是否已经查明导致生态系统退化的威胁因子，威胁因子是否已经被解决或得到充分的控制，要回答这 2 个问题，需要对以下几个方面进行评估：过去和现在的捕捞压力、污染和水质状况、病害流行和传播的风险、沉积物和捕食者状况。②对于形成礁体生境的主要双壳类动物以及相关生态群落而言，该地区的环境和物理参数（如盐度、pH、溶解氧、波浪能、底质条件等）是否在其耐受性范围内，如果不是，能否通过人工手段加以改善或管理。③修复活动是否具有后勤保障或者能否满足监管要求，包括是否具备牡蛎育苗场、贝类附着基、礁体材料供应和运输、开发申请、生物安全许可、生物增殖许可、目标物种及其他物种的捕捞管理状况等。

贝类修复项目选址时还需考虑的其他因素，包括生态系统的历史分布区域范围，即残存有礁体或礁床，或者可能提供天然幼苗补充的亲体生物量密集的区域；是否靠近其他结构化生态系统（有助于加强生态系统连通性和可供给生物苗种）；贝类礁体的建立是否会对其他生态系统或濒危物种造成的潜在不良影响；是否靠近使用率高或文化敏感的地区（如水产养殖区、海洋保护区、航道、游憩区、传统捕捞区、文化遗址）。最后，还应考虑气候变化或未来潜在的开发利用所导致的当地条件的变

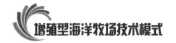

化。例如，气候变化可能会带来新的威胁，如海平面上升、海水酸化、当地温度、海流、底质条件以及生产力变化等（Fitzsimons，2019）。

（四）核心设施选择原理与关键参数

对于目前资源尚且丰富，能够自我补充，稳定存在的天然牡蛎礁体，首先，应以保护为主，杜绝采捕。例如，在中国（江苏省）、美国（北卡罗来纳州和弗吉尼亚州）和智利设立的天然牡蛎礁保护区取得了显著成效，证明建设保护区是保护天然牡蛎礁的有力手段（Beck et al.，2011）。其次，改善渔业管理方式和扭转牡蛎礁破坏趋势，尤为重要的是杜绝破坏性采捕活动。再次，采取更多的可持续管理措施，以消除妨碍牡蛎礁恢复的威胁因子，并定期监测礁体状况。

对于曾有历史记录，现已消失，或礁体仍存在但难以自我补充形成礁体的区域，应加强人工干预（即附着基投放）以恢复牡蛎礁体。礁体的设计应最大限度地构造出复杂的三维生境（例如缝隙空间、礁体尺寸、粗糙度等），以最大限度地为无脊椎动物和鱼类提供定居、躲藏、觅食和产卵的结构和场所。礁体的高度和大小是两个重要参数，有研究发现，在礁体高度为 0.1～0.5 米范围内，牡蛎的附着密度及其存活率与礁体的高度成正比（Colden et al.，2017）。一般而言，礁体高出海底部分增加时，水体流速也随之增加，有助于牡蛎幼体获取食物、降低病害发生概率、避免沉积物过度淤积等。

在江苏省的蛎蚜山，研究人员收集熊本牡蛎壳，冲洗、消毒并装袋，制成直径 25 厘米、网目 2.5 厘米、长 50 厘米的圆柱形牡蛎壳礁袋，于潮间带上紧密排列，形成单层礁体（SLR）和多层礁体（MLR）两种礁体类型，总面积达 2 335 米^2（全为民等，2017）。2000 年，美国弗吉尼亚海洋科学研究所在拉帕汉诺克河开展针对美洲牡蛎的修复实验，实验使用特制水泥模块模拟自然状态下牡蛎礁的物理结构，并通过牡蛎的种群结构、密度、生物量等考察该模块的修复效率。在沿南卡罗来纳州的杰里米岛，研究人员正在建造由互锁的混凝土、石灰石、碎壳和硅石构成的"牡蛎城堡"。在密西西比州和得克萨斯州，人们利用高压软管从驳船上吹落几吨的贝壳构建牡蛎礁，以改善鱼类栖息地并缓减墨西哥湾飓风和热带风暴的影响。

（五）承载力评估与提升原理

牡蛎礁的承载能力，可以定义为在相当一段期限内，在不引起生物生产力和物种多样性的明显变化和/或退化的情况下，能够支持一系列的采捕和入侵用途的能力。通过生态系统跟踪能量流的模型，评估生物的生态承载力，可以增加我们对牡蛎礁区物种和营养生态之间联系的了解，以更好地开发利用渔业资源。Peterson 等（2003）基于美国东南部的恢复牡蛎礁，首次开展了鱼类和甲壳动物生物量随着牡蛎珊瑚礁恢复而增加的定量研究。Fulford 等（2010）使用基于生物能原理的营养模拟碳预算模型，评估营养组间的能量转移，预测了切萨皮克湾牡蛎生物量增加所产生的潜在影响。MoCoy 等（2017）采用生物能模型，研究了不同牡蛎礁修复方案对二级消费者生物量的影响。中国科学院海洋研究所研究团队利用 EwE 模型对河北祥云湾海洋牧场和山东莱州湾海洋牧场的人工牡蛎礁生态承载力进行了研究（杨红生，2018）。

承载力提升原理：①将鱼类生态学和渔业管理相关理念更好地纳入牡蛎礁项目的设计中来，可促进鱼类生物量的增加和渔业生产能力的改善（Gilly et al.，2018）。②加快牡蛎礁恢复初期牡蛎种群增长率，可以促进牡蛎平均生物量和瞬时性鱼类生物量的快速增长（McCoy et al.，2017）。③牡蛎礁与其他生态系统之间的连通性是牡蛎礁修复的重要因素，加强牡蛎礁与不同河口栖息地的连通性，可以提高牡蛎礁型海洋牧场的次级生产力（Harwell et al.，2011；Gain et al.，2017）。

三、海藻场构建

（一）海藻场型海洋牧场的定义和生态功能

海藻是生活于海洋中的低等植物，无维管束组织，常直接由单一细胞产生孢子或配子，是海带、紫菜、裙带菜等海洋藻类的总称。

海藻场，又称为海藻床，是栖息于冷温带大陆架区硬底质上的大型底栖海藻群体和其他海洋生物类群（如浮游生物、游泳动物和底栖动物）共同构成的一种近岸海洋生态系统（Okuda，2008；何培民等，2015）。比如美国太平洋沿岸的巨藻场、大西洋沿岸的海带属藻场和中国枸杞岛（以褐藻类为主）海藻场。海藻场型海洋牧场即以海藻场为主要生境，依托海藻场的生态功能而建立的海洋牧场。

海藻场在近岸海域发挥重要的生态学和生物学功能。海藻场具有很高的初级生产力和较强的碳汇作用。据估计，海藻场每年可吸收海洋中二氧化碳总量的四分之一，部分藻场年净生长量可达可 1 000～2 000 克

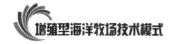

/米^2（以碳计），与陆地热带雨林相媲美，以占据不到1%的海洋总面积提供了10%的海洋总初级生产力，对近海岸碳循环具有重要作用（Hatcher et al.，1977；Carney et al.，2005；Oyamada et al.，2008）；海藻场是许多海洋生物的栖息场所，可起到为众多海洋生物提供躲避敌害和恶劣气候等栖息场所、提供直接的食物来源和提供产卵、孵化哺育后代场所的作用（Hernandez-Carmona et al.，2000；章守宇和孙宏超，2007）；海藻场具有改善海域环境、净化水质等功能，藻类可通过叶片表面吸收海水中无机盐类及重金属离子，去除富营养化水体中的养分和有机物，从而改善海域环境条件（Yoshida et al.，2006；Okuda，2008）；海藻场能消减波浪对海岸堤坝的冲刷力，海藻的根茎能固着底质，防止沉积物的流失，同时对周围水域、溶解氧及温度的变化也有缓冲作用（Largo，1993；Chapman and Reed，2006；章守宇和孙宏超，2007）。

然而，在全球气候变化、海洋酸化和人为干扰等多种外界因素的影响下，世界各地许多区域的海藻床都呈现出衰退趋势，美国、日本以及欧洲国家等都有大量关于海藻床大面积消失的报道（Yamamoto et al.，2012）。海藻床已经列入我国海洋牧场建设的重要组成部分，尽快建设人工藻场及修复已退化的海藻场是保护海藻自然资源、改善水域环境、维持近海生态系统可持续发展的有力举措之一（杨红生等，2019）。

（二）核心物种生态学特征与功能群构建原理

在沿岸海域，通过人工或半人工的方式，修复或重建正在衰退或已经消失的原天然藻床，或营造新的海藻场，通过藻类吸收水体中的氮、磷等营养元素，防止水体富营养化，并通过光合作用增加溶解氧，改善水质环境，为海藻场型海洋牧场生态系统提供重要的生境基础，从而在相对短的时期内形成具有一定规模、较为完善的生态体系并能够独立发挥生态功能的生态系统，这样的综合工艺工程即为海藻床生态工程（章守宇等，2019）。根据待治理的目标海域的实际状况，海藻床生态工程可大致分为重建型、修复型与营造型3种类型。重建型海藻床生态工程是在原海藻床消失的海域开展生态工程建设；修复型海藻场生态工程是在海藻场正在衰退的海域开展生态工程建设；营造型海藻场生态工程是在原来不存在海藻场的海域开展生态工程建设（Khumbongmayum et al.，2005；Chapman，2012）。

海藻场生态工程的实施步骤一般包括现场调查与评估、物种选择、基底整备、培育、移植与播种和养护（章守宇和孙宏超，2007）。底栖海藻是海藻场生态系统的支撑物种，是海藻场构建的关键。构成天然海藻场的支撑藻类包括红藻类、绿藻类和褐藻类，其中主要是褐藻类，如马尾藻属、巨藻属、海带属、裙带菜属、昆布属和鹿角藻属（Terawaki et al.，2001）。作为支持生物的大型藻类，通常在生物量上占有绝对优势，物种比较单一。从现有研究来看，一个典型的海藻场生态系统的支持生物不会超过 2 个属，通常为 1 个种。因此采用支持生物的种名或属名来命名海藻场生态系统，例如海带场的支持生物为海带（*Laminaria japonica*），巨藻场的支持生物为巨藻（*Macrocystis phrifera*），马尾藻场的支持生物是马尾藻（*Sargassum enerve*）等（章守宇和孙宏超，2007）。对于重建或修复型海藻场生态工程，一般以原种类的海藻作为底播种；对于营造型海藻场生态工程，要根据目标海域的荒漠化状况与现场调查资料及海藻本身的生长需求确定适合的海藻种类。需要注意的是，在引进外来物种时需要审慎论证。以象山港海洋牧场人工藻场营建为例，王云龙等（2019）以象山港海藻本底调查为基础，完成了 15 种海藻的室内培养研究，筛选出坛紫菜（*Porphyra haitanensis*）、龙须菜（*Gracilariopsis lemaneiformis*）、海带、羊栖菜（*Sargassum fusiforme*）、鼠尾藻（*Sargassum thunbergii*）、大石花菜（*Gelidium pacificum*）等适宜的海藻。

（三）区域选择原理与可能建设的区域

通常，多数海藻都需要坡度较缓、水深较浅（20 米以内）的硬质底，以满足其生存对空间、能量和营养的需求（Okuda，2008）。一片海区是否可以用于建设人工藻场，需要从物理因素、化学因素和生物因素等方面展开调查，应综合考虑海藻场支持藻类的生活史特征和海藻场型海洋牧场拟建设的地理位置、基础水文状况等多种因素。通过在不同季节进行野外采样调查和潜水调查，明确目标海域的基本水文水质状况、底质状况、海洋生物的物种多样性与丰富度等。对于重建或修复型海藻场生态工程而言，还要对原海藻场的文献资料进行彻底调查，结合现场调查，确定海藻的种类、分布、面积、覆盖率、生命周期、理想生长条件及引起海藻场衰退或消失的特定原因等。综合上述各种因素，重点考虑支持藻类的生活史特征、水深及底质类型等决定因素，在海藻场型海洋牧场划定特殊的区域进行海藻场的构建（章守宇和孙宏超，2007）。

以象山港海洋牧场建设为例，王云龙等以"压力-状态-响应"

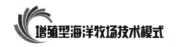

（pressure-state-response，PSR）为评价模型，构建涵盖环境质量、生物生态等要素的海洋牧场构建适宜性评价指标体系，结合富营养化和污染物指标判定海洋牧场的类型，并对拟建海洋牧场示范区建设方案及相关技术进行适宜性评估，提出了较为系统的海洋牧场建设适宜性评估方法；综合各项适宜性评价结果，明确了利用大型藻礁、底播贝类和藻类养殖等技术手段以改善水质和生物群落结构，并对人工鱼礁和人工藻场的设计和布局进行了创新性规划（王云龙等，2019）。

然而，在我国南方海域尤其东海的一些局部海域，受长江径流、陆架强潮等影响导致近岸海底光照条件较差，无法按照传统模式来建设底栖类型的海藻场，使得这些海域的海洋牧场建设在功能布局上存在缺陷，产出效率较低。章守宇等（2019）认为对于这部分海域而言，以海藻养殖区建设的方式代替天然藻场建设，或许是一种更为合理的海洋牧场建设方法。建议今后在以渔业资源增殖产出为目标的海洋牧场建设当中，在一些不适合底栖海藻生长的海域，应充分考虑大型海藻生境的饵料发生、幼鱼养护等生态功能，将海面藻类养殖区纳入进来，以替代无法进行的传统底栖性海藻场建设。

（四）核心设施选择原理与关键参数

开展海藻场的修复或重建工作主要应用人工藻礁构建、海藻萌发孢子体播种及进行海藻幼苗或成体移植 3 种技术（Largo，1993；Hernandez-Carmona et al.，2000；Okuda，2008），人工藻礁是其中的核心设施。构建人工藻礁是在水下自然海藻群体附近构建缓坡底质或投放人工混凝土模块（Terawaki et al.，2001；Terawaki et al.，2003）；海藻萌发孢子体播种是指在有性生殖期间收集海藻雌雄配子体受精后产生的萌发孢子体，将其播种到自然或人工底质上（Okuda，2008；Yu et al.，2012），或直接将成熟藻体固定在自然底质上，雌雄配子体受精后释放萌发孢子体自然沉降固着；幼苗或成体移植是指将海藻幼苗或成体直接捆绑在人工藻礁上，将藻礁投放至水下，或将海藻直接固定在自然底质上（Vásquez and Tala，1995；Stekoll and Deysher，1996；Falace et al.，2006）。

混凝土是藻礁建设中最常用的材料（Guilbeau et al.，2003），其次钢铁、粉煤灰、硫黄固化体、贝壳、木材和人工合成材料，这些都是建设中采用的材料。在近年的人工藻礁建设中，用废弃物作为礁体的材料，逐渐成为一个趋势（Hughes，1994）。近年来人造藻礁的设计逐渐向精细化、集约化方向发展，其设计有几个趋势：表面凹凸，表面和内部呈多孔结构，礁体内部材料添加肥料和作为藻类生长所需营养物质，目的是让藻类易于在其表面附着，附着后可以健康迅速生长；礁体的外形设计主要考虑海区的条件，例如考虑海域波浪条件、海流条件以及海区的底质条件，设计礁体的高度时考虑海底沙面的垂直变动范围，为使增殖藻类附着的牢固，礁体的表面要设计适当大小的突起等（Pickering，1996）。

（五）承载力评估与提升原理

为了提升海藻场生态系统的承载力，在投放人工藻礁或移植、播种藻种后，需要不间断地监测、管理和养护。养护工作主要包括防止草食动物（如海胆）对增殖藻类的摄食，及时清除附着基上的杂藻。有研究表明，用塑料网保护的人工藻礁的生物量显著高于未进行保护的藻礁，且礁体上附着的植物种类无显著差异（Van Katwijk et al.，2000）。藻场造成后需要对藻场内的海藻和动物的种类及数量进行调查，对形成的效果进行评价。藻场造成后，对其形成效果评价的指标包括移植苗种的成活率、生长长度、生长密度、成熟状况等。另外，对藻场生态系统环境因子和生物要素要进行对比分析，系统评估藻场生态系统形成后在不同时期的承载力（Miller and Falace，2000）。可通过稳定同位素技术探明藻场生态系统食物网结构，并基于声学评估和流刺网调查等渔业资源调查方法对藻场生态系统资源总量和种类进行定量和定性分析，并通过构建Ecopath模型，对藻场生态系统的发育和稳定性进行系统评价,探索藻场生态系统适宜增殖的生物种类和生态容量(杨红生等,2018)。合理的资源增殖对维护藻场生态系统稳定性和提升生态系统承载力具有重要的调节作用(郝振林等,2008;Lv et al.,2011;Liu et al.,2015;王云龙等,2019)。

四、海草床构建

（一）海草床型海洋牧场的定义和生态功能

丰富的初级生产是海洋牧场的基石，大型底栖植被群落的构建是海洋牧场生境修复的优选途径之一，海洋牧场初级生产力主要包括水体浮游植物生产力和底栖植物生产力两部分。其中，以海草床底栖植物生产力为主的海洋牧场即为海草床型海洋牧场。

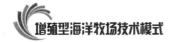
海草（Seagrass）是地球上唯一一类可完全生活在海水中的被子植物，海草床和红树林、珊瑚礁被称为地球上三大典型的海洋生态系统（彩图5和彩图6），具有提供生物栖息地和作为主重要食物来源、水质净化和营养循环、护堤减灾、气候调节等重要的生态功能（李文涛和张秀梅，2009；周毅等，2020）。海草床被证明是地球上最有效的碳捕获和封存系统，是全球重要的碳库。海草床广泛分布于温带-热带海域，是地球上生产力最高的生态系统之一，全球海草床平均固碳速率为83克/（米^2·年），约为热带雨林的21倍（邱广龙等，2014）。

（二）核心物种生态学特征与功能群构建原理

在国内外众多海草床保护和修复研究中，通常多选择本地的海草种类作为移植修复研究中的核心物种，如美国和中国多使用鳗草属（*Zostera*）海草（Thorhaug，1987；Park and Lee，2007；刘鹏等，2013；Li et al.，2014；Zhou et al.，2014；Liu et al.，2019）、欧洲国家和澳大利亚等多使用聚伞草属（*Posidonia*）海草（Marbá et al.，1996；Meehan and West，2000），本书以我国研究相对较多的鳗草（*Zostera marina*）为例。

鳗草又名大叶藻（黄小平等，2016），隶属于鳗草属，广泛分布在北半球温带海域，主要分布在太平洋及北大西洋地区的欧亚、北非、北美沿海，主要生长在地势平缓泥沙质浅水海底，从潮间带到潮下带的浅水区域皆有分布（Green et al.，2003）。鳗草在全球的广泛分布反映了其生存环境条件的多样性：①温度范围为0～35℃（Biebl and McRoy，1971）；②冠层顶端光照辐照度（PAR）是水体表面的20%即可（Duarte，1991）；③底质类型，沙质和粉质黏土均有分布（Bradley and Stolt，2006）。

多年生鳗草种群的生活史包括有性繁殖和无性繁殖。因此，对鳗草海草床的修复和建设技术有移植法和种子法。移植法是在适宜生长的海域直接移植海草苗或者成熟的植株，通常是将成熟海草单个或多个茎枝与固定物（枚钉、石块、框架等）一起移植到新生境中，依靠海草的无性繁殖使其在新的生境中生存、繁殖下去，最终达到建立新的海草床的方法。根据海草移植方式和数量不同，移植法分为草块法和根状茎法。其中，草块法有时甚至直接移植海草床草皮（彩图7），对原海草床的破坏较大；而根状茎法需要的海草资源量较少，是一种有效且合理的恢复方法，移植后具有较高的成活率。根状茎法包括直插法、枚钉法、绑石法、框架移植法等（彩图8）。种子法，顾名思义，是指利用海草有性生殖的种子来恢复和重建海草床，在海草的生殖季节采集生殖枝上的海草种子，经保存在合适的地点和时间进行播种，种子萌发生长成幼苗，一年后长成成株。此方法不但可以提高海草床的遗传多样性，同时海草种子具有体积小易于运输的优点，而且收集种子对原海草床造成的危害相对较小，因此利用种子进行海草床修复逐步成为海草床生态修复的重要手段。但目前采用种子法大规模恢复海草床还存在很多问题，如种子的收集成本高、种子保存技术不够成熟、种子的丧失率高、种子的萌发率低和缺乏合适的播种方法等（李森等，2010；张沛东等，2013）。

（三）区域选择原理与可能建设的区域

生境的适宜性是影响海洋牧场海草床构建成败的首要因素。适宜的水深、光照、水动力、水温、水质和底质状况等环境因子是构建海草床的必要条件，在选择海草床构建的目标区域时，应满足海水透明度高，具有充足浸水时间的水深，水流相对平缓，易使海草根扎根生长的泥沙底质等条件（周毅等，2020）。

水质差被认为是海草床损失和退化最直接和最普遍的威胁（Waycott et al.，2016）。一般来说，我国沿海水域普遍受人类开发活动等因素的影响，水体中泥沙等悬浮颗粒物浓度较高，海水透明度较低，致使海草主要分布在6米以浅水域。而当前绝大多数海洋牧场规划的海域主要位于6米以深水域，普遍存在海域规划局限的弊端，缺乏海草床生境构建的空间。因此，建议今后海洋牧场海域范围的规划，应涵盖适宜于海草床生境构建的海域空间。根据生态系统连通性原理，倘若海洋牧场毗邻海域有海草床分布，建议依托现有的海草床进行修复和保护，海草床极高的初级生产力将为海洋牧场提供丰富的有机质来源，并为海洋牧场许多经济动物提供产卵场、育幼场。从沿岸浅水到深水区域规划、建设和管理海洋牧场，将实现集环境保护、资源养护、渔业产出和景观生态建设于一体的现代海洋牧场的健康发展（李森等，2010；周毅等，2020）。

（四）核心设施选择原理与关键参数

目前，最常用的海草床恢复方法是移植法（李森等，2010）。移植法的关键是移植海草（草皮或茎枝）的固定。不同种类的移植方法有不同的固定设施。国外学者先后介绍了移植海草的机器ECOSUB1和ECOSUB2，将海草移植推向了机械化。该移植装备能采集长55厘米、

宽 44 厘米、厚 35～50 厘米的草块，包括完整的根状茎、根、枝、底质，装进金属箱运送到移植地点栽种，每天可以移植 75 个移植单元，使大规模、大面积的海草移植成为可能（Paling et al.，2001a；Paling et al.，2001b）。Park 等（2007）分别利用订书针、框架和贝壳等固定移植的鳗草根状茎，结果证明三种方法恢复海草床各有优缺点。周毅等提出的根茎棉线（或麻绳）法将鳗草根状茎绑在石块上，每个石块 2～4 株鳗草根茎，在低潮时埋进目标海域底质中或者直接在高潮时扔进目标海域，该方法简便易行（刘鹏等，2013；Zhou et al.，2014；Liu et al.，2019）。近年来，人们尝试了多种海草植株的移植方法，旨在降低移植成本，提高移植效果。

种子法因具有提高海草床的遗传多样性、不破坏原生海草床等优点而成为研究的热点。美国学者 Orth 等（2009）研发了一种播种机，可将鳗草种子比较均匀的散播在底质 1～2 厘米深处，提高了播种的均匀度和效率。刘雷等（2013）以鳗草种子的物理特性为依据，设计了播深、粒距和行距可调节的浅海海底植被修复播种机，实现了鳗草种子底播的连续、高效和智能化作业。

（五）承载力评估与提升原理

海草床特别容易受到人类活动的干扰。为了提升海草床生态系统的承载力，在海草移植或播撒海草种子后，需要对目标海草床区域进行有效的监测、管理和保护。首先要严格保证目标水域的水质质量，防止周围工厂或居民区的污水流向目标区域；同时由于目标恢复区域多为水深 6 米以内浅水域，因此一定要防止人们在低潮时对移植海草床的干扰，必要时需建立目标恢复区保护区。同时，为防止极端天气引发的急湍水流对移植海草产生影响，应在移植区域的深水区建立防冲浪保护设施（周毅等，2020）。

海草床生态系统承载力的评估与海藻场生态系统相似，可通过稳定同位素技术探明海草床生态系统的食物网结构，并基于声学评估、流刺网调查等渔业资源调查方法对草场生态系统资源总量和种类进行定量和定性的结合分析；重点通过构建 Ecopath 模型，对海草床生态系统的发育和稳定性进行系统评价，并基于生态系统水平探索海草床生境适宜增殖的种类，重点评估可增殖种类的生态容量和整个生态系统的承载力（杨红生等，2018）。

五、珊瑚礁

（一）珊瑚礁型海洋牧场的定义和生态功能

珊瑚礁生态系统是热带海域特有的生态系统，该生态系统拥有非常高的初级生产力和海洋生物多样性，被称为海洋中的热带雨林（彩图9）。珊瑚礁可以为许多海洋生物提供栖息环境，拥有巨大的生态价值，它在维持海洋生态系统稳定性和海洋资源可持续利用方面发挥着重要作用（马丽丽等，2008）。依托珊瑚礁生态系统构建的海洋牧场即为珊瑚礁型海洋牧场。

珊瑚礁自然分布于南北回归线之间的热带海域。在我国广阔的热带海域拥有得天独厚的岛礁资源与环境优势，珊瑚礁资源十分丰富。我国珊瑚礁分岸礁和环礁两大类，岸礁断续分布在海南岛、台湾岛和雷州半岛西南角等海岸区域，环礁广泛分布在南海。南海诸岛是我国珊瑚礁最多的区域，而位于热带北缘的华南大陆沿岸及台湾岛沿岸的珊瑚礁覆盖度则远低于离赤道较近的热带和赤道海区（龙丽娟等，2019；张乔民等，2019）。珊瑚礁生态系统非常脆弱，近十几年来，由于气候变化和人类破坏等原因，全球的珊瑚礁已损失了约80%；我国珊瑚礁资源情况也不容乐观，如20世纪90年代以后西沙的珊瑚礁覆盖率一直下降，至2009年已下降到不足10%（龙丽娟等，2019）（彩图10）。

海洋牧场既能养护渔业资源，又能修复生态环境，因此建设海洋牧场是实现海洋渔业与生态系统和谐发展的重要途径（杨红生等，2016；许强等，2018）。在热带海域通过一定的工程技术手段对退化的珊瑚礁环境进行改造与养护，建设以珊瑚礁及礁栖生物资源保护与增殖为特色的珊瑚礁型海洋牧场，是进行海洋生态系统修复和海洋资源可持续开发利用的有效措施之一。珊瑚礁型海洋牧场为南海特有的海洋牧场，综合考虑我国南海的自然、地理以及产业等方面的优势，可将珊瑚礁型海洋牧场可分为两类。

（1）资源养护与增殖型海洋牧场　以珊瑚礁生境养护与资源修复与增殖为目的，以养护和修复原有珊瑚礁生态系统为根本，通过投放各种礁体等辅助设施和增殖放流适宜的经济种类为手段，提高海区生态环境质量与渔业资源量。该类型的海洋牧场以公益性海洋牧场为主。

（2）休闲旅游型海洋牧场　热带海域拥有独特的地理位置和气候条

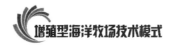

件，可以常年进行休闲渔业活动，因此建设休闲旅游型海洋牧场拥有先天优势。可以选择基础条件好，距离本岛或者大陆较近的岛礁为建设区域，以发展海洋休闲旅游业为建设目标，开展珊瑚礁生态系统养护及景观型人工鱼礁布设等工程，恢复海区自然资源，为游钓、休闲潜水等旅游项目提供基础。休闲旅游型海洋牧场为经营型海洋牧场，需配套陆上或者海上休闲平台以及酒店、餐饮等保障单元，可由企业为主体申请海域开发与经营（许强等，2018）。

（二）核心物种生态学特征与功能群构建原理

珊瑚礁海域十分适合各种鱼类、藻类、海参以及贝类等海洋生物的栖息与繁衍（许强等，2018）。近年来，由于环境污染、过度开发以及全球变化等原因，国内外珊瑚以及珊瑚礁渔业资源不断衰退。珊瑚礁生物是珊瑚礁生态系统的重要组成部分，也是构建珊瑚礁型海洋牧场的核心物种，珊瑚礁生物资源的多样性对维持珊瑚礁生态系统的功能和稳定性都具有重要意义（朱文涛等，2018；龙丽娟等，2019）。

在整个珊瑚礁生态系统中，珊瑚为关键物种，它是整个生态系统的框架生物，是海区初级生产力和营养盐循环的关键功能生物（黄晖等，2018）。因此，珊瑚礁的恢复是珊瑚礁型海洋牧场建设的基础。其他礁栖物种，包括藻类、海参、贝类以及海绵等，与珊瑚一起构成整个珊瑚礁生态系统。其中，珊瑚藻是珊瑚礁生态系统重要的功能类群，它们对珊瑚的碳酸钙形成及沉积有重大贡献，能够填充珊瑚缝隙，从而加固珊瑚礁结构，另外，它们还可以为海洋生物提供附着基质（雷新明等，2019）。热带海参具有很高的经济价值，它们广泛分布于珊瑚礁生态系统，在珊瑚礁的底栖生物群落生产及营养盐循环过程中发挥着重大作用，对与造礁石珊瑚竞争生态位的藻类也有重要的控制作用（Uthicke，1998；Uthicke and Karez，1999）。砗磲是珊瑚礁生态系统中重要的贝类之一，该物种对维持珊瑚礁生态系统平衡和渔业资源的恢复有重要作用（Cabaitan et al.，2008；崔丹等，2019）。砗磲外套膜颜色艳丽，在珊瑚礁型海洋牧场底播砗磲可以丰富海底景观，充实当地的旅游资源。海绵动物也在珊瑚礁生态系统中发挥着重要的作用，它们可以净化海水，黏合珊瑚礁以及协助珊瑚礁再生，海绵的消失会加速珊瑚礁的退化（Wulff，2006）。在建设珊瑚礁型海洋牧场时，应该限制肉食性鱼类的增养殖，发展食物链中海参、贝类和海绵等腐食性、植食性种类的增殖放流，这样更有利于提高珊瑚礁生态系统的稳定性。

（三）区域选择原理与可能建设的区域

珊瑚需要附着在硬质基底之上生长，海水透明度、盐度、温度以及光照等环境因子对珊瑚的生长至关重要。人为活动，如海岸带开发以及排污等会对珊瑚礁生态系统造成巨大影响（雷新明等，2019；龙丽娟等，2019）。造礁珊瑚只能生长在热带海区，必须有充足的光线供共生的虫黄藻进行光合作用，以为珊瑚提供能量和促使碳酸钙沉淀（杨清松等，2019）。

我国南海环境适宜，如海南岛近岸及三沙群岛海域海岛资源丰富，水温常年稳定在25℃以上，平均盐度为35，区域内无污染，水质清澈，十分适合珊瑚的生长，这为建设珊瑚礁型海洋牧场提供了得天独厚的条件（许强等，2018）。因此，海南岛近岸及三沙群岛海域是我国进行珊瑚礁型海洋牧场建设的理想区域（彩图11）。由于海洋工程建设产生的悬浮物及泥沙沉降会影响虫黄藻的光合作用甚至造成珊瑚虫窒息（牛文涛等，2010），因此在进行珊瑚礁型海洋牧场建设时，其选址要求海流通畅，海水清洁，水深要控制在虫黄藻光补偿深度之内，要远离港口疏浚及吹填工程建设区域。珊瑚礁型海洋牧场可以在退化的珊瑚礁基础上进行建设，如果当地海底已经沙化，则需要通过投放人工礁体等手段进行硬化处理，甚至可以在基质中增加化学物质诱导珊瑚幼虫附着并提高珊瑚的生长速度（张立斌和杨红生，2012；龙丽娟等，2019）。另外，南海台风较多，因此建设珊瑚礁型海洋牧场应尽量选择避风效果良好的岛礁一侧或者内湾，以降低台风带来的破坏。我国南海拥有200多个珊瑚岛、礁与沙洲（龙丽娟等，2019），很多区域自然环境十分适合于珊瑚礁型海洋牧场的建设，但是选址要优先选择基础设施比较好的岛礁，这样不仅可以起到良好的示范作用，还有利于后期的建设与开发（许强等，2018）。

（四）核心设施选择原理与关键参数

珊瑚礁型海洋牧场建设是进行珊瑚礁生态系统保护的有效措施之一，可与渔业资源增殖、潜水观光、科学考察、海洋探险等项目有机结合，同时带动其他海上旅游项目，进一步提升南海岛礁特色海洋旅游产品层次，拓展旅游业的发展空间，增强竞争力，提高海区的生态服务价值。珊瑚礁保护与修复是珊瑚礁型海洋牧场建设的核心内容，珊瑚礁修

复策略一般分为三大类：自然修复、生物修复和生态重构。对于轻度受损的珊瑚礁，应采取措施消除压力、避免人为破坏，这样在较短时间内可以实现自行恢复；对于一些中度受损的珊瑚礁生态系统，由于其自然恢复时间较长，因此采取人为干预措施加速自然修复进程，促进生态系统的自然恢复；对于重度受损的珊瑚礁，其生态系统功能可能已完全退化或丧失，通常需要人为干预以重构生态系统。

目前珊瑚礁保护与修复要重点研究生态系统功能性生物恢复以及珊瑚礁底质和水质环境改善（龙丽娟等，2019）。为了更好地建设珊瑚礁型海洋牧场，在进行珊瑚移植、养殖以及功能生物增殖放流的同时不断提升海区环境，比如底质改良、环境修复种放流，另外，还必须对长棘海星等敌害生物进行有效防控。总之，珊瑚礁型海洋牧场的建设以珊瑚礁生态系统修复为核心，坚持"生态保护优先，人工修复为辅"，要逐步减小引起珊瑚礁退化的压力，给退化的珊瑚礁自然恢复的空间。因此，要在科学规范引导下辅以适当人工修复措施，以促进珊瑚礁生态系统的自然恢复。

（五）承载力评估与提升原理

珊瑚礁系统对于维持海洋生态平衡、渔业资源再生、旅游观光、海洋药物开发以及海岸线保护至关重要（孙有方等，2018）。珊瑚礁型海洋牧场的建设是以健康的珊瑚礁生态系统为基础，其评估与管理方式应建立在对现状的充分了解和对变化的科学预测基础之上，通常以珊瑚及其他珊瑚礁生物的多样性和均匀性指数为评价指标确定系统的健康状况（孙有方等，2018）。建设海洋牧场必须对其承载力进行科学评估，一般可用基于物质与能量平衡的承载力评估模型来进行珊瑚礁型海洋牧场承载力的评估，即将海区的初级生产力与系统的营养级以及平均物质转换效率相结合，从物质与能量平衡角度来计算。目前，这类模型中比较成熟的有营养盐限制模型和Ecopath模型等。因为海洋牧场承载力是一个动态变化的过程，珊瑚礁生态系统种群的时空变化及生态环境的变化均会对评估结果产生影响。通过移植珊瑚、底播大型藻类、增殖放流各种底栖动物及珊瑚礁鱼类均可以增加系统的生产力水平并优化食物网结构，大幅度提高海洋牧场的承载力；通过投放人工礁体增加生境的空间层次，为珊瑚及礁栖生物提供附着及遮蔽场所，丰富珊瑚礁生态系统的生物多样性，也可以提高珊瑚礁型海洋牧场的承载力。

第二章

海洋牧场建设模式概述

海洋牧场是一个系统工程，涉及海洋生物、海洋生态、物理海洋、海洋化学、海洋地质、海洋管理及工程技术等多个学科领域；从生态学角度讲，海洋牧场是一个小型的人工海洋生态系统，因此其既具有区域性、连续性、开放性等海洋生态系统的典型特征，也有社会性、易变性、目的性等人工生态系统的特点。目前，我国海洋牧场的建设实践一般具有两个主要目的：渔业增养殖和海洋生境修复。在我国北方沿海，建设海洋牧场大多以海参、鲍等海珍品的增养殖为主要目的，多分布在近岸浅海。而在南方沿海，建设海洋牧场多以生境修复、种质保护为目的，多分布在相对较深的海域。总体上，提高渔业增养殖能力是海洋牧场建设的一般目的，但生态效益和社会效益的日趋显露使得生态目标和社会目标在海洋牧场建设目的中的权重日益增大。

第一节　基于增殖目标种的海洋牧场建设模式

海洋牧场建设本意为增殖渔业资源，在海洋牧场起源期，生态环境还没有面临破坏的问题，因此海洋牧场建设只单纯考虑放流苗种即可。如最初在欧美国家建设海洋牧场，只通过放流苗种达到增加种群数量的目标。随着渔业资源捕捞强度的增加，海洋渔业资源严重衰退和生态环境恶化等问题已上升到各国政府关注的层面上，如何有效保护和恢复渔业资源、增加资源补充量是沿海国家一直研究的课题，各国相继实施了一系列的渔业管理措施，如控制捕捞努力量，在重要水域设立渔业保护区和实施水生生物资源养护。我国也相继采取了多种渔业管理措施，如禁渔区（期）制度、伏季休渔制度、渔船数量和功率"双控"措施、最小网目尺寸、渔具准入和捕捞渔获量"双限"举动、发展远洋渔业、设

立水生生物保护区和开展濒危水生野生动物救助行动等。这些措施对减缓近海渔业资源的衰退起到了积极作用，但仍无法在短期内改变渔业资源衰退的局面。除建立管理措施外，与规模化增殖放流相结合的海洋牧场建设是恢复渔业资源的另一重要举措。

一、增殖定居型目标种模式

（一）增殖鱼类

以增殖鱼类为目标种的海洋牧场建设模式主要通过增殖放流和移植引种两种方式实现增殖鱼类资源的目标，增殖放流包括幼体放流与成体放流两种。

幼体放流是将功能生物的幼体培育至一定阶段后放流至需要修复的海域。放流时直接将幼体撒播或随水倾倒至海中，无需照看。这种放流技术多是应用在繁殖力强，幼体具备一定活动能力，能够快速地在海域内找到庇护所或附着下来的生物种类。这类生物一旦在海域内生存下来，就有机会快速生长繁殖。例如珊瑚礁区的马蹄螺、海参等生物可采用此种方法进行放流，其优点就是只需培育亲本个体，促使其繁殖后，即能获得大量的受精卵，也无需培育幼体至成体，可以节约培育成本和时间。但其缺点也较明显，由于幼体较脆弱，往往对环境的抵抗力低，所以在不适宜的环境下，增殖放流效果会受到很大影响。其次，海域中幼体的天敌种类众多，幼体被捕食的概率远高于成体，幼体能否存活依赖于是否能够及早找到庇护所躲避或及早附着下来。此外，幼体的饵料生物往往有别于成体，海区内饵料生物的种类和数量及其时空适配性也是影响放流生物成活率的关键。

成体放流则是将功能生物培育至成体后，再将成体放流于需修复的海域。放流时要根据生物的生活区域、栖地环境选择适当的位置进行放流。繁殖力较低、幼体需要亲本照料、生长率较慢的鱼类不能采用幼体放流方法。成体放流耗费时间长，需要人工培育，成本高，但优点在于放流的生物存活率较高，能够较快看到其产生的效果。这两种放流技术都依赖于生物的人工繁育与培养，对于目前无法实施人工培育技术的生物，就无法实施放流，只能依靠从其他区域引入个体重建其本地种群。

人工增殖放流的主要环节包括：①选定增殖放流的适宜海区；②保护和改造放流生物栖息地环境；③按不同种鱼类苗种的适宜放流规格，

进行中间培育；④移植、放流苗种（稚、幼鱼）入海；⑤放流生物资源管理；⑥放流效果验证。进行移植、放流人工增殖渔业资源，必须进行充分调查论证，认真考虑放流种群同自然种群之间的关系，尤其是放流对象是否可能成为其他种群的敌害等。

截至目前，鱼类资源的增殖有了很大发展。欧美发达国家为了拯救局部海域渔业资源衰退局面，早在百年以前就采取了人工繁殖放流和移植两条途径进行海产鱼类的资源增殖。1853年，美国首先将加拿大红点鳟卵运到美国进行孵化，1871—1873年进行了大西洋沿岸的美洲西鲱增殖放流和移植到太平洋沿岸的工作，后来在沿海建立了海鱼孵化场，成功地孵化了鲱、鳕、鲽、鲐等多种鱼苗，并连续多年大量放流鳕鱼苗。在美国的影响下，挪威、英国、芬兰、丹麦等欧洲国家纷纷建立人工孵化场，从事鳕、鲆鲽类的资源增殖工作。第一次世界大战后，这项工作一度走向衰落。但美国、苏联、日本、加拿大等国的鲑鳟类增殖放流一直在进行，成为世界海产鱼类增殖放流的典范。20世纪60年代以来，海产鱼类的资源增殖工作又开始盛行。苏联在鲟和鲑类放流增殖卓有成效的基础上还成功地将黑海鲻幼鱼移植到里海，又将远东梭鱼移植到黑海，形成了自然种群。日本大麻哈鱼增殖放流的回捕率为1%～2%，最高纪录达7.3%。在北海道溯河生殖洄游的群体中，约有77%是放流苗种长成的。为了拯救沿岸渔业，日本建立了多处栽培渔业中心，放流增殖真鲷、牙鲆等。美国每年在东海岸大量放流大西洋鲑苗种，在西海岸则大量放流4种太平洋大麻哈鱼，放流后的品种占鲑渔业产量的22%，占游钓渔业产量的15%，效益显著。20世纪80年代末，苏联又在黑海进行比目鱼的放流增殖。日本和美国已将北太平洋鲑类引进智利，并建立孵化场，将培育的苗种放入南极海中，用以开发利用丰富的南极磷虾资源。

20世纪50年代，中国就开展了以青鱼、草鱼、鲢、鳙四大家鱼为主的鱼类资源增殖放流活动；70年代以来，增殖放流工作逐步以恢复中国近海的渔业资源为主开展起来。直到80年代，随着海产鱼类人工育苗技术的进展和突破，开始在山东沿海一带相继进行黑鲷、牙鲆、真鲷、河鲀、梭鱼、黄盖鲽等人工鱼苗的标记放流试验，其中黑鲷苗的回捕率由0.2%提高到1.7%。1986年，山东南部沿海黑鲷、河鲀苗的年放流量各达20多万尾。目前，我国放流的海水鱼种主要为牙鲆、许氏

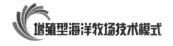

平鲉、真鲷、大黄鱼、黑鲷等。

（二）增殖贝类

贝类增殖是在一个较大的水域或滩涂范围内，采取一定的人工措施，创造贝类增殖和生长的条件，增加水域中经济贝类的资源量，以达到增加贝类产量的目的。近些年来，我国积极进行贝类的增殖放流，虽然取得了很大的效益，但是仍然不乏负面报道。其原因是我国增殖放流管理部门管理有漏洞，缺乏正确的指导方针、成熟的育种技术以及缺少效果评估技术去规范增殖放流，导致增殖放流从放流水域和时间的选择，到放流物种的选择、放流的规模和质量等都存在一定的盲目性。有些劣质苗种的放流甚至导致病毒在自然水域大规模暴发，严重影响了原有野生种群的正常生长。

增殖贝类主要通过改良增殖场、亲贝移植、苗种放流和底播增殖实现。

（1）改良增殖场　属于从生存环境角度间接增殖贝类资源，改良增殖场环境包括改良滩涂底质、投放人工鱼礁、防除敌害、防止水质污染等。对于滩涂贝类而言，在半人工采苗时，可在含泥量较多的海滩，采取整滩、投砂等办法以增加贝类附苗量；在水流过急的海区，可采用插树枝、修堤坝等办法以减小流速，增加贝类附苗量；对过硬或老化的滩涂可用耕耙的办法把松滩涂底质，改良底质。在海岸浅海用水泥陀、石块等构筑人工鱼礁，不仅对增殖贝类，而且对鱼、虾、藻类的增殖也有良好的效果，人工鱼礁可以直接增加贝类的栖息场所和藻类的附着场所，而藻类又有利于贝类的附着和聚集。此外，人工鱼礁还有利于贝类的索饵和增加海水肥度，增加环境容量。

（2）亲贝移植　是将贝类资源多的海区的经济贝种移植到资源量少的海区，以不断增加该海区贝类资源的一种技术方法。但在进行亲贝移植时，要对增殖场的环境条件进行详细调查，同时要了解移植贝类的生活史、生理和生态习性，根据增殖场的环境条件，选择能适应本海区的品种。

（3）苗种放流　是将人工育苗或自然采苗所获得的一定规格的贝苗，放流到自然海区，使其在自然海区中生长、繁殖，从而达到增加贝类资源量的目的。通过苗种放流，可控制贝类资源生产的种类、分布、生产效率、生产量以及控制该种贝类的生产规模。在进行苗种放流时，必须以增殖场的环境为依据，在改善增殖场环境的基础上进行，以确保放流苗种的存活和生长繁殖。

（4）底播增殖　是贝类幼虫附着变态后，将其培育成一定规格的稚贝或幼贝，播撒到适宜的浅海区，以达到增加资源量的一种技术。目前移植菲律宾蛤仔的底播增养殖，已成为胶州湾海水养殖业的支柱产业。从增殖放流的效果看，回捕增殖资源已成为山东当前秋汛生产的主要形式和渔民增收的重要手段，并取得了明显的经济和社会效益。因此，底播增殖也是一项重要措施。

以我国山东省为例，贝类底播增殖主要集中在渤海湾南部、莱州湾和胶州湾，其中，文蛤和菲律宾蛤仔底播数量最多。文蛤属广温性半咸水贝类，一般生活在河口附近的潮间带以及浅海区的细沙或泥沙滩中，有潜沙习性。文蛤繁殖期为3—9月，但海况与气候因子变化会使文蛤繁殖期的提前或推迟，通常在山东繁殖期为7—8月。文蛤繁殖水温为24～25℃。1998年、2006年、2007年和2008年分别底播增殖文蛤4 000万粒、5 737.2万粒、2 983.2万粒和24 295万粒。菲律宾蛤仔是我国滩涂贝类养殖的主导品种之一，适合人工高密度养殖。在山东沿海，繁殖期为6—10月，繁殖盛期在7—9月，繁殖水温为17.5～25.5℃。1998年、2005年、2006年、2007年和2008年分别底播增殖1 250万粒、147万粒、10 080万粒、11 986万粒和11 741万粒，主要分布在潍坊寿光市、寒亭区和滨州无棣县附近海域。青蛤属底栖、广温、广盐性贝类，1999年、2006年、2007年和2008年分别底播增殖青蛤50万粒、117.6万粒、15 285万粒和7 129万粒。毛蚶是莱州湾的主要经济贝类，分别于1997年和2006年在潍坊寒亭区附近海域底播增殖10 000万粒和1 691万粒。虾夷扇贝的底播增殖规模也较大，2000年、2001年、2007年和2008年的底播数量分别为5 000万粒、1 800万粒、664万粒和329万粒，放流海域为长岛县附近海域。2005—2008年分别底播增殖大竹蛏3 006万粒、4 730.1万粒、1 064万粒和1 090万粒，放流海域为日照和东营广饶县附近海域。缢蛏的底播增殖始于2007年，2007年和2008年分别底播增殖2 475万粒和1 176万粒。

（三）增殖海珍品类

海珍品主要包括海参、鲍、海胆等。这些品种多数是我国北方沿海的土著品种，也有像虾夷扇贝这样的引进品种，还有一些是在养殖过程

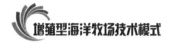

中与国外同类优质品种杂交的品种,如皱纹盘鲍。增殖海珍品的主要方式有移种增殖、放苗增殖和封护增殖。

海珍品增殖种类主要包括海参、马粪海胆和皱纹盘鲍等,增殖规模相对较小,增殖海域主要在烟台和威海附近海域。1995—1998 年,分别底播增殖海参 563.6 万头、1 030 万头、190 万头和 60.4 万头,2008 年底播增殖海参 278 万头。1999 年、2000 年和 2001 年,分别底播增殖马粪海胆 18.9 万粒、21 万粒和 40 万粒。2006 年和 2008 年,分别底播增殖皱纹盘鲍 15.3 万粒和 11 万粒。

(四)增殖甲壳类

甲壳类主要包括虾、蟹等,主要通过直接放流苗种达到增殖效果。以蟹类增殖放流为例,蟹的放流苗种以开始具潜沙能力、抗潮流能力的 3 龄以上幼蟹(C3)为宜。人工苗种多在 C1~C2 期出池,故在养殖与放流前还要经过中间培育。三疣梭子蟹从 C1 期培育到 C3 期(从甲宽 4.5 毫米培育至约 8 毫米)历时 6~9 天。锯缘青蟹从 C2 期培育至 C5 期(从甲宽 5.8 毫米培育至 17.5 毫米)历时 1 个月。毛蟹从大眼幼体或 C1 期(4 月)培育至放流(10 月)约需半年。养殖用三疣梭子蟹苗种需经 1 个月饲育,甲宽达 30~40 毫米、完全营底栖生活时再移放至养殖池内。中间培育可用陆上水池、潮间带网围或小型网箱。投喂糠虾、蛤仔碎肉及杂鱼碎肉。海水中天然饵料生物,对补充营养也起重要作用。日本北海道毛蟹苗种中间培育用 1 米×1 米×0.32 米的网笼,将笼垂挂到水深 11 米的海中培育。

日本于 20 世纪 50 年代初开始进行三疣梭子蟹苗种放流,80 年代中期以后全国三疣梭子蟹年放流量达 2 亿~5 亿尾(甲宽 5 毫米)。濑户内海放流历史较久,取得明显的增殖效果,海区的渔获量显著增加,回捕率为 4.5%~12%。1985 年,日本鸟取县进行了雪蟹的标记放流和移植放流实验。中国从 20 世纪 60 年代中期开始放流降河性中华绒螯蟹的苗种,平均回捕率为 2.5%,最高可达 16% 以上,效果显著,使大、中型湖泊中几近绝迹的中华绒螯蟹的产量迅速增加。美国在墨西哥湾对石蟹进行了一种特殊形式的放流增殖,在笼捕石蟹渔业中将捕获的带有两个大螯足的石蟹截取一足后重放回海中,以多次获取可以不断再生且经济价值很高的螯足。毛蟹、雪蟹、短足拟石蟹和堪察加拟石蟹是 80 年代以来日本新增加的放流增殖对象。这几种深海冷水性蟹类有抱卵时间长、生长缓慢两大特点，故年放流量不大。

我国山东省甲壳类增殖放流的规模最大，分布最广，是增殖效益高、见效快、收益广的种类，在增殖放流中占绝对优势，特别是中国对虾、日本对虾和三疣梭子蟹。中国对虾为暖水性长距离洄游大型虾类，每年 11 月中下旬开始进入黄海中南部深水区越冬，3 月开始游向近海产卵繁殖。中国对虾的增殖放流始于 1984 年，是山东省大规模渔业资源增殖放流活动的"龙头"项目，也是全省受益范围最广的品种之一，至 2008 年全省累计放流平均体长 25 毫米以上的中国对虾 143.8 亿尾。1995 年之前，中国对虾放流规模较大，如 1991 年，放流数量约为 15 亿尾，但 1993 年在全国范围内暴发中国对虾白斑病之后，中国对虾的放流数量锐减，基本保持在 2 亿～6 亿尾。与此同时，抗病力较强的日本对虾的增殖放流规模逐渐增加，2005—2007 年，日本对虾放流数量超过了中国对虾。其中，2007 年放流数量近 8 亿尾，在一定程度上补充了对虾资源，至 2008 年全省累计放流平均体长 8～10 毫米的日本对虾 30.0 亿尾。三疣梭子蟹属暖温性、多年生大型蟹类，主要栖息于河口附近，具有生命周期短、世代交替较快、个体性成熟早、繁殖力强和生长迅速等特点。3 月末蟹群游向浅水区产卵，4 月中下旬为产卵盛期，从幼蟹一期到成熟期，一般需 3 个月。三疣梭子蟹的增殖放流活动主要集中在 2005—2008 年，放流数量分别约为 0.4 亿尾、1.4 亿尾、1.8 亿尾和 1.8 亿尾，放流海区主要在渤海沿岸及山东南部沿海，至 2008 年全省累计放流二期稚蟹 5.5 亿尾。中国对虾和日本对虾于 2005 年成为省全额投资增殖项目，三疣梭子蟹于 2008 年成为省全额投资增殖项目。

二、增殖洄游型目标种模式

对于洄游型目标种的增殖，因其洄游路径差异而增殖方法有所不同。由于洄游种活动范围较广，鱼类只能间接性、阶段性利用人工设施结构。例如增殖洄游型鱼类鳕，因其活动范围广，无法在特定区域投放人工鱼礁，故欧美国家为增加其资源量，在洄游路径上放置浮鱼礁；日本黑潮海洋牧场同样利用浮鱼礁增殖鲣的资源量，通过在洄游海域内一段区域放置浮鱼礁，诱集鲣利用浮鱼礁阴影躲避敌害。基于此，日本规定每艘船仅可在浮鱼礁区轮流捕鱼 15 分钟。在我国，大黄鱼也是洄游性鱼类，我国尝试建设大规模网络化海洋牧场，从幼鱼保护、产卵、育

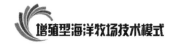

幼等各个环节建设生态廊道组合，进一步保护增殖大黄鱼。

第二节　基于栖息地修复的海洋牧场建设模式

海洋牧场建设的最终目标为渔业资源的产出。需要从生物习性角度出发，选择适宜的栖息地修复方式，改善生物所处的栖息环境，以提升增殖养护效果。

随着国内外对海洋牧场建设的逐步深入，海洋牧场的建设目标、建设途径与原则已然明了，其中，海洋牧场建设基本目标为改善海域生态环境、增殖养护渔业资源；基本建设途径包括人工鱼礁、海藻场、牡蛎礁、海草场和珊瑚礁等生境修复工程；建设基本原则为经济性、科学性、生态性和可控性。

一、人工鱼礁建设

人工鱼礁建设本质上是向海洋投放人工建造物，相当于在海洋内建设供生物生存的"海洋城市"（章守宇等，2010），与陆地城市建设有所不同，虽然施工较为容易，但"海洋城市"建设的海洋环境、选址等因素更为复杂（Moura，2007；张怀慧等，1992），而且前期材质、礁形、礁堆大小选择及建后评价验证难度很大。最为重要的是陆地城市建设具有可重复性，而"海洋城市"建设几乎不可逆，即人工鱼礁很难因为其未达到预期效果而拆毁或清除，因为水下清障的成本远高于礁体的制作和投放。人工鱼礁建设正则可增殖渔业、修复环境，负则对环境资源无益甚至产生严重危害，不仅可能成为海洋垃圾，还会造成巨大的经济浪费。因此，人工鱼礁的投放应做到提前精细计划、规范投放、及时评价，以达到生物与环境的协调发展。

（一）人工鱼礁区选址

人工鱼礁建设区域的确立，既要满足可达到生态环境与生物资源的修复与增殖效应，又要符合在此基础上获得相应的资源及经济产出，同时还涉及后期管理的方便性与可实现性等因素，是一个多因素综合平衡的过程，其本质上是一种多目标决策的问题。我国人工鱼礁选址主要考虑因素包括社会经济因素、物理海洋因素、海洋生物因素三方面，其中，社会经济因素包括鱼礁建设类型与目标、可接近性、建设基础、规划与管理政策。为实现人工鱼礁建设的预期收益，在进行人工鱼礁选址前要明确人工鱼礁建设的类型与目标。人工鱼礁选址的全过程应时刻围绕建设目标，确保选址为目标服务（一般包括增殖、养护、休闲型等）；人工鱼礁区距离一般指其距离海岸、特定渔港、码头等的距离，距离较近容易受人类活动影响，较远不利于建设实施及渔业生产活动的开展；人工鱼礁功能区是海域开发利用与管理的综合体现，人工鱼礁是长期以来渔业发展的产物，是海洋使用功能的重要内容之一；人工鱼礁的建设需要考虑既有的或即将出台的渔业规划和政策，做到符合渔业产业发展的政策导向，避免与发展政策导向冲突；人工鱼礁是一项投入巨大的基础性建设项目，尤其是其涉及的人工鱼礁工程，耗费大量的人力物力，其建设后仍需不断加以管理才能使其持久发挥作用。因此，在考虑人工鱼礁选址时，必须充分考虑方便管理的原则：一是提高管理的可操作性，二是降低人工鱼礁的管理成本。可以重点考虑交通便捷，周边基础设施相对完善的区域等，系统地分析社会经济因素对人工鱼礁选址的影响，有利于从宏观上把握选址原则，确保选址环节不发生关键性失误。

物理海洋因素是实现人工鱼礁的安全稳定、确保鱼礁功能发挥的重要因素，主要包括水质、水深、海流、波浪、底质和坡度。人工鱼礁建设包括基本的栖息地改造、资源增殖放流、生态养殖、休闲渔业等要素，属于典型的海洋生态类建设，有别于一般海洋工业类项目，人工鱼礁要求较好的海洋水环境质量，以确保牧场内水生生物环境的生存基础，这些水质要素包括适宜的水色、盐度、溶解氧、透明度、悬浮物、氮磷含量、重金属含量、油类污染物等；人工鱼礁建设区域水深过深会影响附着生物的光合作用，过浅则容易影响船舶航行，且极易受风暴潮的影响，水深一般为单位鱼礁高度的 4～10 倍；海流流速大小影响鱼礁的稳定性与安全性，流速大容易造成鱼礁底部冲淤和洗掘的现象，影响鱼礁稳定性，表现为移位和倾覆，流速小容易造成礁体掩埋，一般要求流速小于 1.1 米/秒；波浪冲击容易导致鱼礁直接倾覆；底质一般要求硬质地质、泥沙质；人工鱼礁区坡度一般在小于 5°时，鱼礁具有良好的稳定性。

海洋生物因素是人工鱼礁建设的关键因素，包括目标种及其生活史、初级生产力和渔业资源。首先，人工鱼礁建设需要明确其养护和增殖的目标生物，目标生物的生活史包括其繁殖阶段、保育阶段、索饵阶

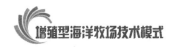

段、洄游阶段、避敌阶段，当考虑具体目标种的生活史阶段时，选址就有了针对性和特殊性；人工鱼礁以目标生物的产出为主体目标，要求海域初级生产力水平较高，以满足目标生物摄食；渔业资源水平一定程度上反映了海区的生态环境综合水平，资源水平较高的海域生态健康程度较高，通过对渔业资源水平的判断，能够有效地查明海区是否适宜通过建设人工鱼礁实现生态环境的保护、水生生物资源的养护和增殖的目的。

（二）人工鱼礁材料选择

从 1987 年开始，关于人工鱼礁主要构建材料的研究逐渐减少。在 20 世纪 90 年代，Pickering 研究了烟气脱硫装置作为人工鱼礁构建材料的适宜性，发现其在物理、环境、法律等方面均符合要求。进入 21 世纪，Kim 等（2019）研究了韩国近岸海域礁体加固对环境的影响，发现加固后的混凝土礁体具有更佳的化学特性，能够延长使用寿命。目前，礁体材料以功能性、安全性、环保性、易造性、耐久性和经济性等为主要考虑因素，据不完全统计，人工鱼礁材料超过 200 种，主要分为天然材料、废弃物材料、建筑材料和其他材料等 4 大类。

近年来，Chen 等（2015）提出用硫酸铝盐水泥、海砂、海水搅拌混合作为一种新的人工鱼礁混凝土材料，实验证实其机械特性、黏合力具有可行性。Huang 等（2016）则发明了一种人工鱼礁混凝土绿色产品，主要原材料包括废弃的工业炉渣、铁渣、烟气脱硫的石膏等，其适于海藻附着、生长。Liu 等（2014）研究了某种人工鱼礁外壳对海底大型无脊椎动物的影响，发现人工鱼礁外壳能够显著聚集大型底栖生物，提高海域的环境质量，投放人工鱼礁可以作为恢复海洋生物栖息地的有效手段之一。

（三）人工鱼礁结构设计

鱼礁外形尺寸的主要判断指标是礁体外形的长、宽、高形成的体积，通常按照鱼礁的体积和重量来区别小型鱼礁和大型鱼礁。小型鱼礁体积 1～30 米³，重量 0.1～3 吨，一般布置在水深较浅的近海海域；大型鱼礁体积 100～400 米³，重量 15～70 吨，布置在水深较深的近海或外海海域。按结构外形分类，主要有方形、三角形、梯形、圆筒形、十字形、人字形、箱形、星形、半球形、船形、框架形以及异型礁和组合礁等。按照生物聚集的对象不同，可分为鱼礁、鲍礁、参礁、海珍礁、藻礁等。构型在设计时要充分考虑所承载生物的种类、大小和生活习性。

系统的礁体设计主要包括结构安全性、稳定性、抗冲刷和流场等。我国人工鱼礁结构设计基本按照混凝土相关规范进行，如2012年实施的山东省地方标准《人工鱼礁建设技术规范》（DB37/T 2090—2012）提出，建造时根据材料性质应满足《混凝土结构设计规范》《钢结构设计规范》等的要求。因鱼礁结构的不规则性，结构力学计算方法多采用成熟的结构有限单元法。除自身结构刚度满足耐久性要求外，鱼礁的稳性和抗冲刷等要根据环境荷载工况计算确定。

人工鱼礁礁体设计应能最大限度地适合当地海域的海况和生态特点，同时也要兼顾环境保护、材料性价比等因素，在设计礁体时需要遵循以下设计原则。①增大礁体表面积，礁体表面积的大小直接关系到礁体上附着生物的数量。着生在礁体表面的海洋生物又是鱼类的饵料之一，这对于高度较矮的深水鱼礁来说更为重要。因此，在鱼礁礁体设计中尽量增大礁体的表面积。②良好的透空性，礁体内空隙的数量、大小及形状将影响到礁体周围生物的种类和数量的多少，因此应尽量将礁体设计成多空洞、缝隙、隔壁、悬垂物的结构，使礁体结构具有良好的透空性。③充分的透水性，只有保证礁体内有充分的水体交换，才能使礁体表面积得到有效利用，确保礁体表面固着生物的养料供给，因为水的流动可保证所有附着生物的代谢保持稳定。④礁体的高度必须考虑礁区的水深、底质及船舶的航行安全。⑤礁体材料应环保。

根据以上礁体结构设计原则，通常设计人工鱼礁时要根据海域不同的水文、海洋环境和本地资源状况及主要增殖和养护的对象生物特征，选择不同的礁体，目前主要应用的礁体包括避敌礁、产卵礁、流场效应礁体等。其中，避敌礁的作用主要是能使鱼类躲避敌害，适合鱼类特别是岩礁性鱼类游泳、躲避、栖息，其特点是小孔较多；产卵礁要求能适应鱼类产卵，表面积要大，尽量在框架上架一些横板，一般设计在礁群的中心及缓流区；流场效应礁体作用主要是改变原有流场，形成上升流和背涡流，分别混合垂直向和水平向营养物质，这种礁体适宜设置在有一定流速的海域，由于水的阻力问题，在保证流场改变的同时，要求礁体中心较低、下底稍大且稳固。

（四）人工鱼礁配置

目前，国内对人工鱼礁的区域投放布局研究处于起步阶段，在人工鱼礁的规划设计方面缺乏综合性和指导性方法，现有的做法多是参考国

外已实施的工程经验。不同布局方案的人工鱼礁投放到海域后会产生截然不同的效果，如营养效应和流场效应等。合理的鱼礁构型组合能扩大海洋牧场面积和生物群落诱集范围，最大限度地提高经济效益。近年来，国内学者逐渐以不同人工鱼礁配置组合的流场效应作为评价配置方案的依据，流场效应通过计算机数值模拟方法获得。人工鱼礁建设规模不同，其所产生的流场效应存在差异，现有研究中体现人工鱼礁规模大小的因子为投放量，采用空方表示投放量值，因此，对人工鱼礁规模效应的研究亦是对单位鱼礁投放量特性的分析。任何规模的人工鱼礁均会对投放海域产生相应大小的流场变化，但对资源与环境的影响却不尽相同，只有足够规模的单位人工鱼礁才会使生态效应达到预期目标，因此，有效单位人工鱼礁规模是保证规模效应的前提。最小有效单位鱼礁规模基于人工鱼礁投放能够产生一定影响时的最小体量而定，根据影响要素选择的需要，有效单位鱼礁的规模存在差异。

与人工鱼礁最小有效单位鱼礁堆规模相关的研究最早出现在日本，是通过现场调查确定最小有效礁堆空方数。日本早期关于单位人工鱼礁堆的研究指出，一个礁群的有效空间体积至少为400空方，该指标的确立受日本人工鱼礁投放海域及渔业资源现状的特点影响，以经济效益为出发点设立，即渔民单次出海费用与对应渔获物效益相抵条件下的单位人工鱼礁体积。日本海域水体环境、基础生产力条件优越，渔业资源丰富，因此，日本列岛大规模人工鱼礁投放主要从改造、建设、丰富沿岸渔场的目的出发，更有效地开发利用渔业资源。加之日本海域水深适度，流速平稳，更加适合人工鱼礁投放，为增殖渔业资源提供保障，故而日本的单位人工鱼礁堆体积设计仅考虑渔业资源所带来的经济效益。而面对近年来捕捞强度与环境条件变化，其单位人工鱼礁堆体积需进一步修改。

我国人工鱼礁建设受日本启发，但受近岸水域环境与资源现状影响，单位人工鱼礁堆体积的确定不可单纯考虑资源所带来的经济效益，更应考虑人工鱼礁建设所带来的环境、资源等问题。

(五) 人工鱼礁质量评价

人工鱼礁质量评价技术包括人工鱼礁礁体质量评价、投放布局质量评价，其中，人工鱼礁礁体质量是人工鱼礁在海底维持生态功能的基本保障。当礁体存在裂缝等影响强度的重要因素时，礁体受海水腐蚀的情况会更加严重，导致礁体抗流、抗浪能力会大大下降，尤其是应对台风等恶劣气象事件时，对礁体质量的要求更高。此外，人工鱼礁投放也是建设过程中的重要环节之一，投放结果的优劣影响着人工鱼礁功能的实现效果。

据有关资料报道，人工鱼礁的投放往往是根据目测或者卫星定位，在投放人工鱼礁时，受到海况条件以及投礁技术等各种因素的限制，投放的实际位置与设计位置之间存在误差，投放位置不准确，礁体易发生偏移现象。在所有的外来因素中，最重要的影响因素当属于人工鱼礁的投放技术带来的误差，投放施工技术的优劣会影响人工鱼礁设计时的配置组合方式。人工鱼礁的配置与组合是人工鱼礁建设的重要内容之一，不同的配置与组合模式产生的效应不同。鱼礁布置过于分散会削弱环境对鱼类的刺激作用，导致鱼类的密度减少；而鱼礁分布过于集中，鱼礁预期的规模效应将会降低。只有合适的礁群配置组合模式，才能更好地发挥礁区的物理环境功能，因此，投放施工技术带来的误差会影响人工鱼礁对鱼类等对象生物有效作用的范围，导致建设目标难以实现，投放位置的不准确甚至能影响海上交通安全和给海洋开发带来麻烦。

目前，已有关于对人工鱼礁投放效果进行评价的部分标准，《人工鱼礁建设工程质量评价技术规范》为礁体质量误差及礁区投放质量误差评价提供了依据。其中，礁体质量误差主要是检测鱼礁裂缝情况，如有礁体裂缝存在，会导致礁体在海里由于海水渗透腐蚀引起钢筋生锈，从而降低礁体的安全性和稳定性。因此，确定礁体裂缝为重点评价对象，采用超声波混凝土测试仪进行单体鱼礁礁体裂缝检查探测。

礁区投放布局质量评价主要基于单位鱼礁进行评价。单位鱼礁是实现人工鱼礁生态功能的最小单元，以鱼礁单体进行误差评价过程太过复杂，而以单位鱼礁为单位进行投放误差评价，既可以保证评价的效果又降低了评价的复杂程度，便于操作。调查数据获取中，因鱼礁投放时，受人为或天气等不可控因素影响，会有部分鱼礁与原投放位置有差异，在进行调查时，调查的面积需要大于原设计礁区面积。调查时间选择上，应在热带风暴、台风等人力不可抗拒因素发生前进行，不然很难界定鱼礁投放误差是否是由剧烈海况事件造成的还是人为因素造成的。礁区调查采用声学仪器走航为主，辅以人工调查，声学仪器是目前常用的调查海底地形或地貌的有效手段，精度较高，可满足鱼礁的走航调查，

人工调查主要是潜水确认鱼礁位置并与走航调查相验证。

单位鱼礁也是实现人工鱼礁生态效应的最小单元，在设计时也多以单位鱼礁进行礁区布局与建设，因此，鱼礁投放误差是在单位鱼礁的基础上进行评价。海域中实际投放鱼礁位置往往由于各种原因导致鱼礁位置混乱，需要对实际鱼礁投放位置进行聚类，以便与设计方案对比。根据沈天跃等（2015）研究，比较了基于划分的聚类算法、基于层次的聚类算法、基于约束的聚类算法在人工鱼礁空间聚类上的精度，为扩大适应性，对比了不同类型的鱼礁区，分别为港湾人工鱼礁建设区、岛礁海域人工鱼礁建设区以及开阔水域人工鱼礁区。研究发现，在对人工鱼礁实际分布状态进行聚类时，误差的排序为：约束<划分<层次，其值分别为 0.093、0.203、0.264。在综合考虑面积、单体数量、重心位置、礁体间距这 4 个指标时，约束的聚类误差值最小，精度最高。使用约束的聚类算法得到的聚类结果最能反映鱼礁实际分布状态的集聚模式。因此，建议在单位鱼礁的空间聚类与提取时采用基于约束的聚类方法。在评价指标选取上，以重心位置、外围面积、单体鱼礁数量、礁体间距 4 个参数作为评价鱼礁投放好坏的指标。礁区布局通过影响水体交换能力，进而影响鱼礁的生态效应。鱼礁之间间距具有一定的要求，间距较大，礁体之间的协同作用降低；间距较小，鱼礁之间分布相对集中，又会导致鱼礁形成的面积缩小。因而，人工鱼礁的生态效应也受鱼礁间距的影响。鱼礁建设对规模也有一定的要求，鱼礁流场效应作为衡量单位鱼礁建设规模的标准，一般单位鱼礁规模至少需要达到 400 空方才会具有显著的流场效应。鱼礁建设的规模与鱼礁本身的形状、礁体个数以及构成的面积有关。

二、牡蛎礁建设

过去 100 多年来，随着人类活动的增加和经济的快速发展，过度采捕、病害、环境污染等导致世界野生牡蛎数量快速下降。以美国切萨皮克湾为例，据历史资料记载，1887 年东岸牡蛎鲜肉收获量达到 55 000 吨，1950 年为 13 586 吨，2004 年仅为 39.6 吨，过度捕捞同时也严重破坏了牡蛎礁生境，并导致河口富营养化程度加剧、渔业产量下降和水生生态系统退化等。此后，世界各地陆续开展了牡蛎礁的恢复项目，美国在大西洋沿岸及墨西哥湾开展了一系列牡蛎礁恢复活动，如 1993—

2003 年，弗吉尼亚州通过"牡蛎遗产"项目在滨海共建造了 69 个牡蛎礁，每个礁体平均面积约为 4 047 米²；2001—2004 年，南卡罗来纳州在东海岸 28 个地点建造了 98 个牡蛎礁，共用掉约 250 吨牡蛎壳；2000—2005 年，美国牡蛎恢复协作组在切萨皮克湾 82 个地点共计投放了 5 亿多个牡蛎。

近 20 多年来，美国对牡蛎礁恢复技术的研究越来越重视。如美国大气与海洋管理局切萨皮克湾办公室对牡蛎礁恢复的资助经费不断增加，1995 年的资助金额仅为 2 万美元，到 2004 年用于资助牡蛎礁恢复研究的经费达到 400 多万美元。牡蛎礁恢复是一项十分复杂的系统工程，需要大量的人力物力。如在美国，恢复 1 公顷牡蛎礁，约需要 94 万美元和 7 400 米³ 的牡蛎壳。当前多数国家恢复牡蛎礁的目的并不是维持牡蛎的可持续收获利用，恢复过去的牡蛎工业，而是修复生态系统的结构与功能、保护生物多样性、净化水体和维持可持续的渔业生产，特别是为河口、海湾鱼类提供理想的栖息生境。牡蛎礁恢复是改善近岸河口和海湾生态环境，提高生态系统健康的重要技术手段。

我国的牡蛎礁建设直到改革开放后才逐渐发展起来，而真正发展出成熟的技术是在 21 世纪初。目前我国在河北的祥云湾、江苏的蛎蚜山、浙江的三门湾以及香港等地，都实施了牡蛎礁修复工程。

（一）牡蛎礁修复方法

牡蛎礁的修复或恢复是出于保护受损天然牡蛎礁及其生态服务功能的目的而实施的人工干扰措施，这是当前国内外牡蛎礁建设的常用模式，主要从牡蛎幼体的繁育和附着基的选择及改造两方面进行。

1. 牡蛎幼体的繁育

在补充量受限的海域，修复牡蛎礁的必要手段是向礁体上人为投放牡蛎，比较节约成本的常用做法是补充牡蛎幼苗（即稚贝），或添加成体牡蛎。大部分牡蛎礁的恢复都是靠投放适宜礁体实现自然补充群体量的增加，其幼体来源于原栖息水域。但对人为破坏或受损特别严重的自然岸线，补充群落量已下降到非常低的水平，栖息环境的恶化阻碍了苗种的迁移和附着。在这种情况下，仅靠天然幼苗的自然附着和种群恢复，其成功率并不一定会高，往往会经历更长的时间。因此，需要借助人工育苗增加牡蛎礁的附着量、提升附着率。

一般牡蛎繁育过程包含以下技术环节：亲本采集与育肥—催产—产

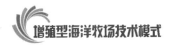

卵—培育—幼体附着，或者成熟亲体采集—投放。

2. 牡蛎附着基的选择和建造

自然海域的牡蛎，无论是何品种，都适宜附着在硬质附着基上。目前一般选择天然贝类外壳（包括牡蛎壳）、木桩或竹桩、人工废弃物（轮胎）、人工浇筑的混凝土或钢筋混凝土构件（彩图12）作为附着基。

在美国，牡蛎礁构建的重点是选择底物和构造礁体。目前，常用的底物有回收利用的牡蛎壳、粉煤灰和岩石等。潮间带牡蛎礁的构造通常是将底物装入一个圆柱形塑料网袋中，每袋装23升左右，每个礁体由100袋并排而成，每个地点构建3个礁体。考虑到牡蛎的繁殖期，牡蛎礁的建造时间一般在夏季，具体地点位于邻近盐沼湿地的潮沟边坡上。澳大利亚的潮下带牡蛎礁的构建是直接将体积大的礁投向构造水域，从而为自然牡蛎幼体提供附着底物（彩图13）。

我国的河口和海湾区域大多以软泥质底为主，因此，为修复牡蛎礁需投放硬质石块或人工构造物。以长江口牡蛎礁构建方法为例，河口区牡蛎礁建设通常需通过以下技术步骤。①牡蛎礁礁体的投放地点：选择长江口深水航道导堤护堤工程的水工建筑物作为牡蛎礁构建的硬底物（彩图14）。②投放时间：3月中旬至4月上旬，此时间段为长江口牡蛎礁的补苗时间。③投放方式：采用固着体（水泥柱和废弃轮胎）整体移植成年牡蛎。对于水泥柱类型，直接投放在导堤潮间带区及其附近潮下带水域；对于废弃轮胎固着型，在轮胎上绑缚3个直径12厘米、高15厘米的空心圆柱形混凝土重锤。④管理监测：对于投放的牡蛎礁，定期跟踪监测，确定牡蛎附着效果及其生态功能的形成和变化过程。

但是综合国外的做法，在开展牡蛎礁修复工作的过程中，还需要完成以下两个技术环节的工作。

（1）在修复开展前，需针对性地识别潜在的生物安全和病害风险并提出防控措施。可行的措施包括避免在生态环境不同的水体之间转移牡蛎，并尽量使用本地种群作为修复项目种苗。

（2）在修复实施时，应采取相应的措施处理修复用的牡蛎和牡蛎壳，以降低有害物种意外转移的风险。移植活体牡蛎时，可以使用淡水或弱醋酸（醋溶液）浸渍或喷洒牡蛎，以消灭生物污染，如入侵的海鞘、海藻和寻虫等，防止其转移到其他地点；转移和投放牡蛎壳和其他贝壳作为底质物或附着基材料时，需要经过风化曝晒处理（一般建议6

个月），以消灭或减少贝壳材料上附着的"搭便车"生物以及病原体。

3. 国内牡蛎礁增殖与修复

（1）天津是我国开展牡蛎礁修复行动最早的沿海城市之一。其做法一般包括以下3个方面。

①开展增殖实验：通过比较，选择适合在天津临港工业区增殖的牡蛎种类及增殖方法。

②做好选址工作：在增殖地点的选择方面主要应考虑盐度、水流、沉积速率、坡度、人为干扰因素等（表2-1）。牡蛎需要生长在硬质底上，建造适合牡蛎幼体附着的栖息环境是开展牡蛎修复的重要步骤，牡蛎增殖所需要的附着基可以利用护岸、防波堤等，并根据具体情况设计相应的人工牡蛎礁，在近岸水域进行合理投放，为牡蛎提供附着基。

表2-1 天津海域常见牡蛎的生活区域与适盐范围

品种	生活区域	适盐范围	备注
褶牡蛎	高潮线至潮间带	12.85～32.74	
近江牡蛎	低潮线至−7米	5.17～30.12	适宜形成牡蛎礁
长牡蛎	潮间带至−5米	10.42～30.12	
密鳞牡蛎	−30～−10米	26.18～32.74	
大连湾牡蛎	低潮线下、潮间带的蓄水处及高盐度的近岸区域	6～33	

③实施牡蛎修复：根据具体情况在适宜的时间投放成年牡蛎或牡蛎卵。在投放成年牡蛎时，可将其装入塑料网袋或专用浮筏中，固定在增殖地点的周围，最终达到牡蛎群体的自然繁殖。

（2）蛎岈山牡蛎礁位于江苏省海门市，是我国目前面积最大的潮间带活体牡蛎礁，贝类礁体大量存在于淤泥质的平原海滩上，具有极高的科研考察和生态旅游价值。2006年，我国在此处建立了江苏海门蛎岈山牡蛎礁海洋特别保护区，以保护这一特殊生境，避免自然牡蛎礁的退化或丧失。

2013—2014年，该保护区管理处联合中国水产科学研究院东海水产研究所组成专业团队，启动了"江苏海门蛎岈山国家级海洋公园牡蛎礁生态建设工程（一期）"项目，目标是增殖牡蛎种群、扩增活体牡蛎礁面积，并对其进行跟踪调查。该项目收集熊本牡蛎壳，对其进行冲

洗、消毒并装袋，制成直径 25 厘米、网目 2.5 厘米、长 50 厘米的圆柱形牡蛎壳礁袋，于潮间带上紧密排列，形成单层礁体和多层礁体两种礁体类型，总面积达 2 335 米^2，如图 2-1 所示。

图 2-1　单层牡蛎礁体和多层牡蛎礁体

调查显示，建礁1年后单层礁体和多层礁体的密度分别为（1 430.7±374.2）和（3 884.0±558.6）个/米^2，牡蛎平均壳长增加 8.8 毫米。2013 年 11 月至 2014 年 3 月，牡蛎生长较缓，丰度随着礁体发育呈下降趋势，礁体上大型底栖动物的平均密度和平均生物量呈上升趋势，接近自然牡蛎且显著大于对照区，礁体上大型底栖动物组成与自然礁体存在显著差异，因下陷和淤泥沉积等原因，多层礁体的生态修复效果优于单层礁体。

研究人员指出，恢复的牡蛎礁具有较高密度的牡蛎种群和丰富的定居性底栖动物群落，表明蛎岈山地区非常适合牡蛎生长，且恢复的牡蛎礁已发挥出一定的净化水质、提供栖息地和增加生物固碳等生态功能，但是恢复牡蛎礁中定居性大型底栖动物群落和自然礁体相比仍存在显著差异，该差异是否影响牡蛎礁的生态功能还需长期跟踪调查加以论证。

（3）在香港后海湾，由于数十年的石灰改良疏浚、沿海开垦和过度捕捞，使得当地的牡蛎种群量明显降低，影响了水产养殖业的长期发展，同时也影响了牡蛎礁群带给香港水域，甚至深圳、珠三角地带生态圈的多种生态作用。2018 年 5 月底，大自然保护协会与香港大学、后海湾牡蛎养殖协会一起，在位于香港西北部的后海湾建造了首个牡蛎礁恢复项目点，旨在通过该项目，恢复这里极具保护价值的生态系统和生物多样性，并帮助保护当地水产养殖业所形成的文化遗产，提高社区的环境管理。

为了给牡蛎提供附着物，在当地牡蛎养殖协会的建议下，不同于以往在北美项目中使用的多个小方块组成的"牡蛎城堡"的做法，在香港使用的附着基是混凝土杆（彩图15）。目前，大自然保护协会已在项目点建成了四块礁石地块，由混凝土杆和回收的牡蛎壳组成。附着基融合了当地传统的牡蛎养殖方式，即由排列整齐的混凝土杆作为礁基。

4. 国外牡蛎礁增殖与修复

美国东海岸中部的切萨皮克湾是北美面积最大的海湾。200年前，切萨皮克湾牡蛎种群及其牡蛎礁系统在日益增加的捕捞压力的影响下开始萎缩（包括其他人为因素，如大面积砍伐森林和破坏性农业导致的大量沉积物）。而今，切萨皮克湾牡蛎礁衰退严重，90%～99%的生境退化，牡蛎产量只占巅峰时期的1%。由于牡蛎被过度采捕，再加上20世纪30年代非本地牡蛎——长牡蛎的引进，其携带的两种病原体感染了大多数的本地种，导致切萨皮克湾的牡蛎数量锐减。因此，从那以后切萨皮克湾开始致力于恢复牡蛎礁。当地先期通过设定保护区（即贝类禁捕区），促进牡蛎礁的自然恢复。后期通过保护区的底质改善计划，使其成为适宜的牡蛎栖息地。保护区内的生物礁主要由牡蛎壳（牡蛎幼体偏好的附着基质）组成，也会使用混凝土和陶瓷等材料来代替。这些永久性的保护区将允许开发和保护大型牡蛎，从而使牡蛎更加丰产。

2000年，弗吉尼亚海洋科学研究所在拉帕汉诺克河开展针对美洲牡蛎的修复实验，实验使用特制水泥模块模拟自然状态下牡蛎礁的物理结构，并通过牡蛎的种群结构、密度、生物量等考察该模块的修复效率。2006年，该实验结果显示，礁体主要附着生物为美洲牡蛎和贻贝（彩图16）。美洲牡蛎的壳长范围为7.1～139.0毫米，贻贝的壳长范围为9.2～61.0毫米，均包含4个年龄层次。美洲牡蛎的生物密度为28～168个/米^2，贻贝的生物密度为14～2 177个/米^2，该模块多层次的结构设计大大增加了生物附着空间。美洲牡蛎和贻贝的生物密度成正相关，但当贻贝的生物密度超过2 000个/米^{2}时，可能会对美洲牡蛎的生长产生不利影响。

在美国，"牡蛎城堡"是一种常见的专门用于牡蛎礁修复的混凝土模块，便于堆叠并锁牢，而且单个模块质量不大，易于人工操作，适宜在近岸平坦水域大面积铺设。该礁体的模块设计通过堆叠自由组合（彩图17），增加附着生物的栖息空间，具备良好的修复效果。

澳大利亚和英国等国家也实施了各自的牡蛎礁恢复项目。在技术上，澳大利亚的做法与美国非常相似，但英国在修复牡蛎礁时依然以投放成年牡蛎的做法为主（彩图18）。

大自然保护协会和西澳大利亚大学在卡尔干河入海处开展牡蛎礁修复活动。在实验室利用扇贝壳作为牡蛎幼体的附着基质，培养一段时间后，集合社区志愿者将其有计划地投入河口，用以补充牡蛎幼体。

（二）牡蛎鱼礁建设方法

除了以保护和修复牡蛎礁栖息地为核心目的的工程外，当前国内外还有众多利用牡蛎等贝类进行生态建设的项目。这些项目的共同特点就是基于牡蛎礁的建设实现渔业资源恢复、生物多样性提升、环境质量改善和生态安全保障等目的。如我国的长江口生态建设工程中，为减轻环境污染和资源衰退的负面效应，有效地利用了牡蛎礁的生态功能。像这种不以恢复牡蛎资源和保护牡蛎栖息地为目的的牡蛎礁建设方式，笔者统称为牡蛎礁的生态建设模式。该模式又分为三种类型：①以增殖渔业资源为主要目的的牡蛎鱼礁建设；②以改善环境、修复受损生态系统为主要目的的牡蛎礁建设；③以保护海岸线、维持生态安全为主要目的的牡蛎礁建设。

国内外学者在研究过程中皆发现，牡蛎礁生态系统具有养护渔业资源、增殖海珍品的良好效果。因此，不少学者通过设计牡蛎壳礁（贝壳礁）并投放，实现局部水域（包括海洋牧场区）鱼类、海参等经济资源增殖的目标。牡蛎礁是人工鱼礁的一种类型，通常以直接用网袋包裹废弃牡蛎壳或者添加混凝土等人工材料后浇筑成型的方式投放至预定海域。

1. 国内牡蛎礁建设

杨红生团队在一线调查的时候，发现牡蛎礁周围也有很多刺参，受该现象启发，团队发明了牡蛎礁制作方法及其配套制作装置。具体技术内容为：将牡蛎壳制成礁体，投入海底后进行海珍品增殖。技术涉及刺参的增养殖技术，具体地说是一种以牡蛎壳为材料的刺参增养殖海珍礁及其增养殖方法。以牡蛎壳为材料的海珍礁单体包括牡蛎壳、包裹牡蛎壳的网衣、捆扎海珍礁单体的绳索等；将牡蛎壳投放入包裹牡蛎壳的网衣中并用绳索捆扎后形成以牡蛎壳为材料的海珍礁单体（彩图19）；多个以牡蛎壳为材料的海珍礁单体构成以牡蛎壳为材料的海珍礁，多组以牡蛎壳为材料的海珍礁按一定布局投放入养殖海区形成以牡蛎壳为材料的海珍礁群。通过人工投放刺参苗种或者自然采苗，实现刺参的增养殖，经过一年至一年半的时间刺参可达到商品规格，即可人工采捕。通过现场调查发现，底栖硅藻和有机碎屑最后也会附着在人工牡蛎礁上，从而为刺参提供了更多的食物来源。事实证明，这种人工牡蛎礁在软泥底海域的投放效果非常好。

有学者在牡蛎礁的基础上进行了改进，发明了一系列混合型牡蛎礁（彩图 20）。有学者认为由网衣包裹捆扎起来的废弃牡蛎壳做成的牡蛎礁单体重量轻，容易被海潮冲散，所以只能在特殊海域投放，具有一定的局限性。在海珍礁的基础上，扬州大学科研团队研发出"改良型牡蛎礁"，将标准混凝土中的石子骨料替换成牡蛎壳碎片，再按照一定比例将水泥、石子、牡蛎壳碎片、沙子和水混合，经过筑模、加固、养护等工艺建成。该团队制作的多种牡蛎礁模板，兼具人工混凝土鱼礁和海珍礁的优势，增殖的生物附着量可达混凝土鱼礁的两倍。此外，牡蛎鱼礁造价低廉、应用范围广泛，具备一定的市场前景。

2. 国外牡蛎礁建设

利用废弃贝壳制作人工鱼礁，已成为世界上建设人工鱼礁保护海洋资源环境的重要发展趋势。20 世纪 50 年代中期，美国就将贝壳（牡蛎壳、扇贝壳、蛤壳和海螺壳等）作为人工鱼礁的选材。但由于不同种类贝壳的性质差异，美国后期的贝壳礁建设主要使用牡蛎壳。到 2000 年，亚拉巴马州近岸共投放 39 500 米^3 牡蛎贝壳礁。

1993—2003 年，美国弗吉尼亚州通过"牡蛎遗产"项目在滨海共建造了 69 个牡蛎礁，每个礁体面积约为 0.41 公顷；2001—2004 年，南卡罗来纳州在东海岸 28 个地点建造了 98 个牡蛎礁，共用掉 250 吨牡蛎壳；2000—2005 年牡蛎恢复协作组在切萨皮克湾的 82 个地点共计投放了 5 亿多个牡蛎，到 2010 年，切萨皮克湾牡蛎数量至少是 1994 年的 20 倍。近十年来，美国对牡蛎礁恢复技术的研究也越来越重视。

进入 21 世纪后，日本的人工鱼礁建设朝着贝壳型鱼礁和高层鱼礁发展，扇贝壳是其贝壳礁建设的主要选材。奥村重信等（2003）在正四棱台框架内放置 4 组由 36 个填充扇贝壳的不锈钢网状管道，构成扇贝贝壳礁。村上俊哉等（2007）将扇贝壳作为人工藻礁新型材料的添加原料。佐藤朱美等（2007）将完整扇贝壳和扇贝壳碎屑分别装入圆柱体框

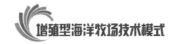

架内制成圆柱形贝壳礁单体，再将贝壳礁单体放入正方体架台内，形成贝壳礁。藤泽真也等（2007）将若干不锈钢网柱型贝壳礁进行组合，作为龙虾饵料培养设施。青山智等（2008）设计了两种保育型扇贝壳礁，其结构为在正方体混凝土框架内分别放置 9 个和 20 个填充扇贝的不锈钢网状管道，并设定了两种扇贝壳的间隔，分别为 30 毫米和 15 毫米。冈本健太郎等（2011）设计了具有不同数目通水孔的不锈钢网架，在网架中填充扇贝壳后形成贝壳礁。

（三）牡蛎礁恢复尚存在的问题

目前由于对牡蛎的繁殖特性、病害防治、恢复方法与管理缺乏理解，无法建立一套科学的恢复方法与程序，这严重阻碍了河口地区牡蛎礁的恢复。今后应在以下几个方面进行系统研究。①开展牡蛎基础生物学研究，包括繁殖技术、寄主-病原体-环境之间的相互关系、分类及分子系统进化等。②研究牡蛎礁恢复的关键技术，主要涉及底物组成、礁体构造技术（大小、形状和空间配置）和牡蛎种苗的投放技术等。③进一步研究牡蛎礁的生态服务功能，提出科学的依据，特别需要研究牡蛎礁对鱼类的服务功能，认识水生动物是如何利用牡蛎礁生境的。在此基础上，科学地评价牡蛎礁的生态服务价值，包括栖息地价值和水质净化价值等。④建立一套科学的牡蛎礁恢复程序，包括恢复地点的选择、硬底质的准备、礁体建造、牡蛎投放与培养、病害预防与管理及其跟踪监测等。⑤完善牡蛎礁恢复成功的评价标准，对恢复的牡蛎礁种群进行长期的定量监测。⑥国内目前对牡蛎礁生态功能的认识不足，牡蛎礁恢复的成功案例很少。因此，应该对现有的自然牡蛎礁进行保护，并结合大尺度的河口工程项目进行牡蛎礁构建，从而为改善河口环境、修复生态系统结构与功能和维持河口渔业的可持续发展做出贡献。

三、海草床建设

海洋牧场的基石上具有丰富的初级生产力，良好生境的构建是海洋牧场建设的基础，大型底栖植被群落的构建是海洋牧场生境修复的优选途径之一。海草床是国际公认的重要近海渔业生境，在海洋牧场中发挥着重要的生态功能，主要包括食物供给、栖息地（包括产卵场、育幼场和庇护场所）、营养盐调控、固碳（气候调节）等方面（Unsworth，2019）。

然而，由于海草床多处于人与环境相互作用的界面上，特别容易受到人类活动的干扰。工业革命以来，在人类活动（如围填海、港口建设、人为污染、海水养殖、航道疏浚等）及全球气候变化等多重自然因素压力作用下，海草床大面积退化。目前，全球约 29％的海草床已消失或退化，并以每年 7％的减少速度持续恶化，约有 14％（10 种）的海草种类正面临灭绝的风险。我国海草床生态系统的退化趋势明显，开展海草床的生态恢复工作已迫在眉睫，海草床的保护和生态修复已成为世界性的研究热点（Leanne，2016；Short，2011）。

（一）生境恢复法

生境恢复法实质是海草床的自然恢复，生境的破碎化或者丧失是海草床衰退的重要原因，海草床的恢复可以从生境的恢复开始。海草床恢复的最早尝试就是生境恢复：通过保护、改善或者模拟生境，借助海草的自然繁衍，来达到逐步恢复的目的。

随着海草床的减少，海草床的恢复受到人们越来越多的关注，许多国家先后开展了研究工作，取得了一些成效。自 20 世纪 40 年代以来，Short 等（1996）开始研究通过改善生境来恢复海草床的可行性。在自然生长条件下，Martín 等（1993）发现墨西哥加勒比海泰来海龟草根状茎的生长速率是 22.3 厘米/年，Meehan 等（2000）发现澳大利亚聚伞草海草床的扩张速度为（21±2）厘米/年，Marbà 等（1996）发现西班牙沿岸大洋聚伞草根状茎的生长速度仅为 2.3 厘米/年。在澳大利亚的杰尔维斯湾聚伞草根状茎的生长速度为 2.5～29.0 厘米/年。据估计，在自然条件下恢复受损海草床大约需要 100 年。以生境恢复法修复海草床不需要大量的人力、物力投入，但是需要很长的时间，是一个比较缓慢的过程。

虽然利用种子法恢复、重建海草床，对现有海草床的破坏小，受空间限制小，是值得提倡的技术，但目前采用种子法大规模恢复海草床还存在很多问题，如种子的收集成本高、种子保存技术不够成熟、种子的丧失率高、种子的萌发率低和缺少种子合适的播种方法等。目前，种子法恢复海草床急需解决的问题有：如何有效地收集种子，如何寻找合适的播种方法确定和确定适宜的播种时间，以及研究种子的保存、成熟、散播、萌发机理及其影响因素。美国学者 Orth 等（2009）研发了一种播种机，它可以将鳗草的种子比较均匀地散播在底质中 1～2 厘米深处，

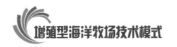

提高了播种的均匀度和劳动效率，但是种子的发芽率并没有明显的提高。另外，Abe（2009）也对海草种子的保存和萌发过程进行了相关研究。

与北美、欧洲和澳大利亚等海草保护与研究较为先进的地区相比，中国的海草保护研究尚处于起步阶段，但也取得了一些进展。杨宗岱等（1982）首先对中国海草的地理分布、生态学和分类等内容进行了系统的研究。范航清等（2014）提出了海草床保护恢复的思想。韩秋影等（2016）对世界范围内海草床的空间分布、海草床的生态系统服务功能以及外界因素对海草床的影响等研究进展进行了综述，并提出海草修复研究等将是我国海草研究的主要方向。

（二）移植法

移植法是在适宜生长的海域直接移植海草苗或者成熟的植株，通常是将海草成熟单个或多个茎枝与固定物（枚钉、石块、框架等）一起移植到新生境中，使其在新的生境中生存、繁殖下去，最终达到建立新的海草床的方法。根据海草移植方式和数量不同，移植法分为草块法和根状茎法。草块法有时甚至直接移植海草床草皮，但这种移植方式需要的海草资源量较大，对原海草床的破坏较大。根状茎法需要的海草资源量较少，是一种有效且合理的恢复方法，移植后具有较高的成活率。根状茎法包括直插法、枚钉法、根状茎绑石法、框架移植法等。

自然恢复海草床需要比较长的时间，最常用的恢复方法是移植法。在此方面美国学者开展的研究工作最多，主要是针对鳗草海草床，使用的多是根状茎法。美国早在1987年，Thorhaug（1987）就在佛罗里达Biscayne湾大规模成功进行了移植鳗草的实验。之后，Phillips（1990）在美国Tampa湾开展了海龟草属和二药草属的移植实验，结果发现，二药草属的成活率较低，而海龟草属没有成活，原因可能是草皮没有被埋在底质中，易受海水冲刷。Park等（2007）分别利用订书针法、框架法、贝壳法移植鳗草根状茎用以恢复海草床，三种方法各有优缺点。研究结果表明，订书针法的移植成活率较高，并与底质类型有关：壤土中为93.8%，沙土中为77.1%；框架法对移植单元固定不足，移植成活率较低，为58.7%～69.0%；贝壳法虽不会造成污染，但由于移植单元没有被埋藏到底质中，移植的成活率为5%～81.3%。Davis等（1997）发现，相对传统方法，水平根状茎法最大可以减少80%的根状茎使用量，并且还可以保持相同甚至更高的成活率，鳗草移植一年后的成活率可达 98%～99%。澳大利亚开展的海草床移植实验主要应用草块法。葡萄牙科学家还探讨了在欧洲南部移植罗氏大叶藻的最佳季节。

在国内也开展了一系列海草移植方法的研究。我国第一个海草床修复项目是 2007 年在山东威海，移植 10 000 株鳗草用以修复 3.4 公顷的海草床（Li，2014）。张沛东等（2013）进一步系统划分了海草移植法的类别，综述了各类别移植方法的具体操作过程及其优缺点，比较了各根茎的移植种类、移植地点、移植效果及使用年代，探讨了根茎移植法存在的一些问题及主要环境因子对移植效果的影响，并对今后的研究方向进行了展望。周毅等（2019）提出的根茎棉线（或麻绳）绑石法，简便易行；并根据海草生长呈现明显的季节性，移植海草的存活和生长很大程度上受制于移植的时间，提出移植的最佳时间一般是在海草生长低谷之后，这样在下一个生长低谷到来前有最长的时间来生长扩张。如分布于温带海域的鳗草，其最佳的移植时间一般为春季和秋季。进行海草移植时，需要进行适宜性评价，最好选择历史上有海草分布而现在退化的海区，这样可以提高移植的成活率。同时，还需要考虑水体流动、底质运动及人为活动等因素，确保移植后海草不会被水流冲走、沙子掩埋或者人为破坏。

（三）海草种子法

海草是海洋中的高等植物，具有有性繁殖和无性繁殖两种繁殖方式。种子法，顾名思义，是指利用海草有性生殖的种子来恢复和重建海草床，此方法不但可以提高海草床的遗传多样性，同时海草种子具有体积小易于运输的优点，而且收集种子对原海草场造成的危害相对较小。因此，利用种子进行海草场修复逐步发展成为海草床生态修复的重要手段。

如何有效地收集种子和保存种子，如何寻找合适的播种方法和适宜的播种时间，是种子法恢复海草的难点。近年来，国内一些学者对鳗草和日本鳗草有性繁殖特征、种子萌发条件、种子保存方法、播种方法等进行了比较多的研究。还有研究者发明蛤蜊播种技术，即将种子用糯米糊黏在蛤蜊贝壳上，随蛤蜊穴居被埋入底质，种子成苗率为 23.2%。未来，期待种子法在大规模的海草床恢复应用中能有所突破。

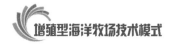

（四）海草床建设存在的问题和发展方式

总体而言，几种海草床恢复方法各有优缺点：生境恢复法投入少、成本低，但周期长；种子法破坏小，但种子难收集、易丧失、萌发率低；草块法成活率高，但对原海草床有破坏作用；根状茎法节约种源，但固定困难，且成本较高。近年来，尽管国内也逐渐认识到海草床的重要性，但与北美洲、欧洲以及澳大利亚等国家和地区还有一定的差距，应继续加强与其他国家海草床保护和修复相关研究的交流与合作。根据我国国情，因地制宜、因海制宜地开展海草床生态系统保护、修复和建设工作。如王丽荣等依据红树林、珊瑚礁和海草床这 3 类海洋生态系统的分布区域既接近而又相互独立，独具特色的生态位和环境特征使它们在功能上又相互依存，提出将来可以综合考虑开展这 3 类典型且脆弱海洋生态系统的修复工作。

在海洋牧场建设中，广泛构建海草床生境，有助于实现海洋牧场的可持续健康发展，但在海洋牧场建设中对海草床生境构建的系统性还缺乏深入的认识，当前海洋牧场规划建设的海域普遍缺乏海草床生境构建的条件和空间，且缺乏系统高效的海洋牧场海草床生境构建技术。因此，应加强海草的生理生态学、海草种子生态学等基础研究，为海草床的恢复奠定基础；加强海草床的保护，加快提高对海洋牧场海草床生境及其渔业产出功能的科学认知；从沿岸浅水到深水，从更广阔的海域空间去规划、建设和管理海洋牧场，实现集环境保护、资源养护、渔业产出和景观生态建设于一体的现代海洋牧场的健康发展，科学规划海洋牧场的海域范围，使之涵盖海草床生境构建的空间；研发牧场海域海草床生境构建的适宜性评价技术以及适宜的生境改造技术，研发高效的海草移植、种植技术与相关设备，提高机械化水平，加强规模化海草苗圃培育及定植技术的研发，因海制宜，选择适宜的水域构建海草床，筛选适宜的海草种类进行移植和种植，系统研发高效的海洋牧场海草床构建技术。

四、珊瑚礁建设

我国珊瑚主要分布于南海海域，南海面积（"九段线"以内）约为 350 万千米^2，约占全国海洋面积的 2/3，是我国面积最大的海区。广阔的南海海域拥有众多由珊瑚礁构成的岛屿，这些岛屿具有丰富的渔业资源、优美的自然风光，具有巨大的经济价值和社会价值。南海作为"21世纪海上丝绸之路"倡议的重要起点和关键海域，在海洋牧场建设中具有政策优势、地理位置优势、自然资源优势，因而大力促进南海热带岛礁型海洋牧场的发展非常有必要。

近年来，由于受到全球气候变化、人类活动以及敌害生物的影响造成南海珊瑚礁生境严重退化，大量珊瑚礁鱼类和无脊椎动物失去栖息地和繁殖地，导致南海渔业资源受到严重影响，渔获量明显降低。南海热带岛礁及周边海域正在朝着生态系统荒漠化和渔业资源匮乏的方向发展。同时，由于珊瑚礁生境的退化，其造岛、护岸的作用衰退，岛礁的礁石与沙滩直接面临海浪冲击和台风侵蚀，对我国的领海面积产生一定影响。现代化的海洋牧场具有鲜明的生态环境修复和优化、生物资源养护和增殖的特性。热带岛礁型海洋牧场的建设既能够恢复珊瑚礁受损生境、重建近海渔场，还可以促进渔民的转产转业、提高当地渔民收入，同时达到渔业戍边的效果，彰显我国在南海的主权。因此，迫切需要在南海进行热带岛礁型海洋牧场的建设。

珊瑚礁生境是维持海洋生物多样性的基础，也是热带岛礁型海洋牧场建设倚重的基石，但由于南海珊瑚礁的严重退化，所以在南海岛礁型海洋牧场建设中珊瑚礁生境和资源的修复是基础和关键。珊瑚礁生境和资源的修复是增进退化珊瑚礁生态系统的功能恢复与种群重建的重要方法。当前珊瑚礁生境和资源的退化主要是构成生物——造礁石珊瑚数量的下降。珊瑚礁生境和资源修复以恢复造礁石珊瑚种类、数量以及覆盖率为主，辅以珊瑚礁三维结构的修复和珊瑚礁特色生物资源的恢复等技术方法。

基于目前珊瑚礁修复研究与示范工作，珊瑚礁生境与资源修复的主要模式有造礁石珊瑚的有性繁殖、断枝培育、底播移植以及其他特色生物资源的人工放流技术。

（一）造礁石珊瑚的有性繁殖

目前，多个国家已经利用造礁石珊瑚有性繁殖产生的配子进行人工授精，并在适宜的人工条件下培育受精卵至幼体乃至成体。这已成为造礁石珊瑚增殖和珊瑚礁修复的一个重要手段。我国在此方面的工作刚刚起步，最早开展利用造礁石珊瑚的有性繁殖促进造礁石珊瑚增殖研究的是中国科学院南海海洋研究所，科研人员在海南省三亚市的三亚湾和西

沙的永兴岛上进行珊瑚有性繁殖实验与珊瑚幼体培育增殖实验，并在每年的繁殖季持续对三亚不同种类珊瑚的繁殖活动与幼体发育过程进行研究，目前已经掌握芽枝鹿角珊瑚、壮实鹿角珊瑚、中间鹿角珊瑚、风信子鹿角珊瑚、中华扁脑珊瑚、丛生盔形珊瑚、鹿角杯形珊瑚等种类的繁殖规律和幼体发育过程（彩图 21）。

（二）造礁石珊瑚的断枝培育

造礁石珊瑚的断枝培植技术是通过造礁石珊瑚的无性增殖特点，利用人工培育条件或野外培育技术促进造礁石珊瑚断枝的增长，达到移植所需大小。造礁石珊瑚的断枝培育的主要目的是减少在珊瑚礁资源与生境修复过程中对造礁石珊瑚供体的数量需求，减轻对造礁石珊瑚供体所在珊瑚礁的影响。

培植的环境对于造礁石珊瑚断枝或碎片的存活与生长至关重要，由于用于培植的造礁石珊瑚断枝与碎片经历了从母体上分离的创伤、运输过程中的震荡、转移与固定时暴露在空气中的影响、放入至不同水体时水温的快速变化等各种刺激，在培植初期易处于非常脆弱状况，一旦培植环境稍有不适，用于培植的造礁石珊瑚可能就会大量死亡或生长缓慢。只有恰当的培育条件才能促进造礁石珊瑚断枝或碎片的快速生长，保证造礁石珊瑚培植的效果。造礁石珊瑚培植的环境包括自然环境与人工条件两种。自然环境下的人工培植是将造礁石珊瑚断枝或碎片放置在条件适宜、人为干扰少的海水环境中的培植平台上，使其在没有严重干扰的环境中生长。自然环境培植虽然成本较低，但对环境条件的控制不足，无法去除恶劣环境条件与生物因素的影响，可能造成培植失败。

人工断枝培育是将珊瑚断枝或碎片培育在人为维持的环境下，通过人为控制温度、光照、盐度、pH、营养盐等条件，营造适宜造礁石珊瑚生长的水体，培育水体的体积可从零点几立方米至数千立方米。人工条件下的无性培植技术主要在于严格控制培育环境在珊瑚生长的最适水平范围内，这包括光照、温度、盐度、pH、离子浓度等多个方面，甚至还包括生物因素的控制。所以相较于自然环境培植技术，人工控制下的珊瑚培植成本十分高。

（三）造礁石珊瑚移植

退化珊瑚礁的修复技术相对珊瑚礁管理来说是一种更为积极主动的手段，造礁石珊瑚移植在过去的几十年中得到了广泛的应用并且被认定为珊瑚礁人工修复的首要基本技术，但是珊瑚礁修复和造礁石珊瑚移植并不是两个等同的概念，造礁石珊瑚移植只是珊瑚礁修复技术中的一部分，而造礁石珊瑚的底播移植技术是珊瑚移植的最后一个环节。造礁石珊瑚的底播移植技术是指将无性培植、有性繁殖培育出的珊瑚个体或者从健康珊瑚礁区采集的供体造礁石珊瑚小块、断枝通过一定的固定方式播种在退化的珊瑚礁区底质或人工生物礁上，利用这些移植造礁石珊瑚的自然生长以及繁殖来促进退化珊瑚礁区的自然恢复，以此实现退化生境的结构重建和功能恢复。底播移植的最终目标是提高退化海区造礁石珊瑚的覆盖率、物种多样性以及生境异质性。

目前主要采用的造礁石珊瑚底质移植技术有铆钉珊瑚移植技术（彩图 22）、生物黏合剂珊瑚移植技术以及生态礁珊瑚移植技术（彩图 23）。

（四）珊瑚礁生态系统其他特色生物资源的人工放流技术

珊瑚礁生境发生退化后，珊瑚礁生物种群间的平衡也同时被打破，这也意味着许多生物的生态功能出现退化或丧失。珊瑚礁自身的恢复同其生态功能的建立是同步的，如果退化状态下的珊瑚礁生态功能得不到完善，其自身也无法得到完全的修复。为了促进珊瑚礁生境和资源的修复，需要人为对其生态功能进行恢复。珊瑚礁区特色生物资源的人工放流是修复的重要手段。这些功能性生物包括了多种对珊瑚礁修复有益的种类，如可限制藻类生长的草食性动物，可清除覆盖在珊瑚礁上沉积物的某些杂食性动物，过滤海水中的悬浮物质、清净水质的滤食性动物等。此外，还有针对性地选择抑制造礁石珊瑚敌害的生物，形成一定规模的种群，以有效地抑制造礁石珊瑚敌害生物的种群增长，实现生物防治。

由于我国珊瑚礁都面临着过度捕捞的威胁，所以珊瑚礁的鱼类数量与种类都远低于正常珊瑚礁中应有的水平。因此，不论是近岸的珊瑚礁还是南海的西沙、南沙群岛的珊瑚礁都存在以下问题：藻类数量过多，植食性生物数量低，珊瑚礁从以造礁石珊瑚为主的生态结构退化为以藻类为主的生态结构，造礁石珊瑚幼体补充数量因藻类竞争而降低。因此，鱼类的保护与补充成为珊瑚礁修复过程中必不可少的一环。

五、海藻场建设

海藻场是由在近岸浅海区的硬质底上生长的大型褐藻类及其他海洋

生物群落所共同构成的一种近岸海洋生态系统，主要分布于寒带和温带海洋。藻类一般在潮间带到水深小于 30 米的潮下带岩石基底上生长。在水体透明度高的海域中，某些海藻可以分布到 60～200 米的深海海域。形成海藻场的大型藻类主要有马尾藻属、巨藻属、昆布属、裙带菜属、海带属和鹿角藻属。海藻场主要的支撑部分由不同种类的海藻群落组成，一般以 1～2 种大型海藻群落为支撑，并以主导海藻来命名，如海带群落构成了海带场的支撑系统，巨藻群落构成了巨藻场的支撑系统，马尾藻群落构成了马尾藻场的支撑系统等。海藻场具有复杂的空间结构和较高的生产力，为众多的海洋生物提供隐蔽、避敌、索饵、产卵及着生基质。海藻场是海洋中初级生产力最高的区域之一，在藻场内和藻场周围栖息着丰富的动植物群落，包括底栖、游泳、固着生活的各种动物。海藻场在海洋生态系统中具有重要的意义，是海洋初级生产力的重要贡献者之一，其初级生产力约占全球海洋初级生产力的 10%。

海藻场生态系统有着丰富的生物多样性，除了大型褐藻类，在海藻场内生活着许多海绵动物、腔肠动物、甲壳动物、棘皮动物及鱼类等。尽管大型海藻类有很高的生产力，但是只有少数无脊椎动物（如海胆和植食性腹足类）能够直接啮食这些海藻，据估计，只有 10% 的初级产量直接通过摄食而进入食物网，其余 90% 通过碎屑或溶解有机质进入食物网，同时海藻场产生的溶解有机质也是邻近生态系统能量的重要来源。

在近岸海域，频繁的人类活动干扰是海藻场资源衰退的重要潜在威胁因子。随着沿海地区工农业的高速发展和新兴城市群的建立，来自工业、农业和生活污水等陆地污染源，海水养殖自身污染、海上航运、海上石油、天然气开发、海上倾废以及大气沉降等，使近海海域污染加剧，破坏了海藻场的物理化学结构及其生态环境，生物多样性下降，渔业资源衰竭，海藻场面积不断缩小，乃至成片消失，海岸带的天然藻场面临严重退化、枯竭和不易恢复的危险，已经对近岸海洋生态系统造成严重威胁，影响了沿海社会和生态的可持续发展。如我国 1990 年经国务院批准成立的南麂列岛海洋自然保护区，1998 年纳入联合国教科文组织世界生物圈保护区网络（一个以保护海洋生物多样性为目标，以海洋贝藻类及其生态环境为主要保护对象的特定海洋生态系统保护区）。铜藻是保护区标志性优势海藻，也是我国浅海植被珍贵物种。1980 年全国海岸带资源试点调查时，南麂列岛各岛屿潮间带石沼和大干潮线附近岩礁都有铜藻分布，南麂岛马祖岙下间厂、火焜岙关帝庙、大沙岙小虎屿、国姓岙斩不断尾和火焜岙两岸等 5 处海域铜藻场面积都在 600 米²以上。2007 年调查只剩下小虎屿和火焜岙北岸两处，面积分别不到 1980 年时的 80％和 20％，其他三处已彻底消失，各岛屿已难觅铜藻踪迹。

日本对海藻场研究起步最早。为应对全球气候变化加剧，针对海藻场大面积减少情况，20 世纪 80 年代后日本增加了科研投入，以昆布和马尾藻为主的人工海藻场建设取得突破性进展。日本学者对铜藻一直很关注，在生物学研究的基础上，在铜藻藻床基质筛选、藻床结构及投置方式等藻场生态工程方面进行了广泛的研究。美国以经济利用为目的，开展了巨藻场和马尾藻场的生态系统研究，巨藻原产于北美洲大西洋沿岸，澳大利亚、新西兰、秘鲁、智利及南非沿岸都有分布。由于其藻体大，可达 300 米，生长迅速，并且孢子体可以生活 4～8 年，有的竟达 12 年之久，特别适合用于构建人工藻场。20 世纪 80 年代由于美国加利福尼亚州沿岸海藻场毁灭性消失，使得藻场建设研究得到足够重视。持续科研投入使海藻场逐渐得以恢复。近年来，随着生物能源生物质研究的启动及对海洋生态环境生物修复的重视，美国、英国、加拿大等国科学家还在海洋上建立"海藻园"新能源基地，加快了人工藻场建设。

我国先后进行了海带、裙带菜、石花菜和麒麟菜藻场的研究。1980—1983 年，我国多次从美国引种巨藻，在渤海口长山列岛营造巨藻场。同期，我国在黄渤海沿岸大连、烟台、青岛移植海带成功，极大地丰富了浅海植被，海带栽培取得举世瞩目的业绩，使得我国跃居世界海藻第一生产大国，同时为缓解我国近海富营养化做出了贡献，是我国海藻场建设最为成功的范例。近年来，随着海洋牧场的建设，我国围绕铜藻、鼠尾藻和瓦氏马尾藻等藻场建设开展了一系列的研究，并取得良好的效果，为特定海域生态环境改善和生物资源养护做出了贡献。

第三节　基于功能实现路径的海洋牧场建设模式

虽然"海洋牧场"这一概念出现较早，但现代海洋牧场这一概念的

出现却是建立在人工鱼礁技术的成熟以及海洋生态养殖技术的发展基础上的。作为一种人工生态系统，人工鱼礁是海洋牧场建设的物理核心载体；作为一种生产方式，生态养殖技术是海洋牧场运营的技术核心载体。海洋牧场通过栖息地修复与饵料供应模式实现生态功能，达到资源增殖与生态修复的目标。

一、栖息地修复路径

我国海洋牧场建设的主体为人工鱼礁建设，人工鱼礁建设是栖息地修复的主要方式。人工鱼礁类型的划分一般根据建礁目的和鱼礁功能、造礁材料、礁体结构和礁体所处水层。人工鱼礁按其建礁目的和鱼礁功能分为四种。①增殖型鱼礁：以资源增殖为目的，使海洋生物在礁体中栖息、繁殖、生长。主要增殖刺参、蟹、龙虾、鲍、扇贝等海珍品。一般投放于 10 米以浅的水域。②生态公益型鱼礁：通过在礁体上附着海藻，产生藻场效应，为鱼类和贝类提供饵料，同时降低海水中富营养化水平，防止赤潮等海洋灾害的发生。③集鱼型鱼礁：大多为大型钢质鱼礁，投放于鱼类的洄游通道，以诱集和聚集鱼类（如金枪鱼等）形成渔场，从而提高捕鱼效率。一般投放于外海水域。④休闲游钓型鱼礁：一般投放于离滨海旅游区较近的沿岸水域，以增殖和诱集鱼类，供休闲垂钓活动之用。

四种人工鱼礁建设类型中，增殖型人工鱼礁是鱼礁建设的主要类型，人工鱼礁建设通过特殊结构、底质重构与流场改造三种建设模式达到增殖养护渔业资源的终极目标。投放具有一定结构设计和配置的人工鱼礁后，一定程度上改变了周边水文、海流等状况，礁区流场的改变提高了营养盐和初级生产力水平，并具有一定的流场效应和生态效应。一方面，人工鱼礁的投放引起流场的直接变化，进而改变营养盐空间分布状态，浮游动、植物的分布受营养盐状态变化的影响，同时浮游动、植物作为饵料供给支撑中上层游泳生物的生存，实现生态环境修复与增殖中上层游泳生物的功能。另一方面，人工鱼礁的投放改变了底质结构。首先，人工鱼礁本身即可作为海底的一种硬相基质，为附着生物提供硬相附着基，如贝类、藻类及桡足类等，附着生物为底层游泳生物提供充足的饵料支撑，同时作为一种硬相基质生境，其自身对底层游泳生物存在一定的诱集作用，从而实现增殖底层游泳生物的作用；其次，由于人工鱼礁礁体及单位鱼礁自身独特的多样性中空结构特征，既能通过礁体内部的阴影效应和水体流动声响诱集底层游泳生物，提供适宜且隐蔽的生存空间，又可以在鱼礁后方近底层引起背涡流缓流区，缓流区变化带动底泥粒径变化进一步影响底栖生物生存，包括多毛类、双壳类等，最终以食物供给的方式增殖底层游泳生物资源；最后，人工鱼礁的投放入海将使原有平坦底质产生起伏现象，明显的海底起伏将分别以上升流与背涡流的形式改变原有鱼礁周围流场，上升流作用通过垂直向上的流动控制区域内颗粒物等的沉降，进而影响中上层游泳生物数量与分布，具体实现过程如图 2-2 所示。

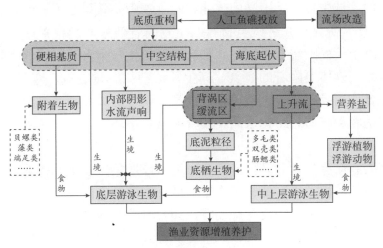

图 2-2　人工鱼礁生境修复与饵料发生实现路径
(章守宇等，2018)

（一）底质重构

附着生物是礁区渔业对象的主要饵料生物，是人工鱼礁诱鱼、集鱼最主要的生物环境因子，附着生物的种类组成、数量变动直接影响人工鱼礁的生态效应。鱼礁投放入海后，其周围海域的非生物环境发生变化，这种变化又引起了生物环境的变化，而鱼礁本身作为一种附着基质、藻类、贝类等附着生物开始在其表面着生，并且附着生物的种类和数量会随着时间的推移而演替（彩图 24 和 25）。观测发现，鱼礁沉入海底 1 个月后，仅见少许附着硅藻；2 个月后出现苔藓虫等附着生物。在此期间，在黑暗的海底可见到人工鱼礁白色的轮廓；但 9 个月后由于这些附着物的生长，鱼礁的前部已被覆盖，在黑暗的海底只隐约见到一

个黑色的轮廓；2 年后藤壶和牡蛎等附着生物增多；4 年后由于这几类生物的大量生长和繁殖，导致鱼礁表面凹凸不平，浮泥淤积，属于游走目的环节动物逐渐增多。黄梓荣（2020）通过附着效果实验观察，投放 3.5 个月后，试验材料附着生物种类有 17 科 20 种，优势种为网纹藤壶；投放 20.5 个月后，其附着生物有 31 科 36 种，优势种为翡翠贻贝。

礁体附着生物群落的种类组成、数量变动受到温度、盐度、透明度、海流等非生物环境因子，以及附着材料等因素的影响。一般情况下，由于鱼礁的上表面及侧面上部光照强，所以着生量较大，水深较浅的水域着生量也较大；附着动物的着生量，在透明度高、底质较粗、流速较快的水域中较大。不同的礁体材料生物附着效果是不同的，黄梓荣（2020）比较研究了几种试验材料的生物附着效果，塑料板、木板、铁板和混凝土板的附着效果较好，都有大量的生物附着，铜板的生物附着效果最差。礁体上附着的海藻，其生长会消耗大量的氮、磷等有机物，同时光合作用吸收二氧化碳，释放氧气，附着的贝类则通过滤食消耗大量浮游植物和碎屑，净化水质，改善海域生态环境，减少赤潮等海洋生态灾害的发生。

澳大利亚有学者对 3 种岩礁性生境（球形鱼礁、水泥板礁、天然岩礁）中鱼类的种类丰富度、多样性、栖息密度等方面进行研究，结果发现 3 种生境间的差异并没有持续性，随着时间的推进，水泥板礁的功能越来越趋向于天然岩礁，可以对鱼类资源起重要的替代性养护作用。悉尼第一个离岸人工鱼礁的目标是为鱼类提供复杂的栖息地，为期 4 年的监测显示，人工鱼礁区的鱼类聚集模式与非鱼礁区不同，并且垂向采样结果也显示两个区域的底栖和中上层鱼类聚集不同。研究认为，这是由二者的栖息地结构不同所导致，离岸人工鱼礁的高度镂空结构，似乎为礁区鱼类提供了更好的庇护场所。

（二）流场改造

人工鱼礁对海洋生态环境的改善主要是从鱼礁投放后对局部水域流场环境的改善开始的，而流场效应深刻影响着鱼礁的物理环境功能及生态效应的发挥，因此，人工鱼礁增殖渔业资源的生态效益主要是通过人工鱼礁的流场效应来实现。投放人工鱼礁后，由于礁体的阻流作用，使周围水体的压力场出现变化，流态发生改变，流场重新分布并形成新的流场，礁迎流面附近产生上升涡流区，礁后形成滞流区或缓流区。通常除碎浪带外，沿岸海域里水体的垂向运动相对水平运动而言往往可以忽略。如果在潮流主流轴方向上投放人工鱼礁，可以生成很强的局部上升流，其量值可以与水平流相当，从而促进表底层水体交换。通过这种水体的垂直交换功能，上升流不断将底层及近底层低温、高盐富营养的海水涌升至表层，导致温度、盐度格局重新分布，使水文条件更适合于中上层鱼类栖息和集群活动的要求。另外，上升流促进上下层海水交换、加快营养物质循环速度、提高海域的基础饵料水平。饵料浮游生物高密度区主要出现在上升流区，为鱼类提供了索饵场所，这为中心渔场的形成创造了必要的条件。不同形状、大小的人工鱼礁，能产生各种规模的地形涡流，会引起鱼礁附近水域上下水层混合，溶解氧和饵料丰富，成为鱼虾类的良好索饵场所。同时背涡流域多为缓流区，可为岩礁性鱼类提供休憩、躲避强流的场所。潘灵芝等（2005）提出，由于鱼礁的阻流作用在礁后形成背涡流，其特点是流速缓和，流态复杂多变。背涡流一般在涡心处速度最小，多数鱼类喜栖息于流速缓慢的涡流区，特别是在躲避强潮流时，涡流还可造成浮游生物、甲壳类和鱼类的物理性聚集。

实际应用中，人工鱼礁资源增殖作用通过人工鱼礁特殊结构营造、底质重构与流场改造 3 种建设模式共同产生。北海南部离岸人工鱼礁区，通过构建栖息地模型研究，结果显示，硬质底类型、悬浮颗粒物、水温、盐度、流速可解释麦秆虫（*Caprella linearis*）对鱼礁栖息地的偏好，即人工鱼礁可通过构造硬相基质、提供悬浮颗粒物以及产生特定的流速为底栖生物提供适宜的生境。

（三）特殊结构营造

人工鱼礁的特殊结构，除对其周围以及内部的流速、流态产生影响外，也会诱发周围光、味、音环境的变化。在光线到达的范围内，鱼礁的周围形成光学阴影，随着照度的增强，在水中形成暗区。暗区的大小，与鱼礁的大小成正比。构成鱼礁的材质各种各样，有些材质的鱼礁在投放后一段时间内，有水溶性物质溶出，另外，鱼礁上及周围的生物所产生的分泌物、有机物分子的扩散，直接影响鱼礁下方的环境。鱼礁受到流场冲击产生固有振动和附着在鱼礁上的生物以及聚集在周围的生物发声，可传到离礁几百米远的地方。投礁后，由于礁体周围水动力条件发生变化，沉积物重新分布，引起局部区域底质结构的改变。礁体根部流速较快区域的细沙土被移出，使礁体周围的底质变粗。

鱼礁的多洞穴结构和投放后所形成光、音、味以及生物的新环境，可为各种不同的鱼类提供索饵、避害、产卵、栖息场所，因而吸引了许多鱼类（彩图26）。一般来说，人工鱼礁流场效应决定着海域的营养盐和初级生产力水平，显著影响着鱼礁的生物诱集和增殖功能。鱼礁表面的附着生物以及鱼礁周围的浮游生物，成为一些鱼类的饵料。由于礁体的内部空间和礁体之间的空隙在水流的冲击下产生低频音响，即所谓音响效果。这些音响的大小又与流水冲击力大小有关。虽然有时候这些声音小到人耳听不到，但其超声波却能使鱼类感觉到，所以能够吸引喜欢声响的鱼类（趋音性鱼类）聚集。鱼类的生长繁殖有不同的适温范围，多数鱼类能对0.03~0.05℃的温度变化做出反应。大型人工鱼礁的礁体内外和上下会产生不同的流态，各处温度会有较大差异，可为鱼类提供适宜的环境。人工鱼礁为鱼类躲避大风大浪和敌害提供隐藏场所。同时可以阻止底拖网作业滥捕，避免底质与植被破坏。大多数鱼类都有昼沉夜浮、趋弱光和喜欢在阴影里生活的习性，人工鱼礁就提供了最理想的场所。鱼礁所提供的较大的礁体表面积，成为许多鱼卵、乌贼卵的附着基和孵化器。鱼类趋集于鱼礁也是鱼类的一种本能。不同鱼种对鱼礁的依赖程度是不同的，有的鱼种一生都在鱼礁区度过，有的是阶段性在鱼礁区度过。

二、饵料供应路径

饵料供应通过人工鱼礁栖息地修复来实现，许多国家的增殖经验表明，设置不同类型的鱼礁是增殖生物资源的一种有效方法。一般在7~8米的浅水区投放人工鱼礁，通过栖息地修复改变底质环境，增加附着基质，对动植物附着、生长和繁殖效果最好，在开阔海域投放鱼礁，大大增加了生物群落的种类。

饵料供应也需要根据增殖目标种的不同采取不同的方式。以山东海珍品增殖为例，制约潮下带增殖对象负载量的主要因素之一是饵料生物供应不足。原因有二：一是潮下带底质不适，缺少大型藻类生长所附着的基质；二是在山东沿海除长岛县北部一些海岛外，都存在大型藻类季节性枯萎现象。这主要发生在8—9月的高温期，多数海藻枯萎，对食藻性鲍的存活有重要影响。这是山东乃至我国北方沿海鲍分布区域狭窄、生物量低的直接原因。尽管刺参、扇贝的食性不同，但它们同样需要摄食大型海藻脱落、转化时所形成的有机碎屑。所以只有发展海洋生物增殖型渔业，扩大天然海域岩礁地带的海藻类增殖，才能增大环境容量。其主要手段是向海域投石和投放人工鱼礁，尤其在底质条件不适宜且水浅、光线充足的区域更为必要。为满足鲍、刺参全年摄食的需要，移植和培育某些夏秋季不枯萎的大型藻类，是今后渔业增殖学中亟待研究的课题之一。

第四节 基于经营管理理念的海洋牧场建设模式

海洋牧场是一种新型的资源管理型现代海洋渔业生产方式，近些年来在我国发展迅速。目前，我国的海洋牧场建设管理模式大致可被分为两种类型，一种属于社会公益型，另一种属于经营型或盈利型。因此，基于不同建设目标的海洋牧场需要选择适宜的经营管理模式。

一、公益型海洋牧场管理经营模式

（一）"政府主导"的专管模式

早期海洋牧场建设多以政府为主导，实行政府专管模式，海洋牧场多为公益型，政府的管理与支持是海洋牧场建设的制度与经济保障。海洋牧场高投入、高风险，因此，需要政府在政策上予以引导、资金上予以扶持、管理机制上予以支持。但随着近年来海洋牧场建设逐年增加的现状，政府主导的公益型海洋牧场面临一个共性问题，即后期管理缺失，导致海洋牧场未见效益，建设积极性不高。此类海洋牧场在南方居多，如广东省海洋牧场建设正处于这样一个瓶颈期。

（二）"社会融资"的合作模式

我国公益型海洋牧场经营模式以政府经营为主，海洋牧场无法实现具体盈利。近年来，各级领导部门意识到只依靠政府经营管理的海洋牧场效益甚微，不是长久之计。为改变这种局限性，海洋牧场以政府为主体的公有型经营模式可以采用引进社会资本及委托企业进行经营的新型海洋牧场经营模式。需要在海洋牧场建设过程中积极引入多种企业、渔户共同经营，使海洋牧场发挥显而易见的效益，进一步刺激、吸引大规模企业融合，推进海洋牧场向产业化、市场化发展，其中，以山东省海洋牧场市场化建设最为成功。

山东省创建了"科研院所＋企业＋合作社＋渔户"相结合的"泽潭模式",创新"耕海"方式,组建专业渔业合作社,实施"统一供应投入品、统一销售产品、统一渔船安全管理、统一品牌打造、统一技术信息服务",实现了渔民收入与企业发展同步提升、海域生态与产出效益同步改善。2015年莱州湾海洋牧场191户渔户平均年收入出5万元提高到11万元。

为解决渔业生产模式单一、抗风险能力差等问题,山东省积极拓展旅游、垂钓、餐饮、文化、科普等现代海洋牧场综合功能,海洋牧场与二、三产业融合发展趋势明显。2019年,全省省级休闲海钓示范钓场已达60处,共接待钓客168万人次,带动旅游消费42亿元,目前"到山东、有鱼钓"成为旅游新热点,海钓拉动的消费总额是所钓鱼品价值的53倍,使"一条鱼"产生了"多条鱼"的价值。依托海洋牧场建设,同步发展休闲海钓等休闲产业形态,青岛市创建省级休闲海钓基地3处、省级休闲海钓场14处,成功举办全国休闲海钓邀请赛及全省休闲海钓基地推介会,全市海洋牧场企业年接待海钓游客超10万人次,海洋牧场产出效益提高30％。

二、营利型海洋牧场管理经营模式

我国营利型海洋牧场经营模式以个人或企业私有经营为主,为使我国营利型海洋牧场产品产业链得以延伸和持续高效发展,增强营销吸引力,提高顾客的认同感和关注度,需做到以下几点:一是打造出名的、有特色的、优质的、新颖的海洋牧场产品,如地理标志产品、可持续认证产品等。二是集中资金、土地、劳动力等生产要素,以海洋牧场产品的生产、加工、储存技术为动力,推动海洋牧场产品"产—加—运—销"的产业链。三是通过"DIY"养殖业、精深加工业、旅游业等途径,同时结合"O2O＋B2B"的复合业态营销模式建立"反馈机构",从而延伸海洋牧场产品的产业链。四是拓展休闲渔业产业。除此之外,还要开展渔场优化,秉承养护型海洋牧场生态发展理念,利用海洋牧场专业技术,优化海珍品生物环境,设置人工鱼礁、人工藻礁等进行海洋牧场修复与优化。

(一)"大渔带小渔"的共享模式

创新"大渔带小渔"的共享模式,力求综合效益最大化。加快渔民合作社快速发展，目前，山东省烟台市渔民合作社总数达到 300 多家，辐射带动渔民 2 万多户。山东蓝色海洋科技股份有限公司采取"公司＋渔户"的方式，牵头组建了泽潭渔民专业合作社，有效整合流转海域 16 万亩，带动渔民共同致富。

（二）"陆海接力"的兼容模式

创新"陆海接力"的兼容模式，做到"全时空"水产养殖。以烟台为代表的莱州明波水产有限公司为龙头，大力发展陆基工厂化循环水与深水网箱融合养殖（彩图 27），通过陆基、海基"无缝衔接"，实现了斑石鲷等名贵品种"南鱼北育、南鱼北养"。全市名贵鱼养殖规模达到 200 万米^3、年产量 2.6 万吨、产值 12 亿元，成为全国最大的名贵鱼陆海接力养殖基地。

（三）"海工＋牧场"的联动模式

创新"海工＋牧场"的联动模式，提高牧场装备化水平。烟台市作为典型代表，发挥大国重器"长鲸 1 号"的设计建造者中集来福士等海工装备企业的科研优势，加快构建海水养殖装备产业示范集聚区，在全国率先研发建造半潜式、自升式海洋牧场多功能管理平台以及深远海智能网箱、管桩大围网等，加快现代渔业向深远海域拓展，全市已建成海洋牧场平台 12 座，深水智能大网箱 3 座，在建平台 6 座，网箱 7 座（彩图 28 和 29）。

第三章

技术和模式关键要素

海洋牧场是修复近海生态环境，养护生物资源，提高渔业产出的新业态。截至 2021 年 1 月，在全国范围内建设了 136 处国家级海洋牧场示范区，海洋牧场建设取得了长足进步。海洋牧场根据其主导生境和建设目的的不同可以分为不同的类别，例如：根据其功能可以分为生态修复型海洋牧场、资源增殖型海洋牧场、休闲观光型海洋牧场和综合型海洋牧场；根据其建设区域可以分为海湾型、岛礁型、滩涂型和离岸深水型。海洋牧场建设不是简单的人工鱼礁投放，还应包括海草床修复、海藻场建设、生物资源增殖放流、陆上苗种繁育、生产加工基地建设以及相关后勤管理工作的开展等，是多产业融合建设的系统工程。因此，海洋牧场建设技术和模式的关键要素应包括海洋牧场的规划与选址、生境构建与修复（人工鱼礁、牡蛎礁、海草床、海藻场、珊瑚礁）、生物资源恢复技术和模式、环境资源监测与平台建设、效果调查与评估技术、科学采捕与可持续利用模式等。

第一节　规划与选址

一、规划

海洋牧场建设技术明白纸
（房燕、闫冬春提供）

（一）基本要求

海洋牧场作为现代渔业的一种发展模式，其规划技术与内容在整个海洋牧场建设体系中起着十分关键的作用。海洋牧场建设区域、建设方式以及建设内容等的确定，既要满足可达到生态环境与生物资源的修复与增殖效应，又要符合在此基础上获得相应的资源及经济产出，同时还涉及后期管理的方便性与可实现性等因素，是一个多因素综合平衡的过程，其本质上是一种多目标决策的问题。因此，科学合理的海洋牧场规划需要在对海洋牧场建设区域资源环境、经济发展以及社会风俗习惯等特征的系统调查评估的基础上开展。

（二）规划原则

海洋牧场规划的基本原则主要有：

1. 统筹兼顾，生态优先

统筹考虑海洋牧场的水生生物资源养护、水域生态环境修复、海洋水产品产出、休闲渔业发展等各项功能，确保海洋牧场建设和管理的生态合理性优先于经济合理性，追求包括生态、经济、社会三大效益在内的综合效益最大化，实现海洋渔业与资源环境持续协调发展。

2. 科学布局，有序推进

综合考虑我国黄渤海、东海和南海的水生生物资源和环境禀赋、生态修复需求、转产转业形势和渔业产业发展特点，以点带面、以面促区，逐步推进，不断规范海洋牧场建设和管理，提升我国海洋牧场发展的整体规模、层次和水平。

3. 明确定位，分类管理

明确不同类型海洋牧场的功能定位，合理设计人工鱼礁和海藻（草）场建设、渔业资源增殖放流、休闲渔业开发、多产业融合等配置模式，科学确定建设规模和内容，注重相互之间的衔接和互补，加强后续管理监测，强化产出控制，科学评估海洋牧场实际效果。

为更好地发挥国家级海洋牧场示范区的综合效益和示范带动作用，推动全国海洋牧场建设，2017 年农业农村部印发了《国家级海洋牧场示范区建设规划（2017—2025 年）》（以下简称《规划》），对指导和推动全国海洋牧场发展、促进海洋生态文明建设发挥了重要作用。为更好地适应海洋牧场建设的新形势、新任务，推动海洋牧场科学有序发展，2019 年农业农村部对《规划》进行调整，即到 2025 年，在全国创建区域代表性强、生态功能突出、具有典型示范和辐射带动作用的国家级海洋牧场示范区 200 个（包括截至 2018 年底已创建的 86 个）。同时，考虑到各地海域条件、发展水平以及海洋牧场类型各不相同，规划建设数量实行总体统筹、不同地区间动态调整的原则。

（三）规划程序

1. 调查调研

在海洋牧场建设中，首先要对海洋牧场拟建设海域及周边陆上区域

进行调查调研。通过查阅历史资料、走访调研、现场踏勘、问卷等多种方式，开展社会及渔业发展调研，搜集海域利用现状资料，综合拟建设海域及周边陆上区域经济发展、社会风土人情、生物资源、水质、底质以及地质环境等方面调查结果，初步确定海洋牧场建设海域。对拟建海洋牧场海域进一步开展资源环境本底调查评估，具体按照 SC/T 9416 等要求，进行生物、非生物环境和生态系统特征等本底调查评估，更加详细地了解建设海域资源环境特征。

2. 确定建设目标及建设类型

在对海洋牧场建设海域及其周边区域进行充分调查调研后，需要根据本底调查评估结果，按照海洋牧场建设基本要求和规划原则确定建设目标及建设类型。我国海洋牧场建设目标可以总体概括为：构建或修复海洋生物生长、繁殖、索饵或避敌所需的场所，增殖养护渔业资源，改善海域生态环境，实现渔业资源可持续利用。我国海洋牧场建设类型主要划分为养护型、增殖型、休闲型三种类型。基于受益对象的不同，海洋牧场管理模式大致又可被分为社会公益型和经营型或盈利型两种。

3. 规划编制

海洋牧场规划编制可以为海洋牧场建设提供重要蓝本，是统筹合理规划全国或者各区域海洋牧场建设的重要基础。海洋牧场规划编制应由相关专业研究人员负责，需综合海洋生态、海洋渔业、海洋生物、海洋地质、海洋物理和海洋化学等方面知识开展，规划编制过程中还需综合考虑海洋牧场建设与国家相关法律规范、国家及省市地方用海规划相符性，符合国家海洋功能区划、生态红线区划、相关养殖用海规划等规划内容。海洋牧场编制规划同时应配套规划图集等资料，便于建设时参考。

(四) 规划内容

海洋牧场建设内容的规划应按照确定的建设目标、类型及建设内容进行。海洋牧场规划内容基本应包含规划背景、原则、建设目标、类型、布局、建设内容、步骤、时间安排、投资估算、效益分析、保障措施等内容。海洋牧场规划内容因规划区域尺度的不同而表现出不同的特征：国家或者省级尺度上的海洋牧场规划依据各地资源禀赋、经济发展情况，更多地表现出各区域间统筹协调发展的特征，为各区域海洋牧场建设指明方向；省级以下甚至单个海洋牧场建设规划的内容，则更多地体现出不同区域因地制宜、独具特色的规划内容，尽量避免不同海洋牧场间过于同质化内容的出现。在必要的情况下，海洋牧场规划内容还应包含海洋牧场建设与国家相关法律法规、国家以及地方海洋用海规划相符性分析、海洋牧场生态安全性分析等内容。

二、选址

（一）选址原则与条件

海洋牧场选址对海洋牧场建设具有重要意义。海洋牧场选址是实现海洋牧场目标物种产出的环境保证，是实现海洋牧场生产可控性的重要条件，也是实现各技术要素发挥协同作用的必要过程。

2019年9月12日，农业农村部印发《国家级海洋牧场示范区管理工作规范》（农办渔〔2019〕29号）（以下简称《规范》）。《规范》指出，申请创建示范区的选址应至少符合以下条件。

1. 选址科学合理

所在海域原则上应是重要渔业水域，对渔业生态环境和渔业资源养护具有重要作用，具有区域特色和较强代表性；有明确的建设规划和发展目标；符合国家和地方海域管理、渔业发展规划和海洋牧场建设规划，以及生态保护红线和其他管控要求，与水利、海上开采、航道、港区、锚地、通航密集区、倾废区、海底管线及其他海洋工程设施和国防用海等不相冲突。

2. 自然条件适宜

所在海域具备相应的地质水文、生物资源以及周边环境等条件。海底地形坡度平缓或平坦，礁区或拟投礁区域历史最低潮水深一般为6～100米（河口等特殊海域经专家论证后水深可低于6米），海底地质稳定，海底表面承载力满足人工鱼礁投放要求。具有水生生物集聚、栖息、生长和繁育的环境。海水水质符合二类以上海水水质标准（无机氮、磷酸盐除外），海底沉积物符合一类海洋沉积物质量标准。

3. 功能定位明确

示范区应以修复和优化海洋渔业资源和水域生态环境为主要目标，通过示范区建设，能够改善区域渔业资源衰退和海底荒漠化问题，使海域渔业生态环境与生产处于良好的平衡状态；能够吸纳或促进渔民就业，使渔区经济发展和社会稳定相互促进。配套的捕捞生产、休闲渔业

等相关产业，应不影响海洋牧场主体功能。

（二）选址调查内容

海洋牧场选址调查通过查阅历史资料、现场海域调查、问卷调查和走访调研等多种方式开展，获取相关资料和信息。开展备选址海域的本底调查，需要具体按照 SC/T 9416 要求，进行海底地形、底质、水文气象、水质、生物条件等本底调查（表3-1），调查站位及调查方法参照 GB/T 12763、SC/T 9403、SC/T 9102 等进行。同时还需要开展渔区社会及当地渔业发展现状等调研，搜集当地的海域功能区划、海洋生态红线和海域利用现状等资料。海洋牧场建设海域应具有优越的自然条件，符合国家和地方政府的海洋功能区划及生态红线控制目标，且不与现有海洋开发利用项目相冲突。海洋牧场建成后，备选海域应能保持局部人工生态系统的稳定性，投放的人工鱼礁需保证不发生严重的冲刷、掩埋、滑移、沉降和倾覆等现象。另外，海洋牧场建设海域应适宜主要目标种生物的栖息、繁育和生长，可对目标种生物进行有效增殖。

表3-1　选址本底调查表

调查内容	调查项目、方法及要求
海底地形	多波束扫测得到高分辨率水深分布图，并计算海底坡度
底质	浅地层剖面仪扫测底质类型及厚度，结合柱状底质采样验证扫测结果，对不同深度的底质进行土工试验分析，得到粒度组成、含水量、湿容重、孔隙比、液塑性系数等物理特性指标，以及贯入强度、压缩系数、压缩模量、抗剪强度等力学特性指标参数，并计算底质承载力
水文气象	项目：实测海域的水温、盐度、潮汐、海流、波浪等资料，并收集气温、台风、风暴潮和强波浪等历史资料 方法及要求：按 GB/T 12763.2 的规定执行
水质	项目：水体的 DO、pH、营养盐、悬浮物、COD、BOD_5、叶绿素 a 和初级生产力等。水体和沉积物中的 POPs（持久性有机污染物）、石油类、重金属等含量 方法及要求：按 GB/T 12763.4、GB17378.4、GB17378.5 的规定执行
生物条件	调查项目：主要目标生物种及其饵料生物、敌害生物、生态竞争种等，在选址海域中的分布、洄游规律、行为特性、食性、繁殖习性及其生态位等 方法及要求：按 GB/T 12763.6 的规定执行

（三）选址的适宜性评价

1. 选址论证

海洋牧场选址论证在本底调查完成的基础上进行。首先，确立海洋牧场选址的原则，分析海洋牧场适宜的建设目的与类型，确定选址目标。其次，分析影响海洋牧场建设的因素，依据海洋牧场本底调查结果，结合选址、布局目标选取特征因素建立选址方案评价体系，对备选海域进行评价。最后，在优中选优基础上确定适宜海洋牧场建设目标的海域位置和范围。在该过程中，归纳和总结出影响海洋牧场选址的因素是实现海洋牧场选址的重中之重。影响海洋牧场选址的因素主要分为三大类：社会经济因素、海洋物理因素和海洋生物环境因素。具体可分为：海洋牧场建设的类型与目的、海洋牧场可接近性、海洋牧场建设海域海洋功能区划、渔业发展规划与管理政策、水质、底质、地质、地形地貌、水深、水动力特征、目标种及其生活史、初级生产力水平、渔业资源水平等。

2. 布局论证

海洋牧场功能空间的合理布局，是制定海洋牧场建设规划、建立科学有序区域发展格局的关键内容。海洋牧场的布局论证以选址论证为基础。在小尺度范围内，海洋牧场布局论证主要结合海洋牧场建设规模、类型、内容，以及养护和增殖的主要目标种等，确定海洋牧场布局的功能设施组成、最小功能单位、功能协同效应及各功能区的平面布局；在全国等大尺度范围内，海洋牧场的布局论证主要结合各区域地理环境（气候、海洋资源、地形等）和人文环境（人口、经济、劳动力）等综合因素，因地制宜，以优化资源配置，实现低成本、高效益与高质量的目的开展布局论证。在全国范围内，我国海洋牧场建设与规划主要分为黄渤海区、东海区和南海区三大区域，各区域功能定位和主要的海洋牧场建设类型有所不同。

第二节　生境修复技术和模式

一、人工鱼礁

（一）礁体材料

人工鱼礁材料超过 249 种，主要可以分为天然材料、废弃物材料、建筑材料和其他材料等 4 大类。其中，天然材料取材方便、制作便捷、价格便宜，早期进行人工鱼礁初步建设时曾大量采用，主要包括木材类、石材类和贝壳类等。天然材料的生物聚集性较其他材料好，污染性极低，但随着原材料价格变动，制作成本升高，且建造周期长，抵抗环

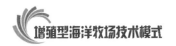

境侵蚀能力差，特别不适于高风浪区域布置，逐步被淘汰。其中石材类材料还涉及开山取石破坏陆地环境的问题。由于天然材料鱼礁大规模工程化实施困难，对资源需求和环境破坏较大，为此拓展了废弃物材料用于建造鱼礁，主要包括废弃海洋平台、废弃舰船以及废旧轮胎等。废弃物材料得到充分的二次应用，但不同废弃物在环境生态维护、生物友好性等方面缺乏全面、系统的评价研究。用于建造人工鱼礁的建筑材料主要指混凝土和钢材，钢筋混凝土的可塑性、耐波性和稳定性较好，是目前使用较为广泛的礁体材料。由于多种新型材料的成本和工艺难度大幅度降低，已被尝试用于人工鱼礁建造。随着功能需求、成本需求和生态需求的增加，采用多种材料组合或亲水性新材料制作的鱼礁会越来越多（Lee 等，2019；Lima 等，2019）。

（二）礁体类型

人工鱼礁类型的划分一般根据建礁目的和鱼礁功能、造礁材料、礁体结构和礁体所处水深和水层来划分（王瑞军，2017）。

人工鱼礁按其建礁目的和鱼礁功能分类参见第二章第三节。

按造礁功能分类，人工鱼礁主要分为养殖型鱼礁、诱集型鱼礁、增殖型鱼礁、游钓型鱼礁、保护型鱼礁 5 种类型；按造礁材料分类，主要分为混凝土礁、船礁、车礁、集装箱礁、石料礁、塑料礁、钢材礁等类型。

按礁体结构分类，主要分为方形鱼礁、"米"字形鱼礁、三角形鱼礁、圆台形鱼礁、半球形鱼礁、框架形鱼礁、梯形鱼礁、船形鱼礁、其他特种鱼礁以及综合型鱼礁等多种类型。

按礁体所处水层分类，主要分为底层鱼礁、中层鱼礁和表层鱼礁（浮鱼礁）。

（三）礁体布局与投放

目前，国内对人工鱼礁的区域投放布局研究处于起步阶段，对于人工鱼礁的规划设计方面缺乏综合性和指导性方法，现有的做法多是参考国外已实施的工程经验。

我国近海海域生态环境较差，渔业资源匮乏，因此人工鱼礁建设的主要目的是增殖渔业资源、恢复生态环境。同时近岸水体环境复杂，流态多变，人工鱼礁建设需考虑多方面因素，如水域物理条件、生态环境、渔业资源。鉴于此，我国有研究以流场流速差异为划分依据，将单位人工鱼礁堆最小有效体积确立为 700 米^3，此评价指标仅考虑流速变化，从某种意义上为单位人工鱼礁体积设计提供了参考，但存在一定局限性。为此，在面对我国近海生态资源的复杂条件下，寻找切实可行的综合评价单位人工鱼礁体积方法势在必行（章守宇等，2019）。

每种人工鱼礁堆的高度、规模都会对周围流场、底质以及相应水层的鱼类生活产生一定影响，有研究证明，一般单体鱼礁高度为 0.8～1.5 米，若以底栖生物为增殖对象，在不考虑生态效应要求时，一般无需堆高 2 层以上，因此平面扩展投放人工鱼礁有利于底栖生物形成广阔渔场。对于洄游性鱼类而言，投放人工鱼礁的面积、高度、鱼礁量越大所带来的集鱼效果越好，一般认为洄游性鱼类鱼礁高度应为水深的1/10。一座 1 000 空方的人工鱼礁在潮流作用下，对流场的影响范围半径达 200～300 米，投放在沙泥底海域 400 空方堆积状态的鱼礁，对底质影响范围为约离礁 50 米。

（四）管理与维护

海洋牧场建设是一项投入巨大的基础性建设项目，还涉及资源增殖放流工程，都不同程度地耗费大量的人力物力，其建设后仍需不断加以管理才能使其持久发挥作用。

1. 海洋牧场维护

为了更好地发挥鱼礁的特性和延长礁体的使用寿命，建议定期检查投放礁体的构件连接和整体稳定性，对于发生倾覆、破损、埋没、逸散的鱼礁，采取补救和修复的方法；对于移位严重的鱼礁及时处理，防止影响海域其他功能的发挥。为了更好地发挥礁体的功能效应，保证对象生物的良好栖息环境，建议定期检查礁体。对于礁体表面缠挂的网具、有害附着生物以及其他有害入侵生物，应采取有效的清除措施；应定期监测已投放人工鱼礁海域的水质，收集清除礁区内对海域环境有危害的垃圾废弃物。人工鱼礁投放后，应建立鱼礁档案，对鱼礁的设计、建造、使用过程中出现的问题及时进行详细记录。

2. 海洋牧场管理

（1）鱼礁投放备案制度 海洋牧场建设单位要针对人工鱼礁投放等海洋牧场建设内容建立备案制度，建立可核查可追溯的详细档案。建设单位应当留存在人工鱼礁投放施工等海洋牧场建设中的全部影像资料、技术资料，以及人工鱼礁投放前后海洋牧场海底地形地貌调查资料；海

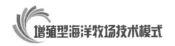

洋牧场人工鱼礁建设等所有的批复文件、技术资料、设计施工及规章制度等资料要全部归档保存；并在人工鱼礁投放完毕后，将人工鱼礁礁型、礁群平面布局示意图、礁区边角和中心位置的经纬度等材料进一步报渔业与交通主管部门备案。

（2）海洋牧场管理规章的制定　海洋牧场管理规章的制定，需根据不同类型、投资主体和功能定位，实行有针对性的分类管理，采用不同的管理方式，并制定相应的管理规定。海洋牧场管理规章的制定，需针对海洋牧场建设各过程建立健全的管理制度，为海洋牧场建设的顺利实施提供制度保障。由政府建设的海洋牧场，可由相关县级以上渔业行政主管部门制定行政管理办法，并由相关渔政管理部门组织实施。由企业投资参与建设的海洋牧场，可由相关县级以上渔业行政主管部门与特定企业共同制定相关的管理办法，并由企业组织实施。海洋牧场管理规章制定还需要与渔政执法相结合，将相关规定纳入正常的渔政执法管理范围。进一步建立海洋牧场动态监管和综合考评体系，确保海洋牧场管理制度得到有效执行。

（3）鱼礁区增殖放流　海洋牧场人工鱼礁区增殖放流的对象生物宜以当地优势种为主，且符合国家与地方增殖放流管理规定。为了加速形成人工鱼礁渔场，建议在资源增殖型、渔获型和休闲型鱼礁附近适当放流增殖对象生物；为了恢复海域生产力，建议在资源保护型鱼礁附近放流趋礁性和周期性到鱼礁区产卵、索饵的经济种类。增殖放流前，需对鱼礁区理化环境、生物群落以及生态系统能流结构等特征进行调查评估，筛选鱼礁区适宜的增殖目标种。根据鱼礁区理化环境、饵料生物、增殖目标种种群的动态变化以及生态系统能流结构特征等估算增殖目标种增殖容量，确定增殖目标种适宜的增殖密度和个体大小。必要时，可以针对增殖目标种进行野化训练，以提高增殖生物存活率。在进行人工增殖时，应尽量多营养级生物搭配增殖，以提高群落结构的稳定性。增殖放流后，应对鱼礁区资源环境特征进行跟踪监测，并评估增殖放流效果，及时调整增殖放流策略，在提高鱼礁区生物资源产出量的同时，优化生态系统食物网结构，提高并维持生态系统结构的稳定性。

二、牡蛎礁

牡蛎礁指由大量牡蛎固着生长于硬底物表面所形成的一种生物礁系

统，它广泛分布于温带河口和滨海区。牡蛎礁在净化水体、提供栖息生境、促进渔业生产、保护生物多样性和耦合生态系统能量流动等方面均具有重要的生态功能，主要包括 3 个方面。①水体净化功能：牡蛎作为滤食性底栖动物，能有效降低河口水体中的悬浮物、营养盐及藻类浓度，对于控制水体富营养化和有害赤潮的发生具有显著效果。②栖息地功能：牡蛎礁相当于热带海域的珊瑚礁系统，是具有较高生物多样性的海洋生境，成为许多重要经济鱼类和游泳性甲壳动物的避难、摄食或繁殖场所。③能量耦合功能：牡蛎具有双壳类"生物泵"功能，通过滤食将水体中大量颗粒物以假粪便形态输至沉积物表面，支持着底栖次级生产（Plutchak 等，2010）。

（一）礁体材料

自然海域的牡蛎，无论是何品种，都适宜附着在硬质底物上。目前围绕牡蛎修复工作的礁体建设一般选择天然贝壳（包括牡蛎壳）和木桩或竹桩，废弃轮胎、人工浇筑的混凝土或钢筋混凝土构件（彩图 30）。

在美国，牡蛎礁的构建主要包括下列步骤：①地点选择；②底物的准备；③礁体建造；④补充牡蛎种苗；⑤跟踪监测。其牡蛎礁构建的重点是选择底物和礁体构造。目前，常用的底物有回收利用的牡蛎壳、粉煤灰和岩石等。潮间带牡蛎礁的构造通常是将底物装入一个圆柱形塑料网袋中，每袋装 2～3 升，每个礁体由 100 袋并排而成，每个地点构建 3 个礁体。考虑到牡蛎的繁殖期，牡蛎礁的建造时间一般在夏季，具体地点位于邻近盐沼湿地的潮沟边坡上。而潮下带牡蛎礁的构建是直接将体积大的礁体投向构造水域，从而为自然牡蛎幼体提供附着底物（Peyre 等，2014）。

我国的河口和海湾区域大多以软泥质底为主，因此为修复牡蛎礁需投放硬质石块或人工构造物。

①浙江三门牡蛎礁修复项目投放以石头为主的底质物；②香港牡蛎礁修复项目以投放水泥柱作为附着底物；③唐山祥云湾牡蛎礁修复采用设计的大型混凝土鱼礁作为附着基质。

（二）礁体类型

海洋牧场建设的牡蛎礁根据成因可分为天然形成或在此基础上修复或恢复的自然牡蛎礁，以及人工手段建成以增殖渔业资源的人工牡蛎礁（即牡蛎鱼礁）；根据功能可分为牡蛎鱼礁、生态牡蛎礁和海岸防护牡蛎

礁等。

（三）礁体布局与投放

1. 牡蛎礁建设模式

国内外学者在研究过程中皆发现，牡蛎礁生态系统具有养护渔业资源、增殖海珍品的良好效果。因此，不少学者通过设计牡蛎壳礁（贝壳礁）等并投放，实现局部水域（包括海洋牧场区）鱼类、海参等经济资源增殖的目标。

牡蛎礁是人工鱼礁的一种类型，通常直接用网袋包裹废弃牡蛎壳或者添加混凝土等人工材料后，浇筑成型投放至预定海域，待牡蛎大量附着生长后形成牡蛎礁。

2. 生态牡蛎礁建设模式

利用牡蛎礁净化水质、提高空间异质性和生物多样性等生态功能，在特定水域设置人工构件，通过牡蛎的附着实现生态环境质量的改善，这就是生态牡蛎礁建设模式。该模式的典型例子就是长江口生态建设项目中的牡蛎礁建设实践（图 3-1）。

我国的河口和海湾区域大多以软泥质底为主，本身缺乏牡蛎附着的基质。基于牡蛎礁优良的生态环境改善功能，在一些河口和港湾区域出现了大规模设置牡蛎增殖礁的生态建设工程。为了修复河口生态系统、

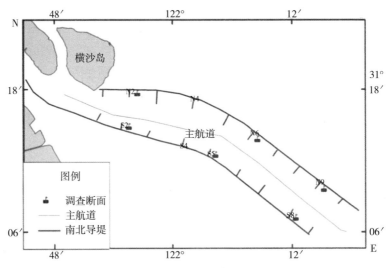

图 3-1　长江口牡蛎礁生态建设工程分部区域

（引自沈新强等，2011）

弥补大型工程建设对河口生态系统的破坏和影响，中国水产科学研究院东海水产研究所率先启动了长江口生态系统修复项目，先后进行了4次大规模的生态修复工程。其中，2002年和2004年在长江口南北导堤及其附近水域进行了巨牡蛎的增殖放流，近2年的监测结果显示，长江口导堤牡蛎种群数量快速增长，附近水生生态系统的结构与功能得到明显改善。长江口是牡蛎的天然分布区，但自然种群数量较少。长江口导堤的建设提供了适合牡蛎固着生长的混凝土结构，构造了面积约75千米^{2}的人工牡蛎礁体，节约了牡蛎礁恢复的费用成本。为检验巨牡蛎放流试验的效果，于2004年4月（第2次放流期）、2004年9月和2005年6月对长江口导堤及附近水域的牡蛎种群及生态系统进行了跟踪监测，发现巨牡蛎密度和生物量均呈指数增长；同时，放流后，长江口导堤附近水域底栖动物物种数、密度和生物量均有所增加。因此，牡蛎增殖放流极大地增长了长江口牡蛎种群的数量，改善了导堤附近水域生态系统结构与功能，已将航道工程中的南北导堤逐步建成了一个长达147千米，面积约达75千米^{2}的自然牡蛎礁生态系统，开创了国内牡蛎礁构建活动的先河，这对我国牡蛎的保护与恢复具有重大意义。

长江口牡蛎礁构建方法，包括以下几个步骤：①选择牡蛎投放地点。根据牡蛎礁建设对地形、底物、水流、水温和盐度的要求，选择长江口深水航道导堤护堤工程的水工建筑物作为牡蛎礁构建的硬底物。②确定投放时间。一般选择3月10—31日为长江口牡蛎礁的补苗时间。③选择投放方式。采用固着体整体移植成年牡蛎，根据固着体可分为两种类型：水泥柱牡蛎群和废弃轮胎牡蛎群。对于水泥柱类型，直接投放在导堤潮间带区及其附近潮下带水域；而对废弃轮胎固着型，在轮胎上绑缚3个直径12厘米、高15厘米的空心圆形混凝土重锤。通过上述过程构建了面积为2.60千米^{2}的牡蛎礁。

3. 海岸防护牡蛎礁建设模式

一些区域的实践发现，有一定规模牡蛎礁生长的区域，往往能抵抗更强的风暴潮和强台风。为此，以美国新泽西州为代表的地区利用牡蛎礁的这种物理性能，进行了一系列的防护性牡蛎礁建设（彩图31、32）。

2012年，美国东部遭到超强台风"珊蒂"侵袭，造成新泽西州厄尔海军武器站严重受损，之后花费5 000万美元才得以修复。该海军基地因此想到了低成本的养殖大量牡蛎形成牡蛎礁的保护措施。据军事时报报道，牡蛎的贝壳不规则，而且会附着在岩石上，久而久之形成礁石。因此，美国海军允许一个环保组织在离海岸线约 1/4 英里*的地方，种植将近 1 英里的牡蛎礁，希望用该礁来作为外海海浪的缓冲区。牡蛎礁结构可以在外海吸收一部分的海浪能量。它不像接近码头的防波堤，而是使海浪在冲击防波堤之前就变小，因此对基地和周围小区起到保护作用。

美国学者 Piazza 等（2005）在路易斯安那州开展牡蛎礁岸线防护研究过程中做了一系列实验。实验共设置 6 组 25 米×1.0 米×0.7 米规格的牡蛎礁，结果显示，一年内在岸线冲刷强度较轻的地点岸线侵蚀得到有效抑制，幼体附着从（0.5±0.1）个/壳增加到（9.5±0.4）个/壳，相比于岩质的防护板，牡蛎礁损耗少且具备其他生态功能。Scyphers 等（2011）通过调查发现在亚拉巴马州沿岸设置牡蛎礁防浪板后，底栖鱼类的生物量显著提高，其中，石首鱼类（如 *Sciaenops ocellatus*）和牙鲆类（如 *Paralichthys* sp.）等重要经济鱼类的生物量分别提高约 108% 和 79%。Borde（2004）等通过文献资料，综合分析了美国岸线生态修复工程，结果显示，将牡蛎壳添加入防浪堤的制作中，不仅能够起到有效的缓冲作用，还具备修复天然牡蛎礁的潜力。

牡蛎属于潮间带优势种，能够适应潮间带这种相对恶劣的生存环境，广泛分布于河口岸、砂砾质岸和基岩岸等。牡蛎和防浪板的结合在潮间带牡蛎礁修复工程中较为常见，有助于发挥其稳定岸线的生态功能。

（四）管理与维护

对于投放的牡蛎礁，应定期跟踪监测，确定牡蛎附着效果及其生态功能的形成和变化过程。

不同牡蛎礁项目的监测内容因修复目标、资金预算、人力等因素影响而不同，但最基本的通用监测内容如下：

（1）衡量指标 礁区足迹、礁体面积、礁体高度、牡蛎密度、牡蛎大小分布、牡蛎幼体补充量。

（2）环境变量 对礁区海洋水文、海水水质、海洋生物进行调查与

---

* 1英里≈1 609 米，下同。——编者注

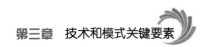

监测，调查频率每年 1 次以上。

（3）监测生态系统服务功能　基于牡蛎礁建设目标而定。

三、海草床

在海洋牧场区域开展海草床的建设，使海洋牧场生态结构更加复杂化和多样化，可以有效构建海洋牧场复杂的食物链和食物网。海草强大的初级生产力可以加速海洋牧场的物质积累，有助于增加渔业资源的产出；有利于海洋生物产卵场、育幼场、索饵场和避敌场的构建，从而进一步增加海洋牧场的生态类型，丰富海洋牧场的生态功能和资源养护作用，提高海洋牧场自身的调节能力和维持能力，保持生态系统的稳定性。不过，目前我国海草床建设技术还不够成熟，仅在海流较小的内湾具有较成熟的建设技术。

（一）主要海草种类

目前，全球得到公认的海草种类有 74 种，隶属于 6 科 13 属，包括丝粉草科（Cymodoceaceae）、水鳖科（Hydrocharitaceae）、鳗草科（Zosteraceae）、川蔓草科（Ruppiaceae）、波喜荡草科（Posidoniaceae）和角果藻科（Zannichelliaceae）。Short 等（2007）根据物种丰度、分布范围和气候带等将全球海草分为六大区系，热带印度—太平洋区、热带大西洋区、温带北太平洋区、温带北大西洋区、地中海区和温带南大洋区。受光照等环境因子限制，大多数海草分布在 20 米以内的浅海，少数分布在水深超过 50 米的近海。

中国现有海草 22 种，约占全球海草种类数的 30％，属于 4 科 10 属。我国海岸线达 1.8 万千米，维度跨度大，海草分布范围广，总的来说，我国的海草床属于温带北太平洋区系及热带印度—太平洋区系；根据海草分布的地理位置，我国海草可划分为两个分布区：黄渤海海草分布区和南海海草分布区。南海海草分布区主要包括海南（包括南海海域）、广西、广东、香港、台湾以及福建沿海，约有海草 9 属 15 种，其中卵叶喜盐草（*Halophila ovalis*）、泰来草（*Thalassia hemprichii*）、海菖蒲（*Enhalus acoroides*）和日本鳗草（*Zostera japonica*）分布范围广，台湾和海南海域海草种类分布较多，分别为 12 种和 14 种，而广西、广东、香港和福建沿海分别有 8 种、11 种、5 种和 3 种；黄渤海分布区主要包括山东、河北、天津以及辽宁沿海，约有海草 3 属 9 种，其

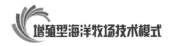

中鳗草（Z. marina）和日本鳗草分布最广，在山东、河北以及辽宁三省沿海均有分布，是多数海草床的优势种。

（二）建设区域条件要求与本底调查

1. 建设区域条件要求

在遵守目的物种基础生物学特性的前提下，按以下要求选划海草床建设区：

（1）盐度　水体盐度≥20。

盐度是影响海草分布、存活和生长的关键生态因子之一。有研究表示，低盐度海水中海草光合速率下降主要是由于与之相伴的无机碳素含量的降低（Peralta 等，2002）。

（2）海底透光率　底层海水透光率低于10%的连续天数<15天。

近年来，沿海海岸工程建设规模日益扩大，围海造地、疏浚等活动使得泥沙淤积，加之随台风暴雨、洪水等的大量泥沙入海，使得水体浊度增加。水体中悬浮物颗粒对水下光量的吸收、散射作用增加了水体光学衰减系数，导致水下光强减弱、水质发生显著变化，从而影响水生植物的生长和存活；另外水生植物叶表附着的泥沙进一步减弱了植物对光的有效利用。

有效光强是沉水植物生长最重要的限制因子，对海草的生长与存活至关重要。Lee 等（2007）统计了多数海草种类的最低光照要求，其中温带海草的平均最低光照要求在10.4%～18%，亚热带和热带海草的平均最低光照要求在7.3%～23.1%，海草定居的最大深度对应的水体透光率在4%～29%。综合分析，认为透光率应不低于10%。

（3）水体温度　温带海草床建设海域水体温度超过30℃的连续天数不超过15天。

海草虽然属于广温性植物，但其对水温的持续变化非常敏感。一般来说，（亚）热带地区的物种比温带物种可以在更大温度范围内增加光合作用和呼吸作用，而温带物种在温度低于季节温度最大值时才能达到最佳生长状态。

（4）底质类型　底质表层为黏土质粉砂、粉砂质砂或细砂。

底质是海草根系固着的基础，同时也是海草吸收营养物质的来源，其性质对沉水植物的生理、生长有着重要的影响。海草具有发达的根系和根状茎，可以有效地固定底质沉积物，防止风浪对底质的冲刷。Bos

等（2007）通过1年生海草的移植试验发现，移植海草在生长期间加速悬浮颗粒的沉降，从而增加海底地质中泥质（粒径<63微米）的成分，且这种海底底质的增加与海草密度呈正相关。

沉水植物在水体中的分布深度与其生长的底质也有着密切关系。底质颗粒的组成决定了底质性质，底质的养分状况和它对各养分吸附能力的强弱，都会对植物的生长产生影响。大多数海草生长于近岸浅海的软泥底质。一些研究已经表明，适宜海草移植的底质类型为黏土质粉砂、粉砂质砂或细砂。其中最适宜的底质类型为含泥量较高的泥沙底质。

（5）海流流速　海流流速≤1.0米/秒。

在沿岸浅海海域，潮流和风浪控制着水流，水流在海草生活史的各个阶段都发挥着重要作用，直接影响其生存环境。水流可以将营养盐以及光合作用所需的无机碳源传递给海草植株，影响到海草的生产力。水流还影响海草场底质沉积物的组成。随着水流流速以及海浪能量的增加，底质沉积物会变得更加粗糙，其中有机质的含量会下降，这也会对海草床的水动力学过程产生附加影响。

研究表明，自然分布的海草植株可以耐受3～180厘米/秒的水流环境。由于移植植株的固着力相比天然海草床显著降低，因此在海草植株移植时水流流速应不超过1.0米/秒。研究还发现，当水流流速大于50厘米/秒时，海草的植株密度显著降低；当水流速为80厘米/秒时，潮间带海草植株的数量急剧减少。

（6）沉积物间隙水中铵盐含量　沉积物间隙水中铵盐含量≥100微摩尔/升。

海草通过吸收营养盐维持自身的新陈代谢，尤其在光充足区域，营养盐的利用对海草生产力起到关键作用。有研究表明，当沉积物间隙水中 NH_4^+ 浓度低于100微摩尔/升时，海草的叶片显著减小，叶生产力显著降低。因此，间隙水中 NH_4^+ 浓度为100微摩尔/升已经被认为是海草氮限制的阈值，这与海草根部对 NH_4^+ 吸收的饱和水平一致。

（7）敌害生物　研究表明，海草密度的变化取决于敌害生物的数量。

Davis等（1998）定量研究了绿蟹的生物扰动对移植鳗草存活率的影响。在3个不同的实验中，将不同密度的绿蟹引入栽有36株鳗草的培养箱中。结果表明，中等密度（4.0只/米²）、高密度（7.0只/米²）和非常高密度（15.0只/米²）处理组鳗草植株受损数量明显高于低密度

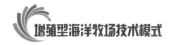

处理组（1.0只/米²），其中多达39%的植株在接触绿蟹活动后的一周内脱落。绿蟹虽然不会被鳗草直接吸引，但它们通过活动显著降低了移植植株的存活率。在实验中，绿蟹的海区密度超过了大部分造成鳗草伤害的物种密度，这表明大型底栖动物可能是决定鳗草移植存活的主要因素。

（8）人类活动　无水产养殖活动，无底拖网、定置网等底层破坏性捕捞生产活动。

人类活动如海水养殖、填海、溢油和船舶活动等提高了水体的混浊度，水体富营养化导致浮游藻类的过量繁殖，最终造成了海草的消亡。和人类相关的其他变化如全球变暖、外来物种入侵等也会导致海草床的衰退。海水养殖活动会使海草生长率降低，海草床扩散受到限制。养殖活动通过降低光的穿透作用来降低海草叶片的光合作用。养殖活动产生的过量氮、磷等营养物质造成浮游生物和藻类的过量繁殖，会吸收大量的营养物质和光，造成海草生长缓慢。养殖物种排泄物质的不断排放，导致有机物质的累积，改变了沉积物特性，也会对海草床产生不良影响。捕捞船只的相关设备被证明可以增加海水的混浊度、海岸侵蚀和营养物质富集，可能对海草床造成机械损伤。例如Giulia等（2007）模拟了锚对大洋波喜荡草的短期影响，结果表明，锚的扰动对大洋波喜荡草具有强烈的影响。

（9）与珊瑚群落的关系　亚热带海草床和热带海草床的建设应不对活珊瑚群落造成影响。

珊瑚礁生态系统是地球上重要的生态景观和人类最重要的资源之一，具有极高的初级生产力，生物生产力是周围热带海洋的50～100倍。但珊瑚礁生态系统也具有十分脆弱的一面，极易受到各种外界因素的影响而被破坏，而且一旦受到破坏就很难在短时间之内恢复。海草床对珊瑚礁具有非常积极的作用。高密度的海草如同一个生物过滤器，可以将陆源营养盐及悬浮物过滤掉，使得珊瑚礁生态系统处于低营养盐、高透明度的状态。同时，海草床生态系统还是鱼类等海洋生物重要的产卵场，可以为珊瑚礁鱼类等提供繁育基地。然而，鉴于珊瑚礁生态系统的脆弱性，在确定海草床拟建区域时，要选择无成片的活珊瑚群落的区域，防止人类在修复海草床的同时对珊瑚造成破坏。

2. 本底调查

海草床生长于海陆交汇的潮间带和潮下带，由于其物质循环、能量流动受人类活动干扰程度较大，导致海草床的监测和管理难度加大。海草床是海洋牧场生境构建的重要途径之一，对海草床的调查、监测和管理是维持牧场稳定生态系统的重要保障。针对海草的生物学特性及其对栖息环境的要求，海草床本底调查内容主要包括水文、沉积环境、生物环境和人类活动等四个大类，具体调查方法见表3-2。传统的海草床监测方法需要定期调查、采样和分析，尽管费时费力但比较直观准确。借助3S技术（遥感、地理信息系统、全球定位系统3项技术），运用水下声学（如单波束声呐、多波束声呐、垂直侧扫声呐及低频声呐等）、光学（如水下视频）等监测技术可以从景观水平上分析海草床的动态变化过程以及海草床渔业资源的分布特征，借助遥感技术可以极大提高海草床监测的空间广度。综合应用现代与传统监测技术阐明特定海域海草床为海洋牧场提供的产卵场、育幼场、栖息地、食物供给、营养及水质调控等生态功能，有助于进一步提高对海洋牧场海草床生境的认知及管理水平。

表3-2　本底调查内容和方法

	项目	监测的主要内容	监测方法
水环境	水文	水深、水温、盐度、海流、透明度	按照 GB/T 12763.2 的规定执行
	水质	悬浮物、pH、无机氮（氨盐*、硝酸盐、亚硝酸盐）、活性磷酸盐	样品采集和采样点布设按照 SC/T 9102.2 的规定执行；监测方法按照 GB 17378.4 的规定执行
		透光率	按照 HY/T 083 的规定执行
沉积环境	重要理化参数	有机碳、总氮、总磷、硫化物、粒度等	样品采集和采样点布设按照 SC/T 9102.2 的规定执行；监测方法按照 GB 17378.5 的规定执行，粒度按照 GB/T 12763.8 的规定执行
生物环境	海草群落	海草种类、分布面积、植株密度、覆盖度、株高、生物量等	按照 HY/T 083 的规定执行
	浮游生物	浮游生物（包括鱼卵和仔、稚鱼）的种类组成和数量分布等	采样点布设按照 SC/T 9102.2 的规定执行；样品采集和监测方法按照 GB/T 12763.6 的规定执行
	大型底栖动物	种类组成、生物量、栖息密度、数量分布及其群落结构等	采样点布设按照 SC/T 9102.2 的规定执行；样品采集和监测方法按照 GB/T 12763.6 的规定执行
	游泳动物	种类组成、生物量、栖息密度、数量分布及其群落结构等	采样点布设按照 SC/T 9102.2 的规定执行；样品采集和监测方法按照 GB/T 12763.6 的规定执行

（续）

项目		监测的主要内容	监测方法
人类活动	生产要素	海水养殖、海洋捕捞、入海污染及其他人类活动要素	按照 GB/T 12763.9 的规定执行

注：＊表示包括间隙水中氨盐浓度。

（1）水文　水深及受其影响的透明度等环境因子是控制海草分布及生长的主要因素。以往的研究表明，海草的丰度沿深度梯度呈钟形分布，中深度丰度最大，浅水和深水丰度较低，且海草丰度随深度增加而普遍下降。以鳗草植株为研究对象，有学者表示，水深可显著影响鳗草的生物量、植株密度等。

在不同深度，特别是浅水环境中，鳗草植株密度随深度梯度的变化幅度较大。在 0～2 米深度处，植株密度最大值约为 2 500 株/米^2，随后随着深度的增加而急剧下降。在一定的水深范围内，鳗草生物量在 3 米左右的中等深度达到峰值，约 400 克/米^2，然后逐渐下降。在浅水条件下，鳗草植株的重量最低，随水深的增加而增加。在不同深度鳗草覆盖度变化非常大，所有深度都在 0～100％。

（2）水质　水质指标中，最关键的是营养盐含量。海草能通过叶片和根茎吸收海水和沉积物的营养盐来维持自身生长，氮磷等营养盐的缺乏或者富集均能对海草产生显著影响。在较低的营养盐条件下，海草能通过根系吸收沉积物间隙水中的营养盐，以适应低氮、低磷环境。研究表明，海草叶片生长速率与铵态氮浓度呈显著正相关，当海草处于氮限制时，其叶片的生长会受到抑制，因此适当提高环境中氮磷含量有利于海草生长。硝态氮和铵态氮对海草的影响具有一定的协同作用。研究表明，与只有铵态氮存在时相比，在硝态氮和铵态氮同时存在的条件下，鳗草对铵态氮的吸收率较高，这可能是因为硝态氮的存在缓解了铵根离子的毒性，促进了鳗草对铵态氮的吸收，同时，硝酸根离子优化了海草代谢过程中的生化反应。研究发现，营养盐充足时，海草叶片数量、叶片长度和地下生物量均提高，从而有利于植株扩繁，但营养盐过剩能够直接导致海草生物量降低，影响其生存，甚至致其死亡。

（3）沉积物　底质沉积物是海草根系固着的基础和海草所吸收的营养物质来源，其性质对沉水植物的生理、生长有着重要的影响。底质中含有丰富的有机质和矿物质，低营养盐浓度范围内，底质是海草生长所需矿物质营养的主要来源，而高营养盐浓度下，底质对海草的生长会产生胁迫和抑制作用。有研究显示，鳗草可利用的底质营养盐中无机氮源的利用周期比磷酸盐快很多，在底质营养盐中无机氮对海草影响最大。在缺氧底质中，NH_4^+ 是无机氮的主要形式，是鳗草优先吸收的无机氮。

底质颗粒的组成决定了底质性质，底质的养分状况及其对各养分吸附能力的强弱，都影响植物的生长。按照《海草床生态监测技术规程》（HY/T 083）规定的海草床栖息地监测要素，应对粒度进行监测。

（三）海草植株移植技术

植株移植法，是指从自然生长茂盛的海草床中采集长势良好的植株，利用某种方法或装置将其移栽于待修复海域的一种方法，该方法利用海草无性生殖的特点，可以在较短时间内形成新的海草床，是迄今为止人们使用和研究最多的海草床修复方法。一般而言，海草移植法的优点是成活率较高，但缺点是人工成本较高（常常需要潜水移植），存在需要耗费大量劳动成本的问题。进行海草移植时，需要进行适宜性评价，最好选择历史上有海草分布而现在退化的海区，这样可以提高移植的成活率。同时，还需要考虑水体流动、底质运动及人为活动等因素，确保移植后海草不会被水流冲走、被沙子掩埋或者被人为破坏。

1. 移植种类

根据海草的生物学特性及技术成熟程度，温带地区海草移植主要选用鳗草或日本鳗草等本地海草种类；亚热带地区和热带地区主要选用卵叶喜盐草、泰来草、海菖蒲或日本鳗草等本地海草种类。

2. 海草植株移植方法的分类

海草植株移植包括植株采集和栽种两个过程。不同植株移植方法，实际上就是对移植单元（Planting Unit，PU）进行的不同的采集和栽种方法。依据 PU 的不同，可以将海草植株移植法划分为草皮法、草块法和根状茎法三大类。前两者的 PU 具有完整的底质和根状茎，而根状茎法的 PU 不包括底质，是由单株或多株只包含 2 个茎节以上根状茎的植株构成的集合体。

（1）草皮法（Sod method）　草皮法是最早报道的较为成功的移植方法，是指采集一定单位面积的扁平状草皮作为 PU，然后将其平铺于移植区域海底的一种植株移植方法。该方法操作简单，易形成新草床，

但对 PU 采集草床的破坏较大，且未将 PU 埋于底质中，因此易受海流的影响，尤其在遭遇暴风雨等恶劣天气时新移植 PU 的留存率非常低。

（2）草块法（Plug method）　草块法也称为核心法（Coring method），是继草皮法之后，用于改良 PU 固定不足而提出的一种更为成功的移植方法，是指通过 PVC 管（Core tubes）等空心工具，采集一定单位体积的圆柱体、长方体或其他不规则体的草块作为 PU，并在移植区域海底挖掘与 PU 同样规格的"坑"，将 PU 放入后压实四周底泥，从而实现海草植株移植的一种方法。与草皮法相比，草块法加强了对 PU 的固定，因此移植植株的留存率和成活率均明显提高，但该方法对 PU 采集草床的破坏仍很大，劳动强度也大幅增加。

（3）根状茎法（Internode method）　草皮法和草块法的 PU 具有完整的底质和根状茎，运输不便，且对 PU 采集草床的破坏较大。随后，根状茎法被提出，注重了对 PU 的固定，具有易操作、无污染、破坏性小等特点，并衍生出许多分支方法，概括起来主要有以下 5 种。

①直插法（Hand-broadcast method）。也称为手工移栽法，是指利用铁铲等工具将 PU 的根状茎掩埋于移植海区底质中的一种植株移植方法。

②沉子法（Sinker method）。是指将 PU 绑缚或系扎于木棒、竹竿等物体上，然后将其掩埋或投掷于移植海区中的一种植株移植方法。

③枚钉法（Staple method）。是参照订书针的原理，使用 U 形、V 形或 I 形金属或木制、竹制枚钉，将 PU 固定于移植海域底质中的一种植株移植方法。

④框架法（Transplanting Eelgrass Remotely with Frame Systems，TERFS）。其框架由钢筋焊接而成，且框架内部放置砖头等重物作为沉子，将 PU 绑缚于框架之上，然后直接抛掷于移植海域的一种大叶藻植株移植方法，PU 与框架之间的绑缚材料采用可降解材料，能够对框架进行回收再利用。

⑤夹系法（Sandwiched method）。也称网格法（Grid method）或挂网法（Mesh method），是指将 PU 的叶鞘部分夹系于网格或绳索等物体的间隙，然后将网格或绳索固定于移植海域海底的一种植株移植方法。

（四）海草种子播种技术

海草种子播种法是通过从自然海域直接收集海草种子，再以不同方式播种到待修复海区，或在人工条件下培育实生苗，再移植于修复海区，达到修复目的的一种方法。海草种子播种法在保持海草床种群结构和遗传特性、维持草床稳定及发展新的斑块草床等方面具有巨大的潜在贡献，相比较于受损海草床的自然恢复，能有效地减短海草床的恢复时间，提高修复效果，是目前修复海草床最有效的方法之一。

1. 海草种子的采集

海草种子的采集是种子播种法的前提和关键步骤之一，包括生殖枝的收集、生殖枝的储存和种子提取三个步骤。

生殖枝的收集方法有人工法和机械法两种。人工法劳动强度大，易受天气和水质条件的限制，有时还需要潜水员，但如果储存设备有限，人工法就是最好的选择。机械法效率高，但它要求海草床面积足够大，生殖枝密度较高，且储存空间充足。在使用机械法收集生殖枝的过程中，容易将梭子蟹等食种子生物与生殖枝一起收集而造成种子被捕食，因此需要事先在收集海区捕捉、清理这些生物。

生殖枝的储存分自然海域储存和水族箱储存两种方法。自然海域储存方法是将生殖枝放入一定规格的网袋，网袋的网目需小于种子短径，然后将其固定于自然海域，直到生殖枝降解及种子成熟脱落。水族箱储存方法是将生殖枝置于带有水循环装置的水族箱，直到生殖枝降解及种子成熟脱落，储存过程中应保证海水的充分供应，去除有机质，并设定适宜的盐度和水温。其中，应特别注意水温的设定，因为水温是影响种子萌发和生殖枝降解的最关键因素。

种子的提取就是待生殖枝降解及种子成熟后，将成熟的海草种子从已降解的生殖枝中筛选出来的过程。这一过程通常在室内的圆锥形水槽装置中进行。

以鳗草为例，收集授粉后带有将要成熟的鳗草种子的生殖枝，将佛焰苞进行统一处理，此过程为生殖枝的收集；生殖枝收集后，采用自然海域储存方法储存（彩图33）；待生殖枝降解及种子成熟后，将成熟的海草种子从已降解的生殖枝中筛选出来，提取出来的海草种子需要在室内条件下保存到播种。

2. 播种

海草种子收集后，采用某种方法对其进行播种就显得尤为重要。最早出现的播种方法是人工撒播法，随着研究的深入，其他方法被相继提

出，其重点是加强对种子的保护。概括起来，目前的海草种子播种方法可归纳为以下五个类别。

（1）人工撒播播种法　通过人力进行播种，主要方式有两种：直接撒播法或人工掩埋法。直接撒播法操作简单，但撒播后的种子散布在底质表面，容易流失，造成种子的浪费，导致种子萌发率低；而人工掩埋法降低了种子流失的概率，从而提高了种子萌发率，但需要潜水员进行水下作业，劳动强度大，不适宜进行大范围的海草床修复。

（2）种子保护播种法　播种种子的流失是导致萌发率低的直接原因，因此有必要对种子进行保护，而采用的保护材料和播种方法则很关键。有学者采用麻袋或明胶对种子进行保护，但播种效果却不相同。

①麻袋法。麻袋法是将种子放入麻袋中，其中麻袋的孔径应小于种子直径，然后将麻袋平铺埋入海底的一种保护播种方法。Harwell 和 Orth（1999）在切萨皮克海湾利用麻袋法和人工掩埋法对鳗草种子进行了播种，结果表明，播种 6 个月后，人工掩埋法的种子成苗率为 4.5%～14.5%，麻袋法则显著提高到 41%～56%。刘燕山（2015）研发了一种平铺地毯式鳗草种子播种技术（彩图 34），将鳗草种子与取自湖区沙坝的泥沙混合，搅拌均匀，装入麻袋，棉线封口，然后将装有种子和底泥的网袋运输至播种水域，将麻袋平铺海底，并确保泥土厚度均匀，不超过 3 厘米，麻袋之间用 U 形铁丝相互连接和固定，形成平铺地毯式播种单元。结果显示：平均萌发率和幼苗建成率分别达到 38.0% 和 20.9%；播种 3 年后植株形成了繁茂的斑块草床，平均植株密度高达 495 棵/米^2，该研究结果为实现鳗草种子利用率的显著提升提供了技术基础。

②播种机法。随着播种技术的发展，用机械代替人力作业的播种方法开始实现。Traber 于 2003 年发明了播种机，美国学者 Orth 等（2009）对其进行了改进，先将种子与明胶按一定的比例混匀，明胶旨在保护种子，然后用机器将其均匀地播种至底质 1～2 厘米处，于 2009 年在切萨皮克湾海区以鳗草种子为研究对象，比较了播种机法、人工掩埋法和直接撒播法在 3 个站位点的播种效果，结果显示播种机法和人工掩埋法对幼苗的建成均有积极效果，但受不同区域底质差异的影响较大，播种机法和直接撒播法在皮安卡坦克河（Piankatank River）、约克河（York River）和蜘蛛蟹湾（Spider Crab Bay）的种子成苗率分别为

4%和1%、1.2%和1.4%及10.1%和7.4%，相对来说播种机法对鳗草种子的成苗率并没有大的改善。

③漂浮箱法。漂浮箱法是将从自然海域收集的生殖枝放在网箱中，然后将网箱（下连沉子）置于修复海区，直至生殖枝降解及种子成熟，在水流的冲击下种子自然沉降到海底的播种方法。这种方法节省了种子的运输、储存、撒播等一系列过程，大大显著降低了人力、物力，但同直接撒播法一样，其种子萌发率和成苗率均不高。

④生物辅助播种法。生物辅助法是一种新型的播种技术，借助生物体的生态习性，将海草种子播种到修复海区的底质中，以改善种子萌发率低这一瓶颈。韩厚伟等（2012）开展了以菲律宾蛤仔为载体播种鳗草种子的实验研究，实验中的菲律宾蛤仔潜沙深度不超过2厘米，与鳗草种子的萌发深度相当，利用菲律宾蛤仔的潜沙生态习性，以糯米为黏附剂，将鳗草种子黏在菲律宾蛤仔贝壳上，播散入海区的2个站位点，菲律宾蛤仔潜沙后，种子随其进入底质，一段时间后糯米自然降解，种子则埋入底质中，结果表明，2个站位点的鳗草种子成苗率分别为19.1%和9.9%。生物辅助播种法是一种新型的生态型播种技术，种子的成苗率也有所提高，但同样未能从本质上解决种子成苗率低的问题。

⑤人工种子萌发法。人工种子萌发法是先在实验室条件下培养种子至幼苗，然后再将幼苗移植到修复海区的一种方法。用该方法对鳗草种子进行研究，已经在切萨皮克海湾取得了一定的成功，比自然条件下生长的幼苗移植效果好，尽管将海草种子培养成幼苗所花费的成本比较高，但仍是一个可供选择的方法。张沛东等（2018）开发了一种鳗草实生幼苗自然海域培育技术——苗圃式鳗草育苗床。该方法鳗草种子萌发率高于60%，幼苗建成率最高达到16.7%，鳗草植株生长效果较好（彩图35），为建立"幼苗培育—分株移植"的修复途径提供了技术支撑。

（五）管理与维护

海草床建成后以1次/年的监测频率，于海草生长高峰季节对海草床的水环境、沉积环境和生物环境进行监测。水体化学、沉积物重要理化参数以及浮游生物、大型底栖动物和游泳动物，参照SC/T 9417的规定进行评价；海草床生态系统健康参照HY/T 087的规定进行评价。

海草床建成后，主要按以下要求进行维护：

（1）定期检查海草的扩繁和生长情况，对于发生大范围植株死亡的现象，及时分析死亡原因，并采取补救和修复措施。

（2）定期检查海草床的漂浮型大型海藻和蟹类等资源密度，对于影响海草扩繁和生长的敌害生物，采取措施及时清理。

（3）定期监测海草床的水质，收集建设区内对海域环境有危害的垃圾废弃物。

（4）建立海草床维护档案，对海草床的发育过程和出现的问题及时进行详细记录。

管理方面主要包括档案和信息管理、管理规章，特别是具备条件的建设单位应在海草床建设区设立视频监测系统，实现对海草床建设区的实时观测与监控，并定期开展海草床监测与评估，提升管理效果。

四、海藻场

（一）主要海藻种类

海藻场是由在近岸浅海区的硬质底上生长的大型褐藻类及其他海洋生物群落所共同构成的一种近岸海洋生态系统，主要分布于寒带和温带海洋。海藻一般在潮间带到水深小于 30 米的潮下带岩石基底上生长。在水体透明度高的海域中，某些海藻可以分布到 60～200 米的深海海域。形成海藻场的大型藻类主要有马尾藻属、巨藻属、昆布属、裙带菜属、海带属和鹿角藻属等。海藻场主要的支撑部分由不同种类的海藻群落构成，例如红藻群落构成了红藻森林的支撑系统，黑紫菜、黑菜群落构成了"海中林"的支撑系统，海带群落构成了海带场的支撑系统，巨藻群落构成了巨藻场的支撑系统，马尾藻群落构成了马尾藻场或花纹藻类森林的支撑系统等。

（二）建设区域条件要求与本底调查

1. 建设区域条件要求

海藻场建设海区应具备大型海藻固着的自然基质。藻体通过固着器固定在岩石或其他基质上生长，但小礁石基质易受水流冲刷滚动，附着藻类难以成活，因此海藻场建设区域需具有固定的岩礁附着基质。岩礁基质的坡度不宜过大，应适宜海藻自然附着和人工藻礁的布设。基质包括天然基质和人工基质，自然海域的礁石等天然基质是大型海藻优良的附着基质。人工基质主要包括石材、木材、竹片、钢材、混凝土、人工合成材料和贝壳等。对于不同材料基质，海藻附着效果存在较大差异。

2. 本底调查

海藻场本底调查是指在不同季节对海藻场生态系统进行潜水采样、室内分析等一系列采样调查分析过程。本底调查需要明确目标海域的基本水文水质状况、底质状况、海洋生物的物种多样性与丰富度等。对于重建或修复型海藻场生态工程而言，还要对原海藻场的文献资料进行彻底调查，结合现场调查，确定海藻的种类、分布、面积、覆盖率、空间藻类密度、生命周期、理想生长条件及引起海藻场衰退或消失的特定原因等。基于本底调查对海藻场资源环境以及生态系统结构等进行有效评估，可以为海藻场修复与养护等生态工程方案设计提供重要基础数据支撑。

（三）建设技术

海藻场建设是通过人为的手段，基于大型海藻生态学原理和工程，实现大型海藻的规模化增殖和海藻场生态系统的建立。海藻场建设主要包括几个方面：①海藻场修复，在面积缩小的海藻场区域通过移植目标藻种的种藻，以增加繁殖群体的生物量，实现目标藻种的自我繁衍，最终达到藻场面积的扩增和修复的目标；②海藻场重建，在原有藻场消失的区域，通过目标藻种幼体移植和喷洒孢子水法等手段，实现大型海藻种群的恢复，最终达到海藻场重建的目标；③海藻场营造，通过选择前期现场勘探，筛选适宜大型海藻生长的区域，通过生态修复技术，实现大型海藻种群建立和群落的稳定（章守宇和孙宏超，2007）。

海藻场建设主要通过目标海藻孢子水喷水技术、孢子体扩散技术、孢子袋技术、苗绳养殖技术、成体移植技术、幼体移植技术等，实现海藻场建设的目标。

1. 孢子水喷洒法

在海藻场建设和修复海域，通过喷洒一定量的大型海藻种藻幼孢子体水，经大型海藻孢子体在附着基质附着和生长，最终达到海藻场生态系统的建设和修复的目标。孢子水喷洒适合幼孢子体收集方便、沉积速度快和具有较高黏性的海藻种类，如铜藻（*Sargassum horneri*）和羊栖菜等马尾藻。该方法具有经济、灵活和可操作性强的特点，种藻幼孢子体可在繁殖季节通过人为条件控制等技术手段大量收集，能快速在海藻场建设区域实现目标藻种资源的恢复。孢子水喷洒法可以在建设海域

现场实现，如铜藻的孢子体可以很好地附着于礁石，并且在一些坡度较大的礁石面上也具有较好的附着效果，通过此法可以在礁石分布不规则的区域实现藻场的高效建设。我国南麂列岛铜藻场建设过程中，通过喷洒铜藻孢子体水，在石块、轮胎绳、PV 管等附着基上实现铜藻幼苗附着生长。

2. 种藻增殖技术

通过投放种藻或者剪取成熟种藻的部分株体，在海藻场目标藻种的分布区域，通过孢子体的释放和附着，达到目标藻种种群的扩增，最终实现海藻场建设和修复。种藻增殖技术主要分为种藻投放和孢子袋法等两种。

（1）种藻投放法 在藻场建设海域，投放成熟目标藻种，经孢子体释放、附着和生长，实现目标藻种的增殖和海藻场建设目标。该方法需要充分考虑种藻孢子体的扩散特征、投放期的潮流和风浪等环境因素，选择适合幼孢子体扩散范围小和沉降速度快的目标藻种。

我国南麂列岛的马祖岙下间厂海域，通过在原有铜藻场投放铜藻种藻，实现了铜藻场原址增殖和恢复。对于铜藻场的种藻投放修复，因其幼孢子体扩散范围不大，在暗礁、砾石和泥底质相间的浅海区投放种藻是铜藻增殖和藻场建设的好办法。

种藻投放法还适合在藻场荒漠化区域或者远离天然藻场的区域开展藻场建设，尤其是马尾藻类藻场的建设和修复。在日本若狭湾西部藻场荒漠化区域，通过用绳子将漂浮的马尾藻连接到在海底设置的人工藻礁上，利用漂浮马尾藻繁殖所释放的孢子体实现了海藻场的建设。

（2）孢子袋法 通过孢子袋将成熟的种藻悬挂在藻场建设区域，孢子体释放到天然礁石和人工藻礁等附着基上，经附着和生长，实现目标藻种的增殖和藻场的修复（彩图 36）。对于海藻孢子体扩散范围较小的藻种，原位孢子袋法是最有效和最经济的方法。该方法通过孢子袋等转移并原位固定，对原有藻体的破坏较小，在保留原有目标海藻种群生存的基础上，只截取部分海藻株体如顶端和侧枝，实现孢子体的自然释放，保证了孢子体成活率，同时对海藻场建设区域的原有生态破坏较小，是较好的生态友好型海藻场建设技术。

日本的四国等地利用孢子袋技术，将成熟期的马尾藻和昆布放置到孢子袋中，悬挂到海藻场建设区的人工礁体和自然基质上，取得了良好的建设效果。

地中海的梅诺卡岛（西班牙）开展的囊链藻藻场修复，通过剪取成熟藻体的顶端和侧枝，原位放置在孢子袋中（彩图37），经野外条件下孢子体的附着和生长实现了海藻场的修复。经评估，使用原位孢子袋修复方法所需费用不到非原位修复方法的一半。

3. 室内孢子体附着培育—海域幼苗暂养—移植修复

现场海域采集成熟的藻体，在室内通过水温、光照和水流等环境条件的控制，进行培养和人工采苗，孢子体附着到绳子、塑料管和人工藻礁等基质上，经一段时间的室内培育，待海藻幼苗长到一定高度时，将附着基质转移到海藻场建设海域，将附着海藻幼苗的绳子、塑料管和人工藻礁等固定到礁石或者人工藻礁上。该技术以室内人工繁育为主，可实现目标藻种的规模化育苗和较高的附着基幼苗成活率，同时具有便捷的操作性。Devinny 和 Leventhal（1979）培育了 5 000 米绳长的巨藻幼孢子体，直接系到洛杉矶港的防波堤上，实现海藻场的建设。据 Hernandez-Carmona 等（2000）报道，通过移植幼孢子体法，2 名潜水员可以在 2 年内建设面积为 1 875 米^{2}的巨藻海藻场。

韩国济州岛沿岸荒漠带海藻场修复，通过收集微劳马尾藻和铜藻繁殖植株上的受精卵，使其发育出假根附着于混凝土附着基上，在室内水池中培育到 3～5 毫米，随后将附着马尾藻幼苗的藻礁转移到海中进行中间培育和驯化，为防止植食性动物啃食海藻幼体，在海区培育过程中用保护网罩住藻礁。海藻幼苗成长 25～50 厘米时，将附着海藻的基质投放到海藻场建设区域（彩图38）。此技术表明，移植的马尾藻 6 个月生长高度可超过 300 厘米，并能形成一个生物多样性较高的海藻场。

广东硇洲岛通过室内完成硇洲马尾藻有性繁殖幼孢子体附着，在流水条件下培育 68 天后，幼孢子体平均长度达到 2 毫米，将 25 厘米×25 厘米的方形混凝土藻礁块固定到徐闻南山，在潮间带有野生硇洲马尾藻分布的原生态岩石上，进行人工礁藻场恢复。不同材质藻礁对硇洲马尾藻幼孢子体附着差异显著，附着效果最好的为混凝土，当年人工藻礁苗有性生殖苗较自然生态苗生长慢，第二年假根再生苗生长与自然苗生长无显著性差异，人工藻礁苗成活率为 29.2%，此后不出现消退死亡，并以假根再生维持种群的繁衍。利用有性繁殖的幼孢子体附着于混凝土块上进行硇洲马尾藻原生态位点投放，是短时间增加马尾藻资源的有效

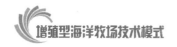

措施（彩图 39）。

浙江马鞍列岛铜藻场建设，通过室内铜藻种藻繁育，孢子体附着到混凝土制作的藻礁块上，铜藻幼苗 5 厘米时，将藻礁块移植到人工藻礁上。经过后续的跟踪观察，移植的铜藻幼体生长良好，300 天后最大株高达到 2 米（彩图 40）。通过此方法，建设大型海藻生境修复示范区面积超过 1.5 公顷，示范区海藻的覆盖率提高了 32.4%。该方法是利用水下工程技术，将人工藻礁提前固定于目标藻种最适的水层范围，通过安装藻礁块的方式实现铜藻移植，具有较高的稳定性，能够确保海藻处于最适的生长环境中，可以防止海胆等生物对海藻的啃食，主要应用于高海况海区的海藻场建设。

在附着基选择和现场移植方面，Stein Fredriksen 等（2020）开发了一种新的海带藻场建设方法（彩图 41），在小石块上播种海带，在实验室中培育到 2.3 厘米，然后移植到野外。移植的海藻在 9 个月的时间里具有很高的存活率和生长速度，即使从表面掉下去也一样。这种技术便宜、简单，不需要水肺潜水或训练有素的现场工作人员，可以大规模地用于藻场的建设。

4. 海藻移植法

移植法是通过将自然生长的大型海藻的完整株体或者部分株体、幼苗，移植到海藻场建设区，通过一系列的维护措施，实现大型海藻资源恢复或增加，最终达到海藻场建设和修复的目标。这种方法具有成本低、便于操作和海藻幼苗成活率高等特点，在以巨藻为支撑的海藻场建设中得到广泛应用。虽然海藻幼体移植法具有较大的优势，但在实际操作过程中，应根据目标藻种的生态习性，避免过度采集海藻幼体，以减少幼体移植对原有海藻种群生物量和群落生物多样性等方面的影响。

（四）管理与维护

主要是对未成熟的海藻场生态系统进行定期的监测，开展人工、半人工生态系统的生物病害防治工作，以及生物种质的改良工作等。在日常管理和监测过程中，要及时干预，包括移除或者限制海胆等植食性动物对目标藻种的啃食。藻场建设和管理是一个系统工程，其最稳妥有效的方法是避免、阻止和限制由于人类活动导致生境的退化和消失，重点保护海藻生长的水质环境和岩石基质生境，限制人们对海藻及其生态系统中其他生物的捕捞，改善因渔业直接或间接造成的海藻场退化现象。

海藻场是典型的近岸生态系统之一，具有重要的生态功能和经济价值，在生物资源养护、栖息地营造、水质改善、休闲渔业和碳汇功能等方面具有重要作用。近年来，我国逐步加大近海生态环境保护和生物资源养护工作的力度，其中海藻场生态功能、海藻场建设技术和生态修复等关键问题日益受到关注，我国沿海不同海区相继开展了海藻场建设实践，并取得了一定的成果。海洋牧场海藻场建设是一个长期的系统工程，不是一蹴而就的，关键在于建设后的维护和管理，需要从技术、制度、宣传等方面给予充分的保障，因此有必要制定海藻场维护与管理规范，指导海藻场的有序利用和科学保护，促进海藻场建设技术创新，并加强对海藻场生态价值的宣传，提高社会对海藻场生态功能与价值的认识，从而提高人们保护海藻场的意识。

五、珊瑚礁

珊瑚礁是石珊瑚目动物形成的一种结构。珊瑚礁为许多动植物提供了生活环境，对维护海洋生物多样性具有重要的生态学意义，与红树林、海草床共称三大典型的海洋生态系统。其面积虽然只占全球海洋面积的很小一部分，但已记录的礁栖生物却占到海洋生物总数的 30%（赵美霞等，2006）。因此，珊瑚礁又被称为"海洋中的热带雨林"。但目前受全球海水升温、海水酸化、人类活动加剧、过度捕捞等因素影响，全球珊瑚礁退化趋势严重。在过去几十年内，世界范围内珊瑚礁出现显著的退化。1985—2012 年，澳大利亚大堡礁海域活珊瑚覆盖率从 28%降低到 13.8%（De'ath，2012）。1977—2001 年，美洲加勒比海海域活珊瑚覆盖率从 50%降低到 10%（Gardner 等，2003）。过去 10～15 年内，我国南海海域活珊瑚覆盖率从＞50%降低到不到 20%。未来该退化趋势可能还会加剧。

为了保护珊瑚礁生态系统，全球科研人员不遗余力地运用多种技术开展珊瑚礁生境修复，其中包括珊瑚礁区不稳定基底整治、珊瑚苗圃构建、珊瑚断枝移植、人工珊瑚修复礁体投放等。其中，在热带珊瑚礁海域建设资源养护型与增殖型海洋牧场也可有效促进珊瑚礁生态系统的恢复。

（一）主要珊瑚种类

我国海域辽阔，拥有丰富的珊瑚礁资源。我国珊瑚礁主要分布在华南大陆沿岸、海南岛、台湾岛和南海诸岛。按照完整的礁体地貌范围量算的总面积约 3 万千米^2，占世界珊瑚礁总面积的 2.57%。我国造礁石珊瑚共有 50 多属 300 多种，约占印度—太平洋区总种数的 1/3。常见珊瑚种类有斯氏角孔珊瑚、澄黄滨珊瑚、柱角孔珊瑚、大角孔珊瑚、稀杯盔形珊瑚、多孔同星珊瑚、团块滨珊瑚、五边角蜂巢珊瑚、紫小星珊瑚、美丽鹿角珊瑚、霜鹿角珊瑚、指形鹿角珊瑚等。

（二）建设区域条件要求与本底调查

珊瑚礁区的建设区域应结合地形、底质、水文、水质、生物条件、社会经济条件等因素综合确定。符合下列基本要求可以建设珊瑚礁：

（1）海底地形坡度平缓或平坦。

（2）表面碎屑与沉积物数量少的硬质珊瑚礁底质。

（3）适宜珊瑚栖息繁衍的深度，大陆不大于 8 米，南海岛礁不大于 20 米。

（4）水质符合 GB 3097 中第一类海水水质标准的规定，水体营养盐含量低（磷酸盐：<0.3 微摩尔/升，硝酸盐：0.1～0.5 微摩尔/升，铵盐：0.1～0.5 微摩尔/升）。

（5）建设区海域周边本底应有或曾有一定数量、多种类珊瑚分布并发育形成珊瑚群落或珊瑚礁或有珊瑚生长存活的历史记录。

（6）海水最低温度不低于 20℃。

在选址前，应对拟建设海域进行本底调查，调查项目及方法如表 3-3 所示。

表 3-3　海洋牧场珊瑚礁拟建设海域本底调查

项目类别	调查项目	调查方法
地形	海底地形地貌	按 GB/T 12763.10 的规定执行
底质	沉积物、淤泥厚度、粒度组成、流沙等	按 GB/T 12763.8 和 GB 17378.5 的规定执行
水文	水深、波浪、水温、盐度、水流、透明度等	按 GB/T 12763.2 的规定执行
水质	溶解氧、pH、营养盐（硝酸氮、氨氮、亚硝酸氮、无机磷等）、悬浮物、COD、BOD、叶绿素 a、初级生产力等 根据海域实际情况选择有机磷、有机氮（包括甲基对硫磷、马拉硫磷、乐果、六六六和滴滴涕）、石油类、有机碳、硫化物、重金属（包括铜、锌、镉、砷、总汞）	按 GB/T 12763.4 和 GB 17378.4 的规定执行

（续）

项目类别	调查项目	调查方法
生态系统条件	珊瑚分布、覆盖率、新生珊瑚补充量、珊瑚种类及构成、健康状况、疾病状况、敌害分布 其他生物包括珊瑚区鱼类数量、种类与分布，大型底栖无脊椎动物数量、种类与分布，大型藻类数量、种类与分布	按 HY/T 082—2005 的规定执行
社会经济条件	珍稀濒危生物、渔业及相关规章制度、海域使用规划、海洋产业概况、渔业结构、渔获物组成、区域经济状况、海岸工程建设情况	查阅汇总国家级、省市级、县区级相关政府、机构的政策、法规、规划、数据等

（三）建设技术

珊瑚礁生境和资源的修复是增进退化珊瑚礁生态系统的功能恢复与生物构成种群重建的重要方法（黄晖等，2020）。当前珊瑚礁生境和资源的退化主要表现为构成生物——造礁石珊瑚的数量下降。因而，珊瑚礁生境和资源修复以恢复造礁石珊瑚种类、数量以及覆盖率为主，主要为修复珊瑚礁三维结构，辅以恢复珊瑚礁区生物资源等内容。基于目前珊瑚礁修复研究与示范工作，珊瑚礁生境与资源修复的主要技术方法有造礁石珊瑚的有性繁殖、断枝培育、底播移植以及其他特色生物资源的增殖放流。

1. 造礁石珊瑚的有性繁殖

珊瑚有性繁殖（Coral sexual reproduction）是由珊瑚亲本产生的生殖配子（彩图 42），经精子与卵细胞的结合，成为受精卵，再由受精卵发育成为新的个体的繁殖方式。珊瑚的有性繁殖为珊瑚排卵受精，受精卵发育成幼体的过程。在自然状况下珊瑚产卵很多，但受精率和存活率很低。造礁石珊瑚的有性繁殖技术主要是利用珊瑚的繁殖生物学特性，在繁殖期间通过促进珊瑚生殖配子结合形成受精卵，提高受精率；随后对其进行培育至浮浪幼虫阶段，通过放入附着基或附着诱导物促使珊瑚浮浪幼虫在合适的附着基表面附着变态形成珊瑚幼体，增加附着率；再通过对珊瑚幼体的人工培育，提高幼体存活率，使其生长至合适的大小。通过人工技术的辅助，降低珊瑚繁殖过程中限制因素的影响，相较于自然状况下的珊瑚有性繁殖的恢复过程，能够大大提高珊瑚受精卵发育至珊瑚幼体的比例。此外，有性繁殖的珊瑚为非克隆体，能保留遗传多样性的特征。

2. 造礁石珊瑚的断枝培育

（1）造礁石珊瑚断枝培育的方法　目前用于珊瑚礁生境修复的造礁石珊瑚断枝培育以野外培育为主，主要方法有珊瑚树断枝培育法（彩图 43）、浮床断枝培育法（彩图 44）、缆绳断枝培育法（彩图 45）。在对造礁石珊瑚断枝培育方法进行选择时需要综合考虑修复区域原生造礁石珊瑚种类、底质类型、台风及海浪发生频次以及经费预算等情况。

（2）造礁石珊瑚断枝培育注意事项　用于培植的造礁石珊瑚断枝或碎片大小一般在 0.5～5 厘米，有些种类的可利用单个珊瑚虫个体进行培植。分枝状造礁石珊瑚，如鹿角珊瑚、杯形珊瑚等，应选取健康生长的分枝用于培植，而滨珊瑚与盔型珊瑚等块状珊瑚可以取部分包含有若干个完整珊瑚杯的碎片用于培植。培植叶状或片状造礁石珊瑚时可将珊瑚截成片状，但由于其骨骼脆弱，最好使用胶水或环氧树脂固定，培植在海浪平静的水域中。

培植过程中应减少对造礁石珊瑚的刺激，减少其暴露在空气中的时间，用于暂养的水体温度最好与野外的环境保持一致，避免强烈阳光的直射。在从分枝状供体造礁石珊瑚上取断枝时可考虑用尖嘴钳掰取，尽量保证造成的创伤断面最小。块状珊瑚可用凿子分解成小的碎块，每个碎块最好在 5～30 厘米^2，便于使用环氧树脂胶黏附。

造礁石珊瑚的培植时间因珊瑚种类和所需大小而异。分枝状造礁石珊瑚生长速度较快，生长速率可能达到每年 5～10 厘米，所以如果用于底播移植的造礁石珊瑚个体在 5～10 厘米，培植所用时间仅需半年即可达到要求大小。但对于块状珊瑚，培植时间可能需要数倍于此，因为其生长速率仅为每年 1～2 厘米，达到需要的大小可能需要持续培育 2～3 年。

培植的造礁石珊瑚间距与其生长率有关，相同种类的珊瑚最好放置在一起培植，生长速度较快的分枝状珊瑚相互间隔应在 10 厘米以上，培植的珊瑚间才有足够空间生长而不会相互间竞争。生长速度慢的造礁石珊瑚，特别是每年增长仅 1～2 厘米的珊瑚种类（如滨珊瑚类），间距可为 5 厘米。不同种类的造礁石珊瑚则应相隔 20 厘米以上，这样可以减少不同种类间的相互竞争。

3. 造礁石珊瑚的底播移植技术

（1）造礁石珊瑚底播移植技术方法　目前进行造礁石珊瑚底播移植

主要采取的技术有铆钉珊瑚移植技术、生物黏合剂珊瑚移植技术以及生态礁珊瑚移植技术等。

①铆钉珊瑚移植技术。底播移植造礁石珊瑚需要注意尽量让珊瑚活体组织与基底的直接接触面积最大化，从而加速造礁石珊瑚自身的再次附着固定。除了利用底质上的天然孔洞缝隙，可以利用手持螺旋钻或者压缩空气钻孔机在硬底质上人为打孔，打入铆钉后，用可降解扎带将珊瑚固定。铆钉的形状、材质、大小均根据待恢复区域底质类型、珊瑚类型所决定（彩图46）。铆钉珊瑚移植技术的优点是操作简单，不需要花费较多的人力物力，成本较低；然而这种技术只适合珊瑚礁底质类型的区域，泥沙底质无法进行铆钉珊瑚移植。

②生物黏合剂珊瑚移植技术。目前在造礁石珊瑚底播移植中利用的黏合剂主要有硅酸盐水泥、环氧树脂油灰、海洋环氧树脂及氰基丙烯酸盐胶水（彩图47）。其各自的优劣及适用范围见表3-4。

表3-4 造礁石珊瑚底播移植所用的生物黏合剂类型与特点

黏合剂或固定材料	优点	缺点	注释
硅酸盐水泥	便宜、使用广泛、黏合效果好、已商业化生产	使用时不方便、需预先混合包装好才能水下使用、固化时间长、对珊瑚基部组织损伤大	适合大的团块或亚团块状造礁石珊瑚
环氧树脂油灰	黏合效果好、水下原位使用方便、将两组分混匀即可在10~15分钟内固化、可以按需来配比	相对昂贵、每次混合量小	使用时使造礁石珊瑚和底质接触位点、面积最大化以促进珊瑚的再附着，尤其适合枝状珊瑚原位移植以及培植，固定前要先清理固着面的其他生物
海洋环氧树脂	黏合效果好、便宜、常用	不能在水下混合、溶化时间长（约30分钟）、用量大	使用时使造礁石珊瑚和底质尽量多接触，以促进珊瑚的再附着
氰基丙烯酸盐胶水	常用、固化时间短、用量小、适合小的断枝及人工培植的断枝固定	水下使用不方便、在水动力强的环境容易脱落、不适宜大断枝	通常适用于将小断枝固定于人工基底以及可以快速再附着的种类

利用氰基丙烯酸盐胶水、环氧树脂油灰、海洋环氧树脂三种黏合剂对细柱滨珊瑚、火焰滨珊瑚、牡丹珊瑚、苍珊瑚进行移植，结果表明三种黏合剂对珊瑚的固定效果并无明显差异，但环氧树脂油灰和海洋环氧树脂更有利于珊瑚的再附着。Forrester等（2012）利用环氧树脂油灰、

海洋环氧树脂和水泥对掌叶鹿角珊瑚的移植，结果显示采用不同固定方法珊瑚的生长存活之间没有显著差异。将原位培植的指状蔷薇珊瑚用海洋环氧树脂固定在天然基底上的孔洞中可取得良好的修复效果，11个月后形成了指状蔷薇珊瑚丛，生态容量增加了384%。因此，对于底播中黏合剂的选择具有很大的弹性，可以根据移植的对象、经费以及操作便利性做出选择。

③生态礁珊瑚移植。为了减小底质碎屑对珊瑚礁恢复的影响，就要采取珊瑚礁底质稳定技术，国际上主要利用塑料网格或水泥稳定珊瑚礁基底碎屑的方法，但是这些也具有一系列弊端。首先，利用水泥进行大面积珊瑚礁基底稳定成本高昂，并且施工不便；其次，水泥需要填充珊瑚碎屑间以及碎屑与礁底间的缝隙以达到固定碎屑的效果，但因此也将碎屑与礁底上的缝隙形成的小生境全部堵死，赖以生存在这些小生境内的生物也就失去了栖息地，这对珊瑚礁的空间结构异质性产生破坏，并且水泥在凝固时释放出的热量和化学物质对周边的珊瑚礁环境有害；虽然利用网格可以固定底质，但网格材质多为塑料或金属，其表面易于生长藻类，藻类与珊瑚竞争。因此，利用人工礁体固定珊瑚礁基底碎屑的方法得到了更为广泛的应用，在稳定碎屑的同时又增加了珊瑚幼体可附着面积。通过特别设计的人工礁体，将珊瑚礁的基底碎屑稳固在礁体下或礁体中空的内部，最终实现稳固珊瑚礁底质的作用。目前使用的人工礁体主要有生物礁球（Reef ball）（彩图48），平板状、四角、盒状生态礁（Eco-reef）（彩图49）以及金属生物石礁。

4. 珊瑚礁生态系统其他特色生物资源的增殖放流技术

（1）珊瑚礁生态系统其他特色生物资源种类

①植食性鱼类。珊瑚礁内的植食性鱼类种类与数量众多，是控制藻类数量的重要功能种群。常见的种类主要有篮子鱼、雀鲷、蝴蝶鱼、刺尾鱼、鹦嘴鱼等，它们对于有害大型藻类的摄食能够有效地控制珊瑚礁内藻类的数量。鹦嘴鱼对藻类与造礁石珊瑚都进行摄食，其中有些种类在摄食时会将造礁石珊瑚骨骼连同珊瑚或藻类一同啃食下来。它们的摄食行为会产生裸露的空白礁底空间，为造礁石珊瑚幼虫的附着提供可利用的基底。篮子鱼或刺尾鱼等植食性种类通过啃食的方法摄食藻类，也同时摄食珊瑚礁底的沉积物以及动物产生的残渣。由于它们的数量众多，因此对藻类的摄食效率较高。蝴蝶鱼与雀鲷等对于大型藻类的摄食

较多，特别是蝴蝶鱼能够高效地去除珊瑚礁中的大型藻类。蝴蝶鱼不但对藻类摄食，也会对造礁石珊瑚进行摄食，并且因其栖息于造礁石珊瑚的缝隙中，所以对于造礁石珊瑚的依赖较高。

由于我国珊瑚礁都面临着过度捕捞的威胁，所以珊瑚礁的鱼类数量与种类都远低于正常珊瑚礁中应有的水平。因此，不论是近岸的珊瑚礁还是南海的西沙、南沙的珊瑚礁都存在以下问题：藻类数量过多，植食性生物数量低；珊瑚礁从以造礁石珊瑚为主的生态结构退化为藻类为主的生态结构；造礁石珊瑚幼体补充数量因藻类竞争而降低。因此鱼类的保护与补充成为珊瑚礁修复过程中必不可少的一环。

②植食性无脊椎动物。同植食性鱼类一样，许多植食性的无脊椎动物也对造礁石珊瑚的主要竞争者——藻类，有着显著的控制效果。以海胆为例，在20世纪50年代，加勒比海的珊瑚礁鱼类在遭受人类过度捕捞后，当地的冠海胆数量明显增加，成为取代植食性鱼类的主要植食性动物。但由于1983—1984年暴发的病害导致其数量急剧下降，而大型藻类的数量在海胆消失后迅速上升，造成了珊瑚礁的退化，至今仍未恢复。大马蹄螺、塔形马蹄螺、金口蝾螺等螺类也是珊瑚礁内常见的植食性无脊椎动物之一，它们能够摄食掉珊瑚礁底栖藻类净产量的6%左右。此外，许多以藻类为食的甲壳类动物与软体动物也对藻类数量起到控制作用，但效果可能未必有植食性鱼类的效果明显。

③海参。海参对珊瑚礁礁所起到的生态作用在于其通过对珊瑚礁中底质的造礁石珊瑚骨骼碎屑与砂子的翻动，摄食其中的有机碎屑与微生物，降低珊瑚礁底部的营养物质，起到清洁珊瑚礁的作用。通过海参翻动砂层的活动，将表面的砂层与底下的砂层交换，降低表面砂层生长海藻的机会，同时增加砂层中适宜微生物生长的环境。

(2) 功能生物人工放流技术方法 珊瑚礁内功能生物的人工放流技术应用还不广泛，在珊瑚礁生态修复上的使用也有限，放流的效果也不及合理的保护管理的成效显著。但当需修复珊瑚礁区范围内的功能生物种群已经崩溃无法重建时，就需要进行功能生物的人工放流。放流的技术包括幼体放流与成体放流两种。

幼体的放流是将功能生物的幼体培育至一定阶段后，将幼体放流至需修复区域。放流时直接将幼体撒播或随水倾倒至海中，无需照看。这种放流技术多是应用在繁殖力强，幼体具备一定活动能力，能够快速地

在珊瑚礁内找到庇护所或附着下来的生物种类。这类生物一般都是 r 对策的种类，其在珊瑚礁内一旦生存下来，就有机会快速增长繁殖。例如马蹄螺、海参等生物可采用此种方法进行放流。其优点就是只需培育亲本个体，促使其繁殖后，即能获得大量的受精卵，也无需培育幼体至成体，可以节约培育成本和时间。但其缺点也较明显，首先，由于幼体较脆弱，往往对环境的抵抗力低，所以在不适宜的环境下，效果会受到很大影响。其次，珊瑚礁内幼体的天敌种类众多，幼体被捕食的概率远高于成体，幼体能否存活取决于是否能够及早找到庇护所躲避或及早附着下来。

成体放流技术则是将功能生物培育至成体后，再将成体放归于需修复的珊瑚礁区域。放归时要根据生物的生活区域和栖地环境选择适当的位置进行放归。这种放归的方式一般适用在 k 对策的鱼类种类上，其繁殖力较低，幼体需要亲本照料，生长率较慢，因此不能采用幼体放流方法。该技术耗费时间长，需要人工培育，成本高，但优点在于放归的生物存活率较高，能够较快看到其产生的效果。不过，由于生命周期长，繁殖慢，此类生物种群的构建需要较长时间。

这两种放流技术都依赖于生物的人工繁育与培养，对于目前无法实施人工培育技术的功能生物，就无法实施放流，只能依靠从其他区域引入个体重建其本地种群。并且珊瑚礁内放流的效果也依赖于珊瑚礁的保护与管理，在缺乏保护和有效管理的情况下，放流的生物数量仍会产生下降，无法达到实现其生态功能的目的。

(四) 管理与维护

珊瑚礁生境是很脆弱的，对人类活动的影响十分敏感，处于修复或者恢复期的珊瑚礁更需要进行有效的管理与维护。对于珊瑚的培育管理，需要注意开展以下几方面的维护：

(1) 珊瑚礁培育的最初 2 周内，应每 3 天开展一次珊瑚基座上分离珊瑚的重新固定。

(2) 培育最初 2~3 个月内，应每周开展一次苗圃清理，之后每月清理一次。清理内容包括大型藻类、污损生物、大型无脊椎动物及已死亡或是患病的珊瑚组织。

(3) 应每季度检查珊瑚无性培育设施的稳定性和完整性，及时更换老化、磨损的配件。

第三节　生物资源恢复技术和模式

一、鱼类资源恢复技术和模式

人工放流增殖和野生群体自然繁育增殖是海洋牧场中鱼类资源增殖的主要模式。鱼类人工放流增殖主要在海洋牧场中增殖目标种具有一定增殖容量，同时野生种群自然繁育补充量不足的情况下开展，通过人工增殖放流鱼类幼体、成体的方式实现其资源的增殖。涉及的增殖技术主要包括苗种繁育技术、增殖容量评估技术、增殖放流技术、生境修复技术等。野生群体自然繁育增殖主要通过开展海洋牧场生境修复，同时结合有效的生物资源管理等方式，实现海洋牧场鱼类资源的增殖。生境建设对于鱼类增殖的作用在于改善鱼类栖息环境，如构建鱼类产卵场、育幼场、索饵场等栖息地环境，提供鱼类产卵、繁殖、避敌、饵料资源生长所需的适宜环境，从而实现鱼类资源的增殖；通过实施有效的资源管理策略，确定合理可持续的资源捕捞量等方式也是实现海洋牧场鱼类资源增殖的重要方式。海洋牧场野生群体自然繁育增殖涉及的技术主要包括海洋牧场产卵场、育幼场、索饵场等生境建设技术，以及海洋牧场鱼类资源可持续捕捞量评估技术等。

二、贝类资源恢复技术和模式

贝类是维持与改善海洋牧场生境的重要基础生物，如构建牡蛎礁环境的牡蛎；另外贝类也是海洋牧场中重要的经济生物，如脉红螺、魁蚶、虾夷扇贝、毛蚶、中国蛤蜊、菲律宾蛤仔等物种。海洋牧场中贝类资源的增殖主要包括底播增殖与野生种群自然繁育增殖两种模式。目前魁蚶、虾夷扇贝、毛蚶、中国蛤蜊、菲律宾蛤仔等物种在海洋牧场中的增殖主要通过底播增殖的方式实现。开展贝类增殖放流的前提是该区域具有适宜贝类生物生存的环境条件，同时具有较高的增殖容量。涉及的技术包括贝类苗种繁育技术、贝类增殖容量评估技术、生境适宜性评估技术以及贝类底播增殖技术。牡蛎和脉红螺等物种在海洋牧场中的增殖主要通过野生种群自然繁育增殖的形式实现。通过投放混凝土礁等人工鱼礁，为海洋牧场中牡蛎附着提供有利条件，能够有效构建海洋牧场牡蛎礁生境，实现牡蛎资源的增殖；另外，通过人工采捕牡蛎野生苗投放

到海洋牧场人工鱼礁区，可以快速实现牡蛎资源量的增殖并形成牡蛎礁。脉红螺等物种的增殖主要是在海洋牧场生境修复、饵料生物增加的基础上，结合合理的资源采捕策略等管理技术实现。贝类自然繁育增殖涉及的技术包括海洋牧场人工鱼礁设计、制造与投放技术、人工鱼礁规模适配技术、牡蛎礁构建技术、可持续采捕量评估技术等。

三、海珍品资源恢复技术和模式

海参、鲍等生物是海洋牧场中主要的海珍品增殖种，其中，刺参是最主要的增殖目标种。海珍品的增殖主要包括人工放流增殖和野生群体自我繁育增殖两种模式。目前海洋牧场中刺参资源的增殖以人工放流增殖为主，即在评估刺参资源增殖容量基础上，通过培育刺参生态苗种，结合增殖放流技术、生境修复技术以及资源管理、采捕技术，实现刺参资源的增殖。牡蛎礁、海草床、海藻场均是刺参适宜的生长区域。刺参人工放流增殖模式涉及的技术主要包括刺参生态苗种繁育技术、增殖容量评估技术、生境修复技术、可持续捕捞量评估技术、资源采捕技术等。在我国少部分具有野生刺参种群的海洋牧场中，刺参野生群体的自然繁育补充也是实现其资源增殖的重要模式，该模式中涉及的技术包括生境修复技术、可持续捕捞量评估技术、资源采捕技术等。

四、海藻资源恢复技术和模式

海藻场是海洋牧场重要组成生境，大型海藻在海洋牧场中的角色主要是作为组成海藻场的重要基础生物。海洋牧场大型海藻的增殖主要包括大型海藻移植与大型海藻自然繁育增殖两种模式。大型海藻移植和自然繁育增殖都需要有适宜的附着基质，因而藻礁的设计、布局与投放是海洋牧场海藻场建设的重要基础。大型海藻增殖涉及的技术主要包括苗种繁育技术、大型海藻移植技术、藻礁（浮式、底式藻礁）设计、布局投放技术、海藻跟踪监测技术、藻场生境监测技术。

五、其他生物资源恢复技术和模式

日本蟳、三疣梭子蟹等甲壳类，以及章鱼、乌贼等头足类等生物是海洋牧场重要的经济生物。三疣梭子蟹的增殖模式主要为自然繁育、人工放流。通过投放人工鱼礁，形成海洋牧场岩礁型生境，可以为日本蟳等甲壳类提供适宜的栖息生境，并为甲壳类、头足类等生物提供饵料资源。海洋牧场人工鱼礁区还可以为曼氏无针乌贼提供产卵场地。海洋牧场甲壳类、头足类等生物增殖涉及的技术包括苗种繁育技术、增殖放流技术、人工鱼礁设计、布局投放技术、产卵场修复技术、可持续捕捞量评估技术等。

第四节　环境资源监测技术和模式

一、环境因子监测

我国从 20 世纪 60 年代开始，采取多种方式，陆续在沿海省市设立了海区监测中心、监测总站、监测中心站和监测站，开展水文气象及海洋水质监测工作。在全国海洋污染调查的基础上，1984 年组建了"全国海洋污染监测网"（即全国海洋环境监测网）。该网共设海上监测点232 个，覆盖约 150 万千米^{2}海域，后期得以重新组建，主要依托卫星、飞机、船舶、浮标（包括锚定浮、ARGO 浮标、漂流浮标）、岸基监测站、平台、志愿船等手段进行海洋环境立体监测，目前已从宏观上实现对我国管辖的全部海域的监测。常用的监测方式有：常规定点测量、走航测量、实验室测量、遥感遥测、自动输入（来自自容式测量仪器和延时资料，包括时间序列、剖面、栅格等）等。常用的监测设施有：观测台站、雷达遥测、锚系浮标、潜标、海底观测、飞机遥感、卫星遥感、船载测量仪器等。

目前国内常见的环境监测综合信息平台主要体现在大型数据系统的建设方面，建立监测要素时空分析模型，以时间为主线来体现监测要素的变化过程，估算和研究某一时间序列监测要素变化过程中所存在的统计规律，如长期变动趋势、周期变动规律，以此预测今后的发展和变化；同步配合 GIS 技术，以空间为主线来体现监测要素的变化过程，对指定海域在一段时间内的监测数据进行统计分析，找出监测要素均值、最大值和最小值，以最直观的形式显示监测海域重点要素的"最值"站点。同时，实现各系统运行状况监控的功能，自动生成系统运行日志，对各类数据入库情况、各应用服务运行状态等进行监控管理，使系统管理人员能够实时监控各系统监测数据采集入库情况和系统运行状况，快速诊断系统故障并分析异常产生原因，并指导快速排查问题。

中国科学院海洋研究所近年来在环境监测网络领域建设领域积累了大量的研究基础。"十一五"至"十二五"末，该所在中国科学院创新三期野外台站建设项目的支持下，完成了中国近海海洋观测研究网络——黄海站和东海站的建设。黄海站和东海站依靠常规海洋观测浮标系统、自动气象站系统、潜标系统以及垂直剖面观测浮标系统等，对气象、水文和水质参数进行长期监测，逐步形成兼顾区域特色和学科背景、兼具全面调查功能与专项研究功能的开放性海洋科学观测研究网络。近五年来，黄海站、东海站获取的定点—长时间序列—连续海洋基础观测数据资料，为区域海洋科学研究和地方经济发展提供了有力的数据支撑，在支撑重大科技创新活动中，发挥了不可替代的作用。

目前国内对于海洋牧场温度、盐度、溶解氧、pH、叶绿素、浊度、海流等海洋环境因子的监测技术与设备已经比较成熟。国内建设了环境资源监测固定平台，具有看护、旅游、监测平台作用；利用多参数水质监测仪、多普勒剖面流速仪、温度溶氧监测仪和小型气象站（彩图50），在海洋牧场安全保障监测平台上构建了海洋牧场环境资源实时监测系统，并实现数据实时无线传输。

二、生物资源监测

国内外在海洋牧场生物资源的监测技术与设备方面则存在很多问题，相关技术已经无法满足我国海洋牧场快速发展过程中对于生物资源实时数据掌握的需要。我国海洋牧场生物资源的调查以传统工具为主。其中，浮游植物、浮游动物、鱼卵和仔稚鱼的调查分别以浅水Ⅲ型、Ⅱ型和Ⅰ型浮游生物网为主要调查工具，大型底栖动物的调查主要通过采泥器采集泥样进行调查，鱼类等游泳动物的调查则以传统的拖网、流刺网、地笼为主。以上调查过程不仅耗时费力，而且准确性还较低。

美国和以色列研发了分辨率达2.2微米的珊瑚原位监测技术与设备，建立了珊瑚水下原位显微成像系统，能监测6～13微米的生物。我国和美国合作研发了分辨率达3～30微米的浮游生物原位监测技术与设备，建立了浮游生物水下原位显微成像系统，能监测20～150微米的浮游生物，并在黄渤海、东海、南海、深圳湾以及白令海进行了长时间的海试，设计并发展了基于神经网络调节的浮游动物图像自动识别系统，对水母类、箭虫类和桡足类的分类准确率大于80%。另外，国内学者还研制了 LED 同轴数字全息显微浮游生物成像系统，通过将流式细胞技术与显微成像技术结合，研制了浮游生物粒径谱测定系统。

对于海洋牧场鱼类生物资源的监测，国内学者研发了海洋牧场鱼类自动识别与计数系统，可对海洋牧场海底实时视频及一般视频进行读取分析，自动识别视频中鱼类种类并进行计数，但目前仅可识别鱼类种类及数量，对鱼类体长及重量仍难以判别，相关功能仍有待研究开发；国内学者还研发了海洋牧场生物资源声学监测与评估系统，方便灵活，可通过浮标方式布放或搭载在无人船或无人潜航器上，主要用于监测鱼类资源量时间和空间变化，但尚不能监测鱼类的种类和大小，资源量监测的准确性也有待提高。

截至目前，除了少数几款科研样机，业界还未出现成熟的商业化大型底栖动物水下识别设备。我国自主研发的首套深海三维激光扫描系统，随"发现"号遥控无人潜水器（ROV）下潜到我国南海 1 100 米深的冷泉区域进行了三维激光扫描，成功获取了 57 万多张海底高清图片，获得了我国南海冷泉区域 25 000 多米^{2}的与真实海底地形融合的生物、地质分布实景图，初步研究了水下目标物的高光谱特性和分类识别算法。挪威 Norwegian University of Science and Technology（NTNU）的科研团队研发了 1 套水下高光谱成像仪，搭载无缆水下机器人（AUV）和 ROV 对水下矿物进行了高光谱成像分析，但是该水下高光谱仪主要针对不同类型的水下矿物进行识别分类，尚未建立针对水下不同生物的数据库和分类识别方法（张涛等，2020）。

三、监测平台

国内外在线监测平台虽不断发展，但专门应用于海洋牧场、人工鱼礁等生态环境和渔业资源的综合性在线观测平台极少。尤其是，极其重要的、能反映渔业资源的水下视频监视功能没有广泛应用到在线监测技术之中。随着我国"海上粮仓"建设的实施，我国大力推进海洋牧场建设，如何保障海洋牧场建设的生态安全，也越来越受到关注。解决海洋牧场建设发展过程中存在的水下生态环境无法监视、监测等难题，成为海洋牧场监测的迫切需要。海洋牧场综合观测平台的建设是海洋牧场监测技术的发展趋势之一，在线监测的数据和视频能够科学地揭示海洋牧场尤其是海底鱼礁区的环境和资源质量及发展变化趋势，具有及时、准

确、可靠、全面等特征（刘辉等，2020）。

山东省自 2015 年以来，率先建立海洋牧场观测网，其核心设备为有缆在线观测系统，并根据需求集成搭载多参数水质仪、多普勒流速剖面仪、水下高清摄像头等观测设备，实现海洋生态要素（如温度、盐度、溶解氧、叶绿素、流速、营养盐等）和生物群落（水下实况视频）的长期实时在线监测和记录。相比于传统的在线观测方式，其具有以下优点：①能实现海洋牧场生态指标的高频连续实时在线原位观测；②能实现对水下生物群落的实时连续在线视频监视；③系统稳定性和可靠性强，且布放简单，维护方便。经过多年技术研发和积累，观测网装备和技术的自主化、国产化也迈上新的台阶，观测网已配备自主研发的水下 LED 照明灯、水下高清摄像机，多参数在线监测相关设备也在自主研发中。观测网设备和技术的自主化和国产化将大大降低观测网建设和维护成本，有利于观测平台的高质量建设与发展。

截至 2020 年，山东省海洋牧场观测网已覆盖 24 处海洋牧场，连续稳定运行 5 年，实现了海洋牧场海域生态环境、水下渔业资源和自然灾害的"可视、可测、可控、可预警"，为山东省现代化海洋牧场的高质量建设和发展提供了有力支持，其建设现状及生态效应对全国海洋牧场信息化建设具有重要的借鉴意义。

第五节　效果评估技术

国外主要从生物补充量、生态影响、经济效益等方面开展海洋牧场建设效果评估，评估尺度主要基于种群水平，评估内容包括放流群体回捕率评估、放流群体对渔获量贡献率评估、增殖放流活动经济收益评估、放流群体对野生群体的遗传效应评估、放流群体对具有食物竞争作用种群的影响评估等（Shuichi，2018）。国内更加重视生态系统水平的海洋牧场建设效果评估，评估方法主要基于模糊评价的层次分析法（赵新生等，2014），比较海洋牧场建设前后生态系统水质、组成生物、生物量、生物群落结构组成、初级生产力等方面因子变化情况，通过赋值各分析因子的权重，综合评价海洋牧场建设效果。该方法尽管包含的评价因子较全面，但是赋值过程具有很强的主观性，而对生态系统核心的能量流动、物质循环特征、食物网组织结构特征、系统发育状态等方面特征缺乏评估，因此该评估方法具有很大的局限性。

目前中国海洋牧场的建设效果评估主要是从物种生物量多少和生物多样性角度评估。由于海洋牧场是基于生态学原理的，因此海洋牧场的建设效果评估应该更多从生态系统角度进行评估。目前世界范围内关于生物资源评估的常用生态模型主要有四类：基于个体生长模型，如EnhanceFish模型；生物物理模型，如NPZ、ROS模型；生态-经济模型，如Atlantis模型；营养动力学模型，如Ecopath with Ecosim and Ecospace模型。其中，Ecopath with Ecosim and Ecospace模型可以实现对海洋牧场食物网结构、空间地理结构、生态系统时空动态模拟、管理策略效果、经济产出预测等方面进行有效模拟，在海洋牧场建设效果评估方面具有良好的应用前景（Christensen等，2004）。

一、基本要求

（一）评估内容

海洋牧场评估主要包括海洋牧场生态效益、社会效益、经济效益、生物承载力、生态系统健康状况、最大持续产量和增殖潜力评估等，预测主要包括生物资源动态变化和海洋牧场发展趋势。目前我国海洋牧场的评估主要是从物种生物量多少和生物多样性角度评估。由于海洋牧场是基于生态学原理构建的半人工生态系统，因此应该更多从生态系统角度进行海洋牧场评估。

（二）调查方法

海洋牧场建设后，根据SC/T 9417—2015、SC/T 9102.2和GB/T 12763规定，定期监测海洋牧场生物生长、分布、种群结构、生物群落结构、生态系统结构功能及环境因子等；利用现场走访、问卷调查、资料搜集等方式调查海洋牧场建设取得的经济和社会效益。

二、评估技术

（一）生态、经济和社会效益评估技术

（1）生态效益评估技术　通过开展海洋牧场建设后跟踪调查，分析海洋牧场物种生态位、生物群落结构、水质、底质环境特征、食物网结构和生态系统结构功能特征等，综合分析海洋牧场生态效益。

（2）经济效益评估技术　通过调查研究，计算海洋牧场增殖放流回

捕率、海洋牧场建设投入产出比等，综合分析海洋牧场建设的经济效益。

（3）社会效益评估技术　通过调研、分析海洋牧场建设后渔民增收情况，新增就业情况，采捕、加工、游钓等一二三产融合情况，综合分析海洋牧场增殖放流社会效益。

（二）生物承载力评估技术

国外生物资源恢复潜力评估技术包括经验研究评估和模型评估技术。经验研究评估技术主要通过利用标记放流活动，研究增殖放流生物对应野生种群数量大小和被捕食者生物的影响，进而判断放流区域某一增殖物种的增殖潜力。该方法由于仅基于经验性数据推断，评估结果准确性较低。模型评估技术主要有种群水平和生态系统水平的模型。种群水平模型通过模拟种群生活史动态及其与其他种群之间的捕食关系定量或定性分析种群恢复潜力，主要运用种群动态模型有 Predatory Impact 模型、Ecophys Fish 模型、Delta Smelt 个体生长模型和 Enhance Fish 模型（Taylor 和 Suthers，2008；William 等，2010；Rose 等，2013）。基于生态系统水平的模型评估主要以 Ecopath 模型为工具，在构建海洋牧场生态系统 Ecopath 能流模型基础上，评估生物承载力，利用承载力评估结果推算增殖生物恢复潜力。国内对于恢复潜力的评估研究较少，相关的研究也主要是以 Ecopath 模型为工具评估海洋牧场经济种类生物承载力和生态系统中不同生物间的能量传递效率，继而选择海洋牧场合适的增殖种类并确定增殖数量。从生态系统水平出发，综合考虑增殖活动对海洋牧场建设区生物资源、经济、生态和社会效益的综合评估模型，系统评估生物恢复潜力，是当前恢复潜力评估技术的发展趋势。综合 Ecopath 模型与水文动力学模型，综合评估生态系统生物承载力，是基于 Ecopath 模型开展恢复潜力评估技术的未来发展方向。

（三）生物资源动态模拟技术

目前国内外海洋牧场生物资源的动态模拟技术均处于初始发展阶段。模拟方法主要基于种群尺度的模型动态模拟技术。主要评估模型有 Delta Smelt 个体生长模型、Predatory Impact 模型等。基于个体生长的模型通过模拟某一生物种群繁殖、生长、运动、死亡等生活史过程，对单个生物种群的生活史过程模拟较为详细、准确，而对海洋牧场生态系统整体结构变化考虑较少。

目前基于生态系统的海洋牧场生物资源动态模拟与预测技术也逐渐出现，主要以 Ecopath with Ecosim（EwE）模型为研究工具。利用 Ecosim 模型在时间尺度上模拟生态系统在环境变化或者捕捞等驱动因素下的结构、功能变动情况，以及通过评估海洋牧场不同区域生物承载力大小，利用 Ecospace 模型模拟海洋牧场生态系统在不同空间位置上的生物资源、生态系统结构功能变动情况。

国际上对 EwE 模型在模型建立和应用验证方面都有很高的认可度和准确性，已经在对海洋保护区等海洋生态系统管理方面有广泛的应用，但目前在对海洋牧场生物资源的时空动态模拟与预测方面还应用较少，并缺乏系统深入的研究。基于该模型的海洋牧场生物资源动态模拟与预测技术将是未来一段时间内动态模拟与预测技术的发展方向。基于 EwE 模型方法的生物资源时空动态模拟与预测可以为海洋牧场捕捞管理、灾害预测等方面提供建议。

第六节　科学采捕

制定科学合理的采捕策略是促进海洋牧场可持续发展的重要保障。超出海洋牧场生物资源产出能力的采捕量，一方面可能使海洋牧场由于过量采捕而资源枯竭；另一方面，由于海洋牧场相比周边海域饵料与栖息环境条件更好，对鱼类等生物有较强吸引力，过量采捕可能使海洋牧场成为诱捕周边渔业生物的陷阱，反而进一步加剧牧场及周边海域生物资源的衰竭，这明显与我国海洋牧场建设目标相悖。

海洋牧场生物资源的采捕，必须在科学评估牧场资源产出能力和制定科学合理采捕策略的基础上进行。国际上对海洋牧场资源产出能力的评估，大多通过调查捕捞物种饵料资源量，基于饵料资源评估牧场物种产出量。由于我国海洋牧场往往包含贝类、甲壳类、鱼类和头足类等多种经济种，物种之间通过食物网能流传递等作用互相影响资源量，通过单一食物链能量传递作用评估生物资源产出量，并不能满足对多物种资源采捕策略的要求。基于生态系统水平，综合食物网、水动力、生态系统能量平衡等各方面因素评估各生物资源产出能力，制定我国海洋牧场科学合理的采捕策略是未来发展趋势。

一、基本要求

（一）采捕目的与原则

基于生态系统水平评估经济物种最大种群量（生物承载力），并利用最大持续产量（Maximum sustainable yield，MSY）理论，设定捕捞产量为最大种群量一半时为最适采捕量，制定各物种采捕策略，是当前我国海洋牧场科学采捕策略制定的可行方法。然而，从理论上获得的MSY仅是一个平均状态值，实际最大持续产量却具有动态性质。因此，可持续采捕策略的制定，还需要综合考虑资源、环境的变化等方面因素的影响，对最大持续产量作出进一步限定或修正。对于科学采捕策略的制定，还有待进一步的研究。

增殖型海洋牧场采捕目的为开展渔业生产、科普教育、娱乐休闲等。科学采捕应当遵守最小可捕规格原则、总允许渔获量或最大经济渔获量原则。同时，采捕活动应取得捕捞许可，并遵守相关管理规定限定的作业类型、渔具、场所、时限、采捕种类、规格、限额等要求。

（二）采捕对象

采捕对象为恋礁性种类，或经济价值高的种类，或目前主要大规模增殖放流的种类。在海洋牧场区采捕天然渔业资源时，应取得捕捞许可，并符合国家相关管理规定。

二、采捕技术

（一）采捕方式

按 SC/T 9416—2014 中 7.2.4 的要求制定适度采捕方式。包括钓具（定置延绳钓、手钓）、刺网（三重刺网、单层刺网）、笼壶类及潜水采捕等适合海洋牧场水域作业的采捕方式。禁止采用拖网、张网作业等破坏海洋牧场渔业资源、生态环境及设施装备的渔法进行采捕；休渔期仅可使用钓具和潜水采捕。常见种类的采捕方式参照表 3-5 执行。

（二）采捕时间

按目标种的洄游习性和昼夜活动规律确定采捕时间。潜水采捕、刺网、笼壶类等使用网渔具的禁捕时间与国家规定的伏季休渔期同步。海洋牧场增殖资源在禁渔期采捕应获得捕捞许可，另外，海洋牧场采捕时间宜避开采捕对象的产卵时期。

（三）采捕规格

海洋牧场渔业资源可捕规格的定义为：为保护渔业对象幼体免遭不合理捕捞，针对其允许渔获个体长度或体重所作的限制性规定。通常可捕规格遵循最小可捕规格原则。最小可捕规格定义为：海洋捕捞生产活动中，可允许捕捞的渔获个体的最小长度或体重。由于我国海洋牧场多建于近海浅水区域，礁区资源生物多为幼体，为充分发挥鱼礁区的产卵场和育幼场功能，并充分考虑可行性和可操作性，最小可捕规格的确定应遵循以下原则：①大于最小性成熟体长（科学性）；②小于等于渔获优势组的平均体重（可行性）；③在初次性成熟体长范围内或大于初次性成熟体长；④大于等于50%性成熟体长；⑤小于等于8月16日或9月1日（休渔期结束）开捕时的平均体长、体重。表3-5列出了我国海洋牧场27种主要采捕种类的最小可捕规格及采捕方式。

表 3-5　我国海洋牧场主要采捕种类的最小可捕规格及采捕方式

主要采捕种类	最小可捕规格	采捕方式	主要采捕海区
紫海胆（*Anthocidaris crassispina*）	45 毫米（壳长）	潜水	东海区、南海区
仿刺参（*Apostichopus japonicus*）	130 克（湿重）	潜水	黄渤海区
糙海参（*Holothuria scabra*）	220 毫米（体长）	潜水	南海区
花刺参（*Stichopus herrmanni*）	310 毫米（体长）	潜水	南海区
皱纹盘鲍（*Haliotis discus hannai*）	70 毫米（壳长）	潜水	黄渤海区
杂色鲍（*Haliotis diversicolor*）	60 毫米（壳长）	潜水	南海区
脉红螺（*Rapana venosa*）	60 毫米（壳高）	潜水	黄渤海区
角蝾螺（*Turbo cornutus*）	70 毫米（壳高）	潜水	东海区
大珠母贝（*Pinctada maxima*）	200 毫米（壳长）	潜水	南海区
日本蟳（*Charybdis japonica*）	60 毫米（甲壳宽）	笼壶类	黄渤海区
锈斑蟳（*Charybdis feriatus*）	80 毫米（甲壳宽）	笼壶类	南海区
红星梭子蟹（*Portunus sanguinolentus*）	100 毫米（甲壳宽）	笼壶类	南海区
曼氏无针乌贼（*Sepiella japonica*）	75 克（体重）	刺网、笼壶类	东海区
日本枪乌贼（*Loligo japonica*）	30 毫米（胴长）	刺网、笼壶类	南海区
许氏平鲉（*Sebastes schlegelii*）	270 毫米（体长）	钓具、刺网、笼壶类	黄渤海区、东海区
大泷六线鱼（*Hexagrammos otakii*）	190 毫米（体长）	钓具、刺网、笼壶类	黄渤海区
黑鲷（*Acanthopagrus schlegelii*）	200 毫米（体长）	钓具、刺网、笼壶类	黄渤海区、东海区、南海区
褐牙鲆（*Paralichthys olivaceus*）	300 毫米（体长）	钓具、笼壶类	黄渤海区

（续）

主要采捕种类	最小可捕规格	采捕方式	主要采捕海区
花鲈(*Lateolabrax maculatus*)	350 毫米(体长)	钓具、刺网	黄渤海区
赤点石斑鱼(*Epinephelus akaara*)	150 毫米(体长)	钓具、刺网	东海区
真鲷(*Pagrosomus major*)	150 毫米(体长)	钓具、刺网、笼壶类	东海区、南海区
条石鲷(*Oplegnathus fasciatus*)	150 毫米(体长)	钓具、刺网、笼壶类	东海区
黄鳍鲷(*Sparus latus*)	150 毫米(体长)	钓具、刺网、笼壶类	东海区、南海区
褐菖鲉(*Sebasticus marmoratus*)	100 毫米(体长)	钓具、刺网、笼壶类	东海区、南海区
二长棘鲷(*Parargyrops edita*)	110 毫米(体长)	钓具、刺网、笼壶类	南海区
金钱鱼(*Scatophagus argus*)	150 克(休重)	钓具、刺网、笼壶类	南海区
长蛇鲻(*Saurida elongate*)	180 毫米(体长)	钓具、刺网、笼壶类	南海区

（四）采捕数量

应依据海洋牧场类型、建成时间和资源量评估数据收集情况，选择适宜的方法确定采捕量：①调查监测资料不足，未开展海洋捕捞限额试点区域，可根据海洋牧场 3～5 年资源量变化趋势，参照上一年采捕量或近几年采捕量的平均值确定当年采捕量；②在开展海洋捕捞限额试点区域，可参照当地特定鱼种限额捕捞工作方案，根据海洋牧场渔业资源调查和评估结果，基于捕捞量低于渔业资源自然增长量原则，确定当年采捕量；③具备系统调查监测资料，被列为科研示范区的海洋牧场，可通过构建 Ecopath with Ecosim（EwE）模型，根据 EwE 模型估算采捕种类的生物承载力，结合不同渔业管理策略下采捕种类的资源量变化情况确定当年采捕量。

第四章

典型海洋牧场建设实例

第一节　河北省祥云湾海域海洋牧场

一、海洋牧场基本情况

（一）发展概况

祥云湾海域海洋牧场位于京唐港南防沙堤南侧（图 4-1），管理单位为唐山海洋牧场实业有限公司，海洋牧场总面积达 2 万亩，2015 年

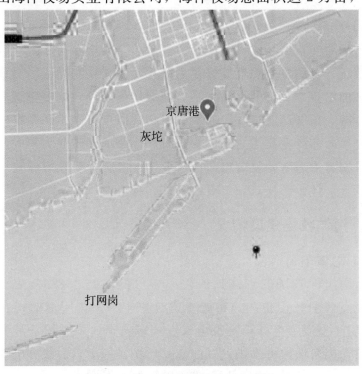

图 4-1　祥云湾海域海洋牧场位置图

（图片来源：唐山海洋牧场实业有限公司）

获首批国家级海洋牧场示范区称号，截至 2020 年初已建人工鱼礁区 4 000 亩，投放各类贝藻礁 38.92 万空方，其中，钢筋混凝土构件礁 5.44 万空方，花岗岩石礁 33.48 万空方。建造小型垂钓平台 18 座，科普旅游平台 1 座，监测平台 1 座。多年来，持续在海洋牧场开展鱼类、贝类、海参等生物资源的增殖放流。

（二）自然条件

祥云湾海域正对渤海口门，自古以来就是鱼类产卵、索饵及洄游的重要栖息场，具备培植渔场、恢复渔业资源的良好条件。海洋牧场水深在 7~16 米，地势平缓。底质类型以砂和粉砂两种类型为主，沉积物粒径随离岸距离增加逐渐变细，并向粉砂过渡。海域潮流为不规则半日潮，基本平行于海岸的往复流，大小潮涨潮最大流速分别可达 0.77 米/秒和 0.65 米/秒。海域水质情况整体较好，溶解氧、化学需氧量、pH、石油类、重金属、活性磷酸盐和无机氮浓度等指标绝大部分都在国家二类水质标准及以上。

（三）功能定位

祥云湾海洋牧场是以资源养护为基础，兼具增殖与休闲功能的综合型海洋牧场，以海洋生态环境修复为宗旨，以深耕海洋牧场为理念，按照"突破前沿技术、提升装备水平、确保质量安全、修复生态环境、养护渔业资源、拓展产业空间"的发展思路，以贝藻礁生态系统建设为手段，以创新海洋产业联盟为载体，以海洋休闲渔业体验为辐射，以拓展跨界式价值链为追求的复合型海洋产业生态系统，打造海洋牧场建设发展新模式——祥云湾模式。

二、海洋牧场建设情况

（一）总体布局

祥云湾海洋牧场的礁体投放按不同目的与技术要求，设置成点、线、面互有区别又相联系的布局方式（图 4-2）。选用钢框岩石附着礁和 16 孔中小型混凝土沉箱藻礁组成点式单位礁；采用断条带型贝藻礁体，为贝藻类自然繁育提供良好的生存环境，基于点、线式礁体投放基础，综合考虑体结构、表面积、礁间隙、海流等因素，形成面式投放格局（彩图 51）。

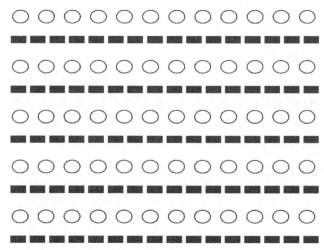

图 4-2 海洋牧场点线面布局模式

（图片来源：唐山海洋牧场实业有限公司）

（二）海藻场建设

祥云湾海洋牧场与京唐港西部 5 千米挡浪堤相邻，在挡浪堤湾区内已形成适宜藻类生长的环境，鼠尾藻长势良好。堤坝区海藻场的存在表明祥云湾海洋牧场海藻床建设存在独特之处，其无需人工育苗、栽培、移植等，只要具备必需的引渡通道，就可以在毗邻海域进行自然繁育。祥云湾海洋牧场海藻床建设方案如下：

1. 环带状藻床附着基建设

礁体由钢结构框架、岩石和缝隙组成，与京唐港西挡浪堤相接，围成间断性、相对封闭稳定的海湾。礁体附着基高度随着水深变化，以满足藻类光照需求为基准，同时减缓涌浪湍流，保持水质的相对清洁，为藻类提供生长繁育的基础条件，并为其他渔业生物提供产卵场（彩图52）。

2. 网链状藻床附着基建设

在环带状藻礁附着基围成的核心区内，以网格式投放沉箱，形成链状式藻礁群，其作用是以链状形态引渡海藻孢子，使其得以蔓延着床形成假根，以满足多种海藻生长所必要的光照和附着载体（彩图 53），同时又可为众多海洋生物幼体提供蔽敌、索饵以及产卵、孵化、栖息的生活环境，增殖渔业资源。

3. 藻林自持有性繁殖

依靠马尾藻等大型海藻的自持有性繁殖，通过环带状藻床附着基链

状引渡，使无数孢子附着在牡蛎礁的贝壳中，自然生长、繁衍，形成稳定的全覆盖式海藻林生态（彩图54）。

（三）海草场建设

祥云湾海洋牧场管护单位在牧场周边海域通过良种植株移植方式开展海草场修复与保护，成功移植海草60公顷。通过声呐探测，祥云湾海洋牧场周围海域鳗草海草床总面积为29.17千米^2。

（四）牡蛎礁建设

1. 中矩形混凝土构件礁

（1）8孔沉箱　单个礁体为1.8米×1.8米×1.7米，厚度0.12米，沉箱4面各设2个宽0.4米、高1米的透水孔，顶口为敞开式（彩图55）。

（2）12孔沉箱　单个礁体为1.8×1.8米×1.7米，沉箱上各设2个宽0.4米、高0.15米的透水孔，吊装空为边长0.15米的方形，顶口为敞开式（彩图56）。

（3）16孔沉箱（方孔）　单个礁体为1.8米×1.8米×1.7米，厚度0.12米，沉箱4壁上各设4个宽0.4米、高0.4米的透水孔，顶口为敞开式（彩图57）。

（4）16孔沉箱（椭圆形孔）　单体1.8米×1.8米×1.7米，厚度0.12米，沉箱四壁各设4个为宽0.4米、高0.3米的透水孔，顶口为敞开式（彩图58）。

2. 大方多孔混凝土贝藻礁

礁体为4米×4米×4米，厚度0.1米，沉箱4壁上各设8个宽0.5米、高1.5米的透水孔，顶口为敞开式（彩图59）。

3. M形混凝土贝藻礁

礁体为4米×1.8米×1.8米，厚度0.2米，5个M形礁组成一座大型礁体（彩图60）。

4. 花岗岩块石贝藻礁

单块花岗岩石块直径大于0.6米，每块重量大于100千克。圆台型钢筋板框上底直径4米，下底直径8米，高3米，从上到下每0.5米焊接一道钢筋圆环，板框中间填充花岗岩石块（彩图61）。

（五）资源增殖

2019年增殖海参苗10吨，在5月或10月、11月进行底播，放苗密度根据苗种大小、藻礁规模等条件决定，一般每平方米投放 5～10头。2013—2016 年在 3 000 亩种源核心区底播魁蚶 3 670 万粒，撒播密度 15 粒/米^2。祥云湾海洋牧场共放流许氏平鲉苗种（体长 4～5 厘米）500 万尾。增殖放流前，按照相关规范开展本底调查，制定放流策略。

三、海洋牧场管理运营模式

（一）管理模式

历经十余年的探索实践，祥云湾海洋牧场始终坚持"政产学研用"合作模式，采用"众包式产业联盟、一站式服务平台"的管理模式，通过为失海渔民提供海域、设施、技术、保险等条件，充分发挥渔民海上作业经验，带动渔民转产就业。强化科技顶层设计，多方引进科技战略协作伙伴，成立河北省近海生态修复工程技术研究中心，与 8 家国家级专业院所签订了合作协议，建立了"中国科学院海洋研究所唐山蓝色粮仓研究中心""自然资源部（原国家海洋局）第一海洋研究所科研示范基地"等 10 个科研基地，与多家技术支撑单位的科研人员组成技术领导小组，负责海洋牧场建设的规划设计、技术指导、跟踪监测等工作。管护单位下设技术创新中心、行政办公室、项目部、工程部、生产部等，各部门分工明确，确保海洋牧场建设的顺利开展。祥云湾海洋牧场管护单位还制定了《唐山海洋牧场礁区管理制度》《祥云湾海域国家级海洋牧场示范区渔业生产捕捞制度》《唐山海洋牧场安全生产规章制度》等。

（二）运营模式

祥云湾海洋牧场始终坚持以深耕海洋牧场为目标，主要从事海洋生态修复及海域资源的综合开发与利用两大业务板块。生态修复技术主要为贝藻礁生态系统重构技术，海域资源综合开发利用主要包括"祥云岛"海参等品牌海产品、"海洋牧场主题"旅游定制服务、"海洋尉队"科普研学活动等。

（1）增殖生产　祥云湾海洋牧场主要通过自然增殖和人工放流两种手段带动生产。通过投放各类贝藻礁体，移植大型藻类，恢复海底藻林，茂盛的"牡蛎山"和"海藻林"重现，海洋生物多样性日渐丰富；通过人工底播海参、魁蚶等适宜品种，带动渔业捕捞生产。

（2）品牌推广　为整体提升海洋牧场形象，加强品牌建设，打造了"祥云湾""祥云岛""海洋牧场主题"等多个宣传品牌，注册了多个品类进行知识产权保护。

（3）旅游观光　依托渔业生产设备设施，衍生海上采摘、海上垂钓、海上乐园、海洋休闲等游乐项目，深化休闲渔业发展，促进海洋文化旅游产业、健康养生产业、海鲜餐饮产业的发展，建设京津冀共享的海洋公园。联合发起"海洋小卫士""山里孩子来看海"等系列海洋环保公益活动，让京津冀青少年通过亲身参与海洋环保活动，拓宽视野与胸怀，提升海洋意识与科学认知。

（三）特色产品

祥云湾海洋牧场在取得良好生态效益的基础上，依托牧场内丰富的生物资源、将生态修复、渔业增殖、水产加工、休闲渔业等产业融合，打造循环经济，发展多产融合产业链，已形成"祥云参""祥云虾"等多个海洋牧场品牌，成为远近闻名的高端海产品。

四、海洋牧场建设成效

（一）经济、社会及生态效益

1. 生态效益

祥云湾海洋牧场中大型海藻的生物量约为 145 克/米^2，主要着生藻类为：鼠尾藻、裙带菜、海黍子、孔石莼。大型藻类吸引大量班头鱼、方氏云鳚、日本眉鳚、六线鳚等鱼类索饵、栖息。调查发现，该海洋牧场藻场中鱼类生物量约为 1.95 克/米^2。牧场建设海域重点增殖物种许氏平鲉、脉红螺、日本蟳的资源量明显高于对照区；许氏平鲉在夏、秋季分别达到 2.07 克/（网·天）和 6.76 克/（网·天）；日本蟳在夏秋季分别为 274.86 克/（网·天）和 132.43 克/（网·天），达到对照区的 5.96 倍和 3.19 倍；礁区生物多样性指数高于对照区。目前祥云湾海洋牧场建设海域已重现生机盎然的牡蛎礁群和海底藻林，海域生物量较非藻礁海域提高了 44 倍。在牧场区发现了已经消失十余年的绿鳍马面鲀鱼群，且不时发现经济价值较高的舌鳎类、鲳类、真鲷等个体，综合生态效果显著。

2. 社会效益

祥云湾海洋牧场为渤海生态环境修复探索了一条具有科学依据的技

术支撑之路，促进我国海洋生态修复产业的形成，为我国近岸浅海综合管理、政府规划与决策、相关科研提供支撑。组建"金字塔"产业联盟，将为渔民和转型企业提供新的生产方式和养殖空间，在设施、保险、资金、技术等方面提供支持，扩大就业，普惠民生。

3. 经济效益

2019 年祥云湾海洋牧场水产品总产出 155 吨，其中海参 45 吨，蟹 20 吨，海螺 50 吨、鱼类 5 吨，总产值约 1 445 万元。通过开展渔船出海观光、海上垂钓、科普研学、海上餐饮等休闲渔业，实现年接待游客 3 万余人，年产值约 720 万元。海洋牧场生态系统服务功能具有较高的经济价值，以贝藻礁附着牡蛎生物量 23.97 千克/米^{2}计算，单位面积固碳量 2.42 千克/米^2，贝藻礁生态系统固碳量 4.70 千克/米^2。大型海藻生物量 145 克/米^2，为贝藻礁生态系统输入 1 432.60 克/（米^2·天）有机物质。贝藻礁生态系统总流通量、总初级生产力、总生产力和总生物量值分别是修复前的 6.03 倍、5.03 倍、5.34 倍和 44.04 倍，年经济收益为修复前的 7.83 倍，资源增殖产生经济效益 3 675 万元，新增效益 1 785万元。

（二）主要成功经验

1. 秉持因海制宜、生态优先的发展理念

河北祥云湾海洋牧场立足资源和区位优势，以祥云湾海区生物资源养护为核心，以贝藻礁建设为栖息地修复关键手段，构建祥云湾海洋牧场生态系统。利用京唐港西部 5 千米挡浪堤及湾区内形成的海藻场，通过"引渡通道"及环带状藻床附着基等技术措施将堤坝区的海藻资源自然增殖到毗邻海域，藻场建设取得明显效果，海域生境得到了有效修复，同时养护了区域内的生物资源。

2. 建立健全组织机构，强化海洋牧场管理

通过整合资源、培育主体、加强扶持、强化服务，建立健全组织机构，强化海洋牧场管理，在"众包式产业联盟，一站式服务平台"的商业运作模式基础上，进行联盟组织的深入探究，形成"牧场＋协会＋其他社会组织"的全新体制。

3. 注重科技支撑，科学化建设海洋牧场

积极与国内多家海洋科研机构合作，坚持走产学研企结合的发展道路。从海洋牧场的规划设计、总体布局、产品研发孵化到成果转化、规

模化生产，形成了多层级、全方位科技支撑的完备体系。

4. 三产融合，拓展海洋牧场产业链

制定了"运营主体＋"机制，通过提供基础公共服务和高端定制服务，引进一二三产相关企业组织，延伸海洋牧场产业链，吸纳整合相关农业经营主体，带动海产品养殖、加工、交易、休闲渔业等多个产业融合发展，实现海洋牧场社会效益最大化。

第二节　山东芙蓉岛西部海域海洋牧场

一、海洋牧场基本情况

（一）发展概况

山东芙蓉岛西部海洋牧场位于山东省莱州市莱州湾芙蓉岛西部海域（图 4-3），总海域面积 10 795 公顷，中心坐标点为 37°18′40.97″N、119°40′15.97″E。海洋牧场管护建设单位为山东蓝色海洋科技股份有限公司。芙蓉岛西部海洋牧场从 2015 年开始人工鱼礁建设，截至 2019 年底，累计投放鱼礁 140.8 万空方，其中钢筋混凝土预制构件礁 3.1 万空方，石块礁 137.7 万空方。

图 4-3　芙蓉岛西部海洋牧场海域位置
（图片来源：山东蓝色海洋科技股份有限公司）

（二）自然条件

海洋牧场所属海域为不规则半日潮，潮流的主流轴向是 SW—NE 向，大潮期间最大流速 0.39～0.58 米/秒，中潮、小潮期间最大流速只有 0.28～0.32 米/秒。海洋牧场水深在 16～18 米，地形自东至西略微倾斜。海底地貌类型为砂质浅滩，向海逐渐过渡为中细砂、粉砂黏土。海洋牧场海域溶解氧、无机氮、石油类等指标均符合二类海水水质标准的要求。沉积环境中有机碳、硫化物、石油类、重金属均符合第一类沉积物标准。

海洋牧场海域调查中共鉴定出浮游植物 24 种，平均细胞数为 1.99×10^6 个/米^3。鉴定出浮游动物 19 种、浮游幼虫 15 类，合计种类 34 个。其中浮游动物成体分别隶属于原生动物门、节肢动物门、刺胞动物门、毛颚动物门和尾索动物门等。大中型浮游动物的平均生物量为 745.25 毫克/米^3。发现底栖生物 41 种，其中多毛类 20 种，甲壳类 12 种，软体动物 9 种。底栖生物的栖息密度为 175～1 255 个/米^2。优势种为海萤和小头虫，重要种有豆形拳蟹、彩虹明樱蛤、钩虾类、寡节甘吻沙蚕、细螯虾和不倒翁虫等。共鉴定潮间带生物 15 种，其中，多毛类 8 种，软体动物 4 种，甲壳类 3 种。平均栖息密度为 1 124 个/米^2，平均生物量 114.51 克/米^2。共出现渔业资源种类 45 种，其中，鱼类 27 种，甲壳类 15 种，头足类 3 种。优势种为枪乌贼、矛尾虾虎鱼、斑尾刺虾虎鱼和口虾蛄。重要种有鲅、日本鲟、三疣梭子蟹、鲬、短吻红舌鳎等，常见种有短鳍鲔、隆线拳蟹、葛氏长臂虾、短蛸、假睛东方鲀、小带鱼等。

（三）功能定位

芙蓉岛西部海洋牧场建设以资源养护和生态保护为宗旨，通过修复莱州湾近海生态系统、增殖莱州湾特有名贵水产品，结合当地传统文化和自然风光，形成集环境修复、资源养护、水产品加工、休闲渔业于一体的综合性海洋牧场。

二、海洋牧场建设情况

（一）总体布局

芙蓉岛西部海洋牧场示范区功能区分为钢渣构件垂钓区、船礁垂钓区、水泥构件礁区、网箱筏式养殖生态礁立体养殖区、底播养殖收获体验区和垂钓平台石礁区，海洋牧场布局见图 4-4。

（二）养护礁建设

根据芙蓉岛西部海域生物资源、底质、水动力等自然条件，选择适

图 4-4　海洋牧场布局图

（图片来源：山东蓝色海洋科技股份有限公司）

宜刺参、螺类栖息的石块礁、方型混凝土鱼礁投放，方型混凝土礁规格为 2.0 米×2.0 米×2.0 米（彩图 62）。

（三）资源增殖

芙蓉岛西部海洋牧场于 2012 年开始进行刺参、牡蛎、扇贝、文蛤、魁蚶、脉红螺的底播增殖，2015 年以来，累计投放中国对虾 4.2 亿余尾，梭子蟹 2 400 万只，许氏平鲉 440 万尾，底播文蛤 50 万只。2018 年开始放流单环刺螠和金乌贼，放流单环刺螠苗 2 吨、金乌贼 20 万只。累计投放虾蟹苗种 120 亿尾，鱼类 40 亿尾，刺参苗种 6 000 万头。

（四）信息化建设

芙蓉岛西部海洋牧场建立了完善的生态环境观测网，即"互联网＋海洋牧场"系统，管控指标覆盖人、船、环境、海生生物等全部生产要素。1 200 米² 现代化海洋牧场生态实验室实现了全程远程式电子化操控，拥有海陆空实时监测可追溯系统，正在打造为"陆海统筹"式以自然生产、全产业链运营、全程可追溯为核心特色的"生态高效立体增殖模式"产业链。

投资 581 万元建造了"六十里"1 号自升式多功能海洋牧场平台并投入运营（彩图 63）。该平台长 20 米，宽 20 米，深 2 米，采用 4 个长 35 米的圆柱形桩腿及液压插销式升降系统，通过风能、太阳能进行供电。该平台主要用于海上旅游休闲、观光、垂钓和水质观测等。

三、海洋牧场管理运营模式

（一）管理模式

海洋牧场管护单位制定了长期的发展规划，完善了配套制度，形成了高效的管理体制，并建立了技术创新研发体系和技术应用推广体系，以产业发展为主导技术创新，以技术创新带动产业发展，实现产业良性循环。实施人才工程建设，加强产学研合作和国际交流，吸收国内外与产业相关的技术成果，努力拓展国内外市场，形成技术开发与市场需求相适应的发展机制，实现技术开发、人才建设、经济效益的良性循环。广泛聘请相关大专院校、科研院所专家参与研究开发，定期开展专业技术培训；持续吸纳专业人才，不断扩大完善研发队伍；每年举办技术研发与生产应用交流会。设立专项经费作为海洋牧场生态环境修复技术研发资金，提高研发水平、购买先进仪器设备，并随着研究的深入逐渐提高研发资金的比例，实行考核奖励激励政策。设立专门机构对以上工作进行监督与管理，并对具体研发项目进行审议评定，组织实施。公司成立以来，不断探索并建立了以经济利益为纽带，技术优势为支撑的技术、经济和人才三方面良性循环运行机制。

（二）运营模式

芙蓉岛西部海洋牧场目前是农业农村部认定的全国休闲渔业示范基地、山东省休闲海钓基地、省级休闲渔业示范园区，几年来海洋牧场在休闲渔业方面开展了多种类型的活动。每年在固定时间举办 5 种活动。以"天然的海，自然的参"为主题的"六十里海参文化节"于每年 4—5 月举办。通过"海参捕捞节"，让民众知晓海参的习性、生长状态，如何鉴别真假海参。体验下海捕捞海参，参观捕捞作业、加工生产等重要环节，让民众知道选择"六十里"系列海参，品质更有保障。"休闲渔业海钓烧烤节"在每年 5 月举办，该活动主要是吸引当地及周边游客参与，促进休闲渔业园区品牌文化建设，加快推进休闲渔业产业发展。"休闲海钓大赛"于每年 6 月举办，通过游艇、快艇等海上运输工具，为垂钓爱好者提供竞技平台，选手自主选择垂钓方式，游钓船和陆上服务区开设专门的全鱼盛宴，为广大游钓者提供全程的美食服务。"金色蓝海，摄影大赛及增殖放流活动"于每年 8—9 月举办。通过媒体召集摄影爱好者及义务放流公益使者，从不同视角，真实记录休闲渔业基地

奋发进取的风采，生动反映活动人员立意高远，共同建设生态友好型海洋，达到保护海洋资源的目的。"环保出行，单车俱乐部骑行赛"于每年"五一"劳动节期间举办，活动倡导绿色出行享受快乐的假期，增加市民的环保意识。

（三）特色产品

"六十里"品牌海参产自芙蓉岛西部海域海洋牧场，是具有"一参三码"的高端海洋牧场海珍品，获国内权威有机认证中心的实地认证，通过溯源标签，可以查询每个海参的产地、捕捞、加工情况。此外，脉红螺、单环刺螠、梭子蟹、口虾蛄、许氏平鲉等也是牧场的主要海产品。

四、海洋牧场建设成效

（一）综合效益

1. 海洋牧场生态环境改善

目前海洋牧场海域水质状况总体上良好，礁区附近集聚大量的许氏平鲉、花鲈、绿鳍马面鲀、黑鲷、真鲷、三疣梭子蟹、日本蟳、脉红螺等经济生物，渔业资源明显增加，海洋牧场已初具雏形。2018 年 9 月海域调查表明，该海区初级生产力较高，叶绿素 a 含量平均为 2.67 毫克/升；浮游植物共计 23 种，其中硅藻 21 种，甲藻 1 种，金藻 1 种，浮游植物细胞个数变化范围为 $4.0 \times 10^4 \sim 222.1 \times 10^4$ 个/米^3，浮游植物饵料丰富；浮游动物 22 种，包括腔肠动物 2 种，节肢动物 15 种，被囊动物、环节动物、毛颚动物、鱼卵和仔鱼各 1 种，浮游动物生物量在 $11.2 \sim 36.4$ 毫克/米^3，浮游动物饵料生物丰富；底栖生物 47 种，其中环节动物 21 种、节肢动物 10 种、软体动物 13 种、棘皮动物 1 种、纽形动物 2 种，生物量变化范围在 $1.07 \sim 11.72$ 克/米^2，密度变化范围在 $407 \sim 3\ 253$ 个/米^2，底栖生物饵料丰富。

2. 海洋牧场渔业产业链延伸，富裕渔民

依托礁区丰富的海珍品和海钓资源，开展游钓休闲渔业，带动旅游、食宿、交通、钓具制售、船艇修造、水产育苗等产业的发展。2019 年，休闲渔业年产值 155 万元，年接待游客人次 5 100 人次。截至目前，海洋牧场已安排就业人员 300 人，辐射带动就业岗位 500 多个。通过海洋牧场建设不仅有效地保护和增加了渔业资源，解决了渔民转业和

渔船转产问题,促进了渔业增产、渔民增收,推动莱州当地乃至全省渔业产业结构调整和渔业经济的发展。

(二)主要成功经验

山东蓝色海洋科技股份有限公司在"以互利换空间"的构想上创新提出实现合作共赢的现代海洋牧场高效持续发展模式,公司以"协同社区共同发展"的思维,合众科研、合众生产、多重分配,发挥龙头企业的带头作用,因地制宜、与时俱进,在自有确权海域的基础上,联合渔民、养殖大户、渔业合作社、小型渔业企业的确权海域,形成成块成片的集中海域,科学规划、合理开发、互利共赢。

公司采用规模化、标准化、信息化、品牌化四化一体的工业发展思路打造现代渔业。以自然生产、全产业链运营、全程可追溯、全程保姆式服务作为核心特色,以"协同社区共同发展"的思维,在统筹规划的基础上,以科研机构为支撑,龙头企业为核心,合作社为平台,渔户为主体,渔业产加销环环相扣,形成系统性、实用性、典型性较强的现代海洋牧场运营模式,实现了传统渔业经济向现代渔业经济转型升级。在具体实施中,龙头企业提供资金、技术和苗种等,渔民提供养殖海域及劳力,实行基于海域上、中层和底层使用权分离的海域流转,将周围零散的渔业资源进行整合,延长产业链,生产全程监控,保障食品安全,提高产品附加值。合作社坚持生态平衡的理念和共同富裕的担当精神,实施全生态链、全产业链、全服务链"三全"经营,实现规模的海域使用权流转,建立了"贝、藻、参"立体生态方,完成了物联网覆盖,使莱州湾海区生态明显改善,渔业资源明显增多。同时,以生态修复为基础,科学规划,实行基于全生态链构建的立体生态循环养殖,兼顾经济、社会和生态效益的统一,实现渔民增收、企业增效、政府省心、环境友好的多方共赢局面。

第三节 山东省爱莲湾海域海洋牧场

一、海洋牧场基本情况

(一)发展概况

山东爱莲湾海洋牧场是第一批 20 个国家级海洋牧场示范区之一,由威海长青海洋科技股份有限公司负责管护。爱莲湾海洋牧场位于荣成市

桑沟湾北部，爱莲湾东南部海域，东经 122°34′06.54″—122°37′21.37″、北纬 37°08′46.48″—37°10′37.20″，总面积 623 公顷（图 4-5）。2006 开始人工鱼礁、海藻场建设，截至 2019 年底，已建设人工鱼礁区 131 公顷，投放各类礁体 43 万空方，增殖藻类、贝类苗种约 2 亿单位，正在进行 53 公顷的海洋牧场建设。

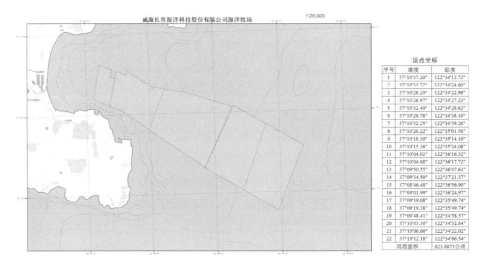

威海长青海洋科技股份有限公司海洋牧场　　　　　　　1:20,000

顶点坐标

序号	纬度	经度
1	37°10′37.20″	122°34′12.72″
2	37°10′33.72″	122°34′24.60″
3	37°10′28.20″	122°34′22.98″
4	37°10′26.97″	122°34′27.23″
5	37°10′32.40″	122°34′28.62″
6	37°10′29.76″	122°34′38.10″
7	37°10′32.25″	122°34′39.26″
8	37°10′20.22″	122°35′01.56″
9	37°10′18.30″	122°35′14.10″
10	37°10′15.36″	122°35′34.08″
11	37°10′04.02″	122°36′16.32″
12	37°10′04.68″	122°36′17.72″
13	37°09′50.55″	122°36′47.61″
14	37°09′34.50″	122°37′21.37″
15	37°08′46.48″	122°36′56.90″
16	37°09′01.99″	122°36′24.97″
17	37°09′19.08″	122°35′49.74″
18	37°09′19.38″	122°35′49.74″
19	37°09′48.41″	122°34′58.57″
20	37°10′03.30″	122°34′32.64″
21	37°10′06.60″	122°34′22.02″
22	37°10′12.18″	122°34′06.54″
用海面积		623.8873公顷

图 4-5　爱莲湾海洋牧场地理位置
（图片来源：威海长青海洋科技股份有限公司）

（二）自然条件

山东爱莲湾海洋牧场海域海水平均温度季节变化显著，变化范围在 2.32～21.23℃，年均 12.42℃。爱莲湾的潮流属于规则半日潮流，年平均高潮位 0.86 米，年平均低潮位 −0.85 米，年平均潮差 1.71 米。涌浪是海区主要存在的波浪类型，其次为风浪与涌浪相结合的混合浪，海域波浪常浪向在 NE 向，次常浪向在 ENE 向。海洋牧场海域水体环境中的营养盐、pH、盐度、溶解氧、化学需氧量、重金属、硫化物等理化指标均符合《海洋水质标准》中的二类标准。海洋牧场所在海域底质以粉砂为主。

海洋牧场海域调查显示叶绿素 a 含量，平均值为 6.10 微克/升。调查期间共发现浮游植物种类 24 种，平均为 $9.19×10^4$ 个/米^3，多样性指数平均为 2.52。浮游动物以桡足类、端足类、毛颚类、浮游幼体为主，共出现 17 种。调查海域浮游动物生物量平均为 80.2 毫克/米^3。多样性指数平均为 2.24。发现底栖动物 38 种，隶属于环节（多毛类）动物、软体动物、节肢（甲壳类）动物和纽形动物 4 个底栖动物门类，生物量平均为 13.15 克/米²。

（三）功能定位

爱莲湾海洋牧场以海珍品增殖和生态修复为出发点，通过投放各类增殖礁和生态礁，增殖放流鱼、藻、贝、参，实现海洋渔业资源修复和"海上粮仓"建设。

二、海洋牧场建设现状

（一）总体布局

爱莲湾海洋牧场充分利用"一岛挑二湾"的自然条件，在爱伦湾和桑沟湾海域布局人工鱼礁投放区、海藻场建设区、贝类增殖区、海上观光区和休闲垂钓体验区等，集科普教育、渔事体验、休闲旅游于一体，同时配备吃、住、行、游、购、娱等服务设施，"礁、鱼、船、岸、服"五配套的多功能、生态化、立体化的现代海洋牧场已初具规模（彩图 64）。

（二）人工鱼礁建设

2006 年山东寻山水产集团有限公司（威海长青海洋科技股份有限公司母公司寻山集团的前称）投资 2 856 万元，以石块礁、钢筋混凝土构件、报废渔船作为人工鱼礁开始投放。

投放大料石 99 966 米³；混凝土构件 10 347 个，129 243 空方；投放废旧渔船 20 艘，2.4 万空方，形成礁区面积为 98 公顷。2011 年威海长青海洋科技股份有限公司继续投资 2 515 万元用于海洋牧场建设，利用石块、混凝土构筑物等材料，投放人工鱼礁建设总规模 14.1 万空方，其中石块礁 10.03 万米³、混凝土构件 4.07 万空方。在"渔业油补专项转移支付项目"的资助下，开始 53 公顷的人工鱼礁区建设，截至 2019 年底，投放规格为 3.0 米×3.0 米×3.0 米的钢板箱式构件礁 987 个，共 2.66 万空方（彩图 65）。

（三）海藻场建设

爱莲湾海洋牧场致力于打造多营养层级海洋牧场典范，针对海况特征、理化环境、生物资源等自然条件，在不适合人工造礁海域，形成"海带/龙须菜-扇贝""海带/龙须菜-鲍"等不同的品种搭配方式和立体布局的筏式复合生态增殖技术，海洋牧场年可产约 6.4 万吨海带、1 万

吨龙须菜（彩图 66）。

（四）资源增殖

根据海区渔业资源实际状况，在礁区及附近海域有针对性地自主实施增殖放流。底播鲍在每年的 4—5 月，苗种规格在 3 厘米以上，底播密度平均为 2 个/米²；底播海胆在每年的 4—5 月，苗种规格约为 200 粒/千克；底播刺参为每年的 11—12 月，苗种规格为 200～300 头/千克，底播密度平均为 2～3 个/米²（彩图 67）。

（五）配套工程建设情况

2017 年，爱莲湾海洋牧场完成了"四个一"及海上平台等配套工程建设。建设了 1 300 米²海洋牧场展厅，全方位展示海洋牧场建设历程、创新成果和发展成就；建设了 360 米²海洋牧场体验馆，涉及各类育苗设施和 20 多种牧场增养殖产品、海洋牧场生态模式实景展示及科普宣传；建成了海底实时监测、海区视频在线、养殖水质监测一体化的监控室，实现了对海洋牧场生态环境的可视、可测、可控；建成自升式多功能海洋牧场平台 1 座（625 米²），配备清洁能源、生态卫生间、监控室等设施；建有 2 000 米² 的 HDPE 浮式平台 1 处（彩图 68）。

三、海洋牧场管理运营模式

（一）管理模式

为确保海洋牧场建设的顺利实施，管护单位成立领导小组负责建设过程中各项内容的具体实施和管理。同时，设立了专职团队，全面负责海洋牧场的规划建设、日常管护、运营推广等，下设项目部、日常管控部、技术部等。项目部主要负责海洋牧场建设期各项事务，包括工程招投标、监理、施工投放、质量监测等，并建立全套的完善的执行档案。日常管控部主要负责海洋牧场日常管护、定期开展海洋牧场生态跟踪调查和评估。技术部负责人工鱼礁工程，底播生物的选择等海洋牧场技术的引进、研究、开发、推广和培训等工作。运营推广部负责海洋牧场科普宣传、休闲旅游管理等，积极组织各类宣传活动。管护单位制订了《招投标制度》《生物资源养护管理制度》《技术监督管理制度》《档案管理制度》等规章制度，建立起"责任明确、管理规范、保障有力、运转高效"的海洋牧场建设和管理体制机制；严把招投标、质量管理和技术监督等关键环节制度关，实施工程监理制度，确保海洋牧场建设质量。

（二）运营模式

爱莲湾海洋牧场管护单位以"生态、友好、高效"的建设理念为核心，依托爱莲湾海洋牧场海域周边陆、海、湾、礁的自然禀赋，综合利用已有配套设施及研究成果，完善岸基配套建设，发展良种选育、苗种扩繁、生态增殖、产品加工、终端销售的完整产业链，同步发展休闲渔业、科教宣传，实现一二三产相互贯通，形成海洋牧场全方位融合发展新模式。

一是建立多营养层次立体生态增养殖模式。在适合建设生态礁的海域底层投放聚鱼型生态鱼礁，为鱼类创造良好的产卵、繁殖、栖息场所；中层以筏式方式增殖鲍、扇贝、真海鞘等海珍品；上层进行海带、龙须菜、裙带菜等藻类的增殖。在这 3 层不同生物的增养殖过程中，3 类不同生物处在不同水层，相互提供营养，"互惠互利"。海洋牧场集中连片形成了"藻-贝-鱼"多营养层次立体生态增养殖模式，实现了自然环境养分、能量、空间的高效利用。

二是打造休闲垂钓基地。通过人工鱼礁建设、增殖放流等措施，结合生态养殖，建立具有渔业资源恢复和人工增殖功能的渔场，形成一处适合海洋经济生物栖息和索饵的鱼礁群，同时建设大型深水网箱，投放鱼类 10 多种，丰富垂钓内容，打造休闲海钓示范基地。海钓包括岸基垂钓、网箱垂钓、船钓等方式，吸引了大批钓鱼爱好者走进园区（彩图69）。

三是打造科普宣传基地。牧场岸上建有展示厅（彩图 70）、体验馆、体验基地（彩图 71）等设施。通过近距离观察和体验渔事活动等方式，使游客全方位地展示了海洋牧场建设历程、创新成果、发展成就和海洋生物增养殖、生长历程。

四是打造休闲观光采摘基地。利用自升式平台和浮体平台，为游客们提供采摘、垂钓、餐饮、住宿等休闲场所，同时，购置了游艇和观光船只，让游客对生态增养殖区的鲍、扇贝、海参、真海鞘等海珍品，海带、龙须菜等藻类进行采捕体验，让游客体验捕获的乐趣。

五是打造民俗渔家宴。设有海上就餐、海边野炊和渔家宴等形式的餐饮服务。美食广场具有大型海鲜酒楼、大排档等；民俗酒店、海景房等可提供吃住一体的农家生活体验；海上平台建有餐间、休息室、卫生间等配套设施，游客们可在海风中欢畅餐饮，尽情享受"海上田园"风光。

（三）特色产品

山东爱莲湾海洋牧场年可繁育海带、鲍、栉孔扇贝、虾夷扇贝、牡蛎、海参、真海鞘等各类优良苗种 12.5 亿单位，海洋牧场年产海带、江蓠、鲍、扇贝等水产品 7 万多吨。同时，公司建立了褐藻胶生产线，进一步提升海洋牧场产品附加值和经济效益。

四、海洋牧场建设成效

（一）经济、社会及生态效益

1. 生态效益

（1）海洋牧场区水域生态环境改善　爱莲湾海洋牧场实施的多营养层级综合生态增养殖模式，由于多种生物生态功能互补、营养物质互用，有效避免了水质的富营养化，以及污染、赤潮等情况的发生，根据挪威相关单位的养殖环境监测系统评价结果，桑沟湾和爱伦湾水质经过40 多年的增养殖生产，水质一直处于优良状态。就 2019 年 11 月水质调查结果来看，海洋牧场水质优于对照区。

（2）海洋牧场区渔业资源有效增加　海底投放的人工鱼礁，为海洋生物提供了良好的繁衍生息场所，有效保护了水生生物，促进海洋生物资源的增殖和恢复。同时，通过底播增殖、放流、海藻场建设等，生态环境得到较好的修复，鱼类资源种群数和水生生物多样性持续恢复，渔获量显著增加。根据调查和渔民反映，近年来渔获物的种类、数量和个体大小都有明显提高。人工鱼礁建设的不断推进，与生态立体增养殖实现有机结合，带动了增养殖产量大幅提升，实现了经济效益和生态效益的和谐兼顾、一体化发展（彩图 72）。

2. 社会效益

（1）安置周边渔民就业　海洋牧场利用餐饮娱乐、生态景观、自然生态及环境资源，结合农业经营活动、农村文化及农家生活，将农业生产和休闲观光游憩活动相结合，吸引了大量游客，充分带动了周边餐饮、住宿、商业、交通等多个行业的发展，从而推动渔业向其他行业延伸。同时，还扩大了就业范围和容量，增加转岗转业的途径，延长了渔业产业链，提高了渔业的效益，增加了渔民收入。通过牧场的统一规划开发，形成区域性旅游景观，使周边地区生态环境和生产条件大大改善，促进社会主义新渔区建设，带动周边旅游渔村开发，增加渔民就业 600 余人。

（2）带动周边渔村发展和渔民生活改善　通过海洋牧场的规划建设，以青鱼滩村为中心，先后将周边的樊家庄、罗山寨、亮甲沟等8个村纳入统筹发展体系中，有效解决了欠发达村发展缓慢的难题，而且获得了大量的劳动力资源，为跨越式发展注入了新动力。按照城市化、现代化的发展要求，对居民社区进行了统一规划，划分为农业、工业、加工、养殖、商贸服务、居住六个功能区，并且实行了高标准、规范化的开发建设切实改善村民的居住生活环境。目前居民小区建设规模达到20万米^2，全部实行了硬化、绿化、亮化、美化，已有1 500多户村民和职工住进了整洁干净的居民楼。在社区基础设施建设方面，建成3.5万伏变电站以及自来水厂、学校、医院、商贸市场、休闲广场等场所和设施，大幅提高了社区居民的生活水平。

3. 经济效益

爱莲湾海洋牧场坚持生态发展的理念，全面推广立体生态增养殖，在桑沟湾、爱伦湾水域打造从良种选育、苗种扩繁、海上生态增殖、产品加工到终端销售的完整产业链，并利用海洋牧场人工鱼礁建设，同步发展休闲旅游，实现一产到三产相互贯通、齐头并进，综合经济效益显著。

（1）提升水产品产出规模和效益　海洋牧场年可产约4万吨海带，1.8万吨龙须菜，平均每公顷年可产64吨海带和29吨龙须菜，以及鲍、扇贝、海参、海胆、海鞘等，合计收入6 000多万元，利润约为1 200万元。

（2）增加休闲渔业发展规模和效益　海洋牧场配套展厅、体验馆、各类平台、特色餐厅、服务中心、游船等设施，形成多功能、生态化、立体化的现代海洋牧场。全年可接待游客7万人次以上，收入500多万元。同时辐射带动周边渔村从事相关工作，实现产业富民、龙头带动、成果共享、共同致富。

（二）主要成功经验

根据海域自然条件、生物分布，基于生态系统原理，经过多年探索实践，爱莲湾海洋牧场构建的多营养层次综合增养殖（Integrated multi-trophic aquaculture，IMTA）为实现海洋牧场的高效、优质、生态、健康可持续发展提供参考案例（图4-6）。其理论基础是：在由不同营养级生物组成的综合增养殖系统中，投饵性增养殖生物功能群（如鱼、虾类）产生的残饵、粪便、营养盐等有机或无机营养物质成为其他

类型增养殖生物功能群（如滤食性贝类、大型藻类、腐食性生物）的食物或营养物质来源，将系统内多余的物质转化到生物体内，达到系统内物质的有效循环利用，在减轻增养殖对环境压力的同时，提高增养殖品种的多样性和经济效益，促进增养殖产业的可持续发展。

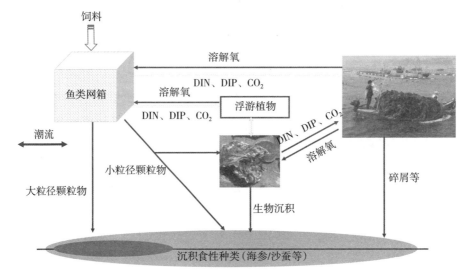

DIN 为溶解无机氮，DIP 为溶解无机磷

图 4-6　多营养层次综合增养殖模式

（图片来源：中国水产科学研究院黄海水产研究所）

大型海藻和浮游植物是海洋生态系统中的第一生产力，是海洋牧场的主要初级生产者。食物链把来自浮游植物和大型藻类等初级生产者产生的能量逐层传递到高级营养者，形成贝类、甲壳类、鱼类等各级动物性生产（次级生产），为人类提供丰富优质的渔业资源，同时从海水中移除大量的富营养化物质（图 4-7）。

根据不同营养级养殖生物的营养需求以及海区的养殖容量，采取多种综合生态增养殖模式：

（1）贝-藻综合生态增养殖模式　即"海带/龙须菜-鲍/扇贝筏式综合生态增养殖"，每亩 4 台筏架上吊挂 400 绳海带（或龙须菜），在吊绳间每隔 2 绳吊挂 1 个扇贝养殖笼，或每隔 5 绳吊挂 1 个鲍养殖笼。在这种综合生态养殖系统中，贝类所产生的氮、磷等无机营养盐可以被藻类吸收，同时藻类碎屑又可以为贝类提供额外的饵料，使营养物质在养殖系统实现了循环利用，提高养殖效率和效益的同时，降低了养殖自身污

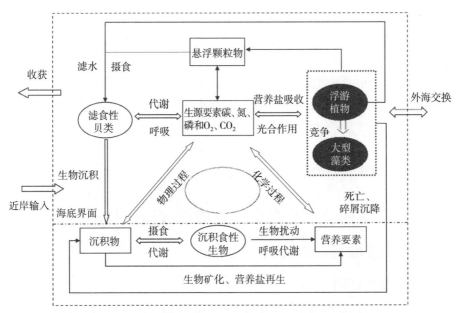

图 4-7 基于浮游植物和大型藻类的养殖生态系统物质流动
(图片来源：中国水产科学研究院黄海水产研究所)

染对环境的影响。

（2）多营养层次综合增养殖模式 在海底底播鲍、海参，中上层水体进行网箱养鱼、贝藻筏式综合养殖，包括藻-鲍-参多营养层次综合养殖模式、鱼-贝-藻多营养层次综合养殖模式等。在多营养层次综合养殖系统中，藻类可以净化水质，滤食性贝类可有效利用鱼类产生的粪便和未利用的饵料，鱼类和贝类所产生的无机营养盐及 CO_2 可以被藻类吸收，同时藻类碎屑又可以为鱼类和贝类提供额外的饵料。鱼类和贝类所产生的生物沉积等有机颗粒物质，可成为海参的食物，而生物沉积分解后，可为底栖大型藻类生长提供营养，供鲍摄食。这种养殖模式能充分利用输入到养殖系统中的营养物质和能量，可以把营养损耗及潜在的经济损耗降低到最低，从而使系统具有较高的容纳量和可持续产出，是环境友好型的高效生态养殖。同时该种模式下，增加的养殖产量也创造了更多的经济价值。

对不同养殖系统（单养、贝藻综合养殖和多营养层次综合）的食物产出和气候调节功能分析对比，结果表明 IMTA 是一种环境、生态和经济效益共赢的模式。对桑沟湾不同海水增养殖模式（包括海带单养，鲍单养，海带-鲍综合养殖和海带-鲍-海参综合养殖）的食物供给价值和

气候调节价值进行估算结果表明，IMTA 模式所提供的价值远高于单一养殖。

2016 年，联合国粮食及农业组织（FAO）和亚太水产养殖中心网络（NACA）将桑沟湾综合增养殖模式作为亚太地区 12 个可持续集约化水产养殖的典型成功案例之一，向全世界进行了推广。综上所述，桑沟湾多营养层次综合养殖（IMTA）是基于环境容纳量的生态高效增养殖模式，引领了世界海水增养殖业的发展，是我国乃至世界应对人口、资源、环境三大挑战的战略选择。

第四节　青岛市石雀滩海域海洋牧场

一、海洋牧场基本情况

（一）发展概况

青岛市石雀滩海域海洋牧场位于凤凰岛国家级旅游度假区西部（图 4-8），管理单位青岛鲁海丰食品集团有限公司于 2010 年启动人工鱼礁建设，累计投资 10.7 亿元，现已建成总面积达 5 万余亩的综合性海洋牧场，2013 年被农业部批准为"全国休闲渔业示范基地"，2015 年

图 4-8　海洋牧场海域位置图

（图片来源：青岛鲁海丰食品集团有限公司）

获农业部"第一批国家级海洋牧场示范区"称号。

（二）自然条件

青岛市石雀滩海域海洋牧场位于黄岛新区，东邻金沙滩，西依银沙滩，交通十分便捷，区位优势明显。海洋牧场建设海域溶解氧、pH、营养盐、化学需氧量、重金属等各类水质指标符合《海水水质标准》中二类水质要求，沉积物环境中重金属、硫化物、石油类等指标符合《海洋沉积物质量》一类要求。海洋牧场海域本底调查时发现浮游植物 57种，细胞密度的变化范围为 $22.6 \times 10^5 \sim 78.6 \times 10^5$ 个/米^3，浮游植物最优势种为劳氏角毛藻，其次为中肋骨条藻和拟旋链角毛藻。浮游动物 44 种，细胞密度的变化范围为 $19.7 \sim 486.8$ 个/米^3。调查海域游泳动物最优势种为强壮箭虫，其次为短尾类溞状幼虫、长尾类幼体和多毛类幼体。调查发现渔业资源种类有 11 种，较重要的经济鱼类和无脊椎动物 9 种，其中鱼类包括许氏平鲉、铠平鲉、褐菖鲉、大泷六线鱼、斑头鱼、缝鰤、厚头平鲉、石鲽共 8 种。人工鱼礁建设海域水深分布 15 ~21 米，底质主要是细粉砂，海底地势平缓。

（三）海洋牧场功能定位

青岛市石雀滩海域海洋牧场是集资源养护、水产品增殖和休闲旅游于一体的综合性海洋牧场，海洋牧场内投放多种结构人工鱼礁，安装抗风浪深水网箱，布设多功能海洋牧场平台（彩图 73），配套 37 艘休闲海钓船、16 艘看护工作船（彩图 74），开展增殖放流，实现海洋牧场生态养护、资源增殖、海钓观光的综合发展。

二、海洋牧场建设情况

（一）总体布局

石雀滩海域海洋牧场根据其功能定位，科学规划海洋牧场布局，有序开展海洋牧场建设，规划建成 200.6 公顷人工鱼礁区、666.7 公顷深水网箱养殖区、666.7 公顷藻类养殖区及 9.4 公顷岸基配套设施组成的现代化海洋牧场。现已投放人工鱼礁礁体 42.3 万空方，礁区面积为22.13 万米^2；建造深水抗风浪网箱 289 个；配套设施 3.83 万米^2（含港池），岸线有 1 500 米的游钓船码头；配有 37 艘休闲海钓船只、8 000米^2 的游客接待中心、7 000 米^2 的综合服务区、13 座民俗风情茅草屋、10 个休闲海钓网箱平台；并设立高端休闲渔业俱乐部，提供全方位的

休闲渔业服务。

(二) 人工鱼礁建设

石雀滩海域海洋牧场投放的人工鱼礁主要类型包括石块礁、方形混凝土礁、改造后的废旧集装箱和废旧沉船（彩图75）。截至2019年，累计投放人工鱼礁42.3万空方，人工鱼礁区面积达到22.13万米^2。

(三) 资源增殖情况

根据人工鱼礁建设工程、海区渔业资源组成、管护企业对海洋牧场的经营定位，为增殖海洋牧场资源，支持休闲游钓业发展，石雀滩海域海洋牧场定期在牧场区开展经济鱼类、名贵海珍品增殖放流，近3年来，增殖海鲈、牙鲆等鱼苗38.4万尾、鲍23万粒、海参1 366千克（彩图76）。

(四) 信息化建设

为实时掌握海洋牧场海域生态环境变化，保障海洋牧场生产、生态安全，石雀滩海域海洋牧场已建有陆上、水下监控系统一套，可实现在线"可视、可测、可控"监测，为海洋牧场区资源观测、环境监测、工作人员和游客安全提供保障（彩图77）。

三、海洋牧场管理运营模式

(一) 管理模式

石雀滩海域海洋牧场现有专职人员126名。为规范海洋牧场管理，青岛鲁海丰食品集团有限公司先后制定了《海洋牧场水环境监测制度》《人工鱼礁管理规定》《人工鱼礁区增殖放流管理规定》等。历年来的人工鱼礁投放、增殖放流及各类增养殖生产均按照相关管理规定执行，并记录存档。海洋牧场海域边界区域均设置浮球，对边界进行标记，并停泊2艘大型看护船只常驻，安排值班人员轮流值班，阻止违法地笼捕捞行为，驱赶拖网捕捞船只，有效保障海洋牧场生态环境不遭受破坏。海洋牧场人工鱼礁区每年适时增殖放流海参、鲍、牙鲆等各种海产品，捕捞方式采取海钓和潜水采摘，严格执行《海洋牧场海钓规定》，体长小于20厘米的鱼类必须放生，以保护海洋资源的可持续发展。

(二) 运营模式

1. 积极组织科普宣传、公益活动

组织举办以"海洋环境生态保护"为主题的"唐岛湾环岛健步行"

活动，宣传海洋牧场修复海洋生态环境的理念及方法，呼吁市民保护海洋，学习海洋科普知识（彩图78），以现有的体现民俗风情渔业生产的"鲁海丰渔村"为基础，建设海洋牧场体验中心，以海洋的形成、开发、污染、治理、修复为主线，宣传现代化海洋牧场的重要性。体验中心现已进入规划设计阶段，规划2021年完成建设，届时，将有效提升海洋牧场宣传教育能力，加快实现一二三产业的融合发展。

2. 产学研结合，打造海洋牧场科研基地

石雀滩海域海洋牧场在注重产业发展的同时坚持科技转化和科技创新，与中国水产科学研究院黄海水产研究所开展长期合作，在生态型海洋渔业领域开展技术合作与开发研究，联合成立生态渔业示范基地，以渔业科技和实体养殖为支撑，研发新型抗风浪网箱，打造并推广以生态底播、深水抗风浪网箱养殖为主的全新增养殖模式。与哈尔滨工程大学舰船总体性能跨尺度测试分析技术团队合作实施工业和信息化部高技术传播科研项目，研究大尺度船模波浪中的试验及预报方法，建立船舶水动力性能和节能效果的实船预报方法。

3. 积极打造海洋牧场全产业链

通过人工鱼礁区底播增殖、深水网箱增养殖，石雀滩海域海洋牧场渔业资源丰富，海鲈、许氏平鲉、大泷六线鱼、真鲷、牙鲆等经济鱼类和海参、鲍等海珍品年产量持续增加，依托管护单位下属水产品加工、仓储物流、酒店餐饮等产业布局，石雀滩海域海洋牧场实现全产业链发展。以海洋牧场为基础的海洋游钓、观光旅行、文化体验推动休闲渔业发展（彩图79）。

（三）特色海产品

石雀滩海域海洋牧场利用人工鱼礁增殖海参、鲍、许氏平鲉、大泷六线鱼、牙鲆等名贵海产品，利用深水网箱生态养殖大黄鱼、海鲈、真鲷等经济海水鱼。2018年上海合作组织成员国元首理事会和2019年中国海军建军节期间，石雀滩海域海洋牧场被选为海珍品供应基地。

四、海洋牧场建设成效

（一）经济、社会及生态效益

1. 生态效益

从石雀滩海洋牧场浮游植物、浮游动物和底栖动物的生物量、丰

度、物种多样性指数分布等方面综合分析，石雀滩海洋牧场是海洋生物理想的栖息地，三疣梭子蟹、绿鳍马面鲀、菖鲉、铠平鲉、多鳞鳝、半滑舌鳎、长蛸、寄居蟹、长吻红舌鳎、黄姑鱼、鮸、黑鲷、刺鲹和栉孔扇贝等在鱼礁区出现的频率和生物量均高于对照区，从游泳生物种类组成、网次渔获量及优势种看，石雀滩海域海洋牧场生态效益明显。

2. 社会效益

海洋牧场的发展加快本地渔民转产转业进度，直接带动本地渔民从事鱼苗培育、网箱养殖、鱼礁看护、休闲海钓、海产品精加工等行业，间接带动礁体制作、旅游用品加工制作、船舶建造等行业的发展，直接带动转产转业渔户 4 105 户，年均增收 1 万余元。

3. 经济效益

（1）海洋牧场水产品产出规模和效益情况 石雀滩海域海洋牧场年产海鲈、大黄鱼、许氏平鲉、大泷六线鱼、真鲷、包公鱼等水产品 750 余吨，产值 6 000 余万元，亩产值 8.9 万元；年产海参 94 吨，产值 1 442 万元；年采鲍 30 吨，产值 1 118 万元；年采海螺、海胆等其他水产品 176 吨，产值 678 万元。

（2）海洋牧场休闲渔业发展规模和效益情况 石雀滩海域海洋牧场年接待海钓游客 6 000 余人，其中出船 1 000 多航次，岸钓 5 000 余人；接待观光餐饮游客 2 万余人次。海洋牧场休闲渔业年产值近 6 000 万元。

（二）主要成功经验

1. 高起点高标准规划建设海洋牧场

除人工鱼礁、休闲垂钓平台、深水抗风浪网箱等水下、水上设施建设外，青岛鲁海丰集团有限公司还投入大量资金，高起点规划建设了海洋牧场码头、港池、垂钓船、垂钓训练池、管理实验楼、大酒店、民俗景观等岸基配套设施，为三产融合快速发展打下良好基础。

2. 利用区位优势，大力发展海洋牧场休闲渔业

石雀滩海域海洋牧场依托山东省休闲垂钓知名品牌"渔夫垂钓"，定期举办海钓大赛，常年开展垂钓训练等，吸引大批海钓爱好者。石雀滩海洋牧场深挖胶东海洋文化历史，重建民俗体验场所，开展民俗活动，形成具有特色的休闲度假基地；多元化发展吃、住、游、玩、购一站式服务，形成了集资源养护、海产增殖、旅游度假、休闲观光于一体的全产业链高效发展模式。

3. 海洋牧场建设与深水网箱养殖、水产品加工融合发展

石雀滩海域海洋牧场以人工鱼礁建设、增殖放流为基础措施，开展石雀滩海域栖息地修复，养护海洋生物资源，海洋牧场海域资源量显著增加，在此基础上，建设深海抗风浪网箱和大型海上休闲垂钓平台，依托管理单位拥有的水产品加工、冷链物流、酒店餐饮等子公司，为海洋牧场优质水产品的采捕、加工、运输、销售提供产业融合平台。

第五节　浙江省马鞍列岛三横山海域海洋牧场

一、海洋牧场基本情况

（一）发展概况

浙江省马鞍列岛位于舟山市嵊泗县的东部海域，地处著名的舟山渔场中心，海产资源丰富，被称为"东海鱼仓"。浙江省马鞍列岛三横山海洋牧场始建于 2007 年。截至 2018 年，嵊泗县所辖海域内，海洋牧场的建设累计投入达 5 618 万元，投放人工鱼礁共计 16.475 万空方（图 4-9），

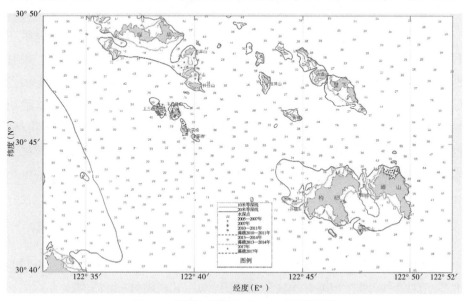

图 4-9　嵊泗马鞍列岛人工鱼礁区分布图
（图片来源：嵊泗县海洋与渔业局）

形成人工海藻场 30 公顷。2020 年初，嵊泗县海洋牧场人工鱼礁区的覆盖面积 516.146 2 公顷。

（二）自然条件

嵊泗马鞍列岛海域地处亚热带海洋季风区，多年平均气温 15.9℃，平均降水量 1 078.5 毫米。海区表层水温年平均 17℃左右，常年水温在 8.7～29.4℃，盐度变化范围 26.0～33.6，年平均在 29.37，年平均 pH 为 8.1。本海域属正规半日潮，岛屿附近为往复流，外海为旋转流，流向以西北—东南为主。海洋牧场水深 10～30 米，表层最大流速小于 1.2 米/秒，底层最大流速小于 0.8 米/秒。海洋牧场海底地形较平坦，沉积物以粉砂为主。总氮和总磷浓度平均值分别为 6.84 毫摩尔/升、0.24 毫摩尔/升，平均氮磷比达 28.5。海域底泥中的生源要素浓度表现为磷限制，底泥的总有机质含量在 7.24%～14.12%，能满足海洋渔业水域及海水养殖区等对海洋沉积物质量标准的要求。

本海域共记录的浮游植物达 156 种，浮游动物 123 种，底栖生物 200 余种，潮间带生物 325 种，鱼类 365 种，虾类 60 种，蟹类 15 种，鱼、虾、蟹资源中大部分为经济品种。

（三）功能定位

嵊泗马鞍列岛海洋牧场已在 2017 年底前完成大规模的人工鱼礁工程建设，扩建了三横山礁区，新建了枸杞和嵊山两大新礁区，并在 2020 年初更名为"浙江省马鞍列岛三横山海域国家级海洋牧场示范区"。海洋牧场基于渔业资源增殖养护型的功能定位，增殖对象以趋礁性和触礁性的岩礁鱼类为主，洄游性鱼类为辅，属于公益性海洋牧场，同时兼顾当地生态休闲游钓业的发展，实行仅限于钓具作业的有限度开发利用。

二、海洋牧场建设模式

（一）总体布局

嵊泗马鞍列岛海洋牧场由东、西两个海区组成（图 4-10、图 4-11），其中，西区（图 4-10）包括 A、B、C、D 共 4 个海域，总面积 498.125 3 公顷；东区包括 E、F、G、H、I、J 共 6 个海域，总面积 18.020 9 公顷。

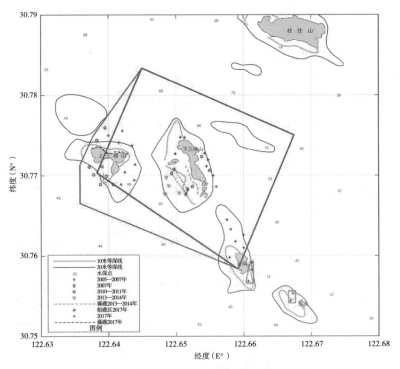

图 4-10 嵊泗马鞍列岛海洋牧场西区位置图

（图片来源：嵊泗县海洋与渔业局）

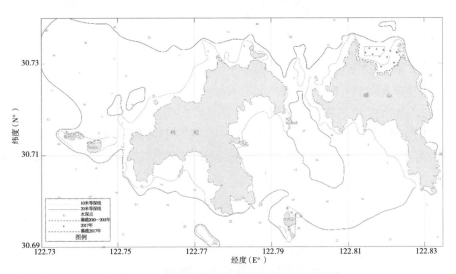

图 4-11 嵊泗马鞍列岛海洋牧场东区位置图

（图片来源：嵊泗县海洋与渔业局）

155

（二）人工鱼礁建设

1. 礁体类型与结构

（1）单层十字形鱼礁　以中心 2 米×2 米×2.3 米的长方体为主体，向两侧各延展 1 米，构成 4 个体积为 4.6 空方的翼部，总体积为 27.6 空方，用于投放于水深 10 米及以浅海域（图 4-12）。

（2）双层十字形鱼礁　以中心 2 米×2 米×4 米的长方体（16 空方）为主体，向两侧各延展 1.5 米，构成 4 个体积为 12 空方的翼部，总体积为 64 空方，属于大型鱼礁，用于投放于 10～25 米深水域的双层十字形鱼礁（图 4-13）。

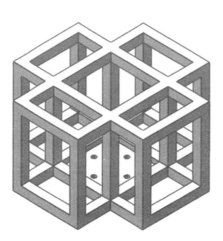 

图 4-12　单层十字形鱼礁　　　　　图 4-13　双层十字形鱼礁
（图片来源：嵊泗县海洋与渔业局）　　（图片来源：嵊泗县海洋与渔业局）

2. 礁体投放与布局

十字礁的单位鱼礁组合分为 A、B、C、D 4 种类型（图 4-14）。其中，A 型和 B 型设置于 20 米以浅水域，铺设面积分别为 40 米×40 米和 60 米×60 米，A 型用于岛礁周边的密集投放，B 型用于相对开阔海域的铺设投放；C 型和 D 型设置于 20～40 米深水域，铺设面积分别为 50 米×50 米和 70 米×70 米，C 型用于岛礁周边海域的密集投放，D 型用于相对开阔海域的铺设投放。

三横礁区由 8 座单层十字形鱼礁（5 座 A 型、3 座 B 型）、10 座双层十字形鱼礁（D 型）和一个长约 500 米（70 个藻礁组合体，增殖修复海藻场约 5 公顷）的藻礁带组成（彩图 80）。

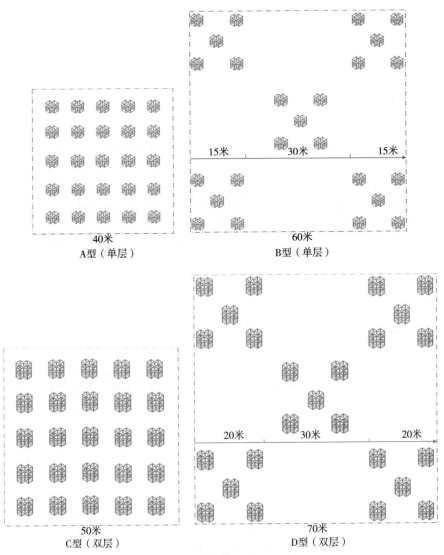

图 4-14 单位鱼礁类型（25 个礁体组合）

（图片来源：嵊泗县海洋与渔业局）

　　枸杞礁区分为鹅礁西和宫山东两个分礁区。其中，鹅礁西区由 2 座单层十字形鱼礁（A 型）组成；宫山东区由 2 座单层十字形鱼礁（A 型）和 4 座双层十字形鱼礁（2 座 C 型，2 座 D 型）组成（彩图 81）。

（三）海藻场建设

　　三层藻礁（图 4-15）是在三角台型支架上套入可拆卸的混凝土三角形附着基，礁体的各处表面均为粗糙表面，以便于海藻孢子及海藻固着器的附着。藻礁的附着基质间为三角横梁设计，可有效增加附着基表面的海水流动，防止沉积物在附着基质上的沉积，提高藻苗附着率。三个支点上方分别装有圆形铁盘，可防止植食性生物攀爬到附着基质上。藻礁的投放采用5个一组，焊接固定至船用钢板上，采用分组投放（图4-16）。

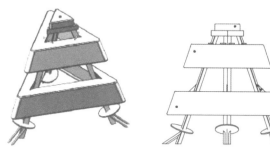

图 4-15　三层藻礁
（图片来源：嵊泗县海洋与渔业局）

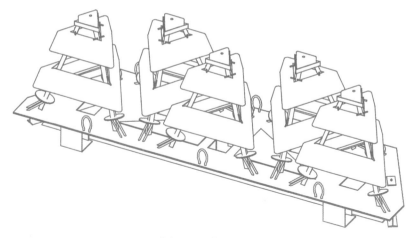

图 4-16　藻礁组合
（图片来源：嵊泗县海洋与渔业局）

（四）资源增殖

2019年，在马鞍列岛人工鱼礁区三横山、枸杞、嵊山海域进行了渔业资源增殖放流，投入资金202万元。投放黑鲷152.76万尾、真鲷32万尾、赤点石斑鱼16.95万尾、小刀蛏440.36万粒、等边浅蛤3 738.88万粒、厚壳贻贝2 298.488 9万粒、葛氏长臂虾900万只、曼式无针乌贼（受精卵）3 810万粒，共计11 389.438 9万尾（粒、只）。历年来，马鞍列岛进行的渔业资源增殖放流工作共投放三疣梭子蟹、日本对虾、厚壳贻贝、海蜇、黑鲷、真鲷、石斑鱼、大黄鱼、乌贼、鮸等幼苗 5 亿尾（粒、只）以上，总投入 2 000 万元以上。

（五）信息化建设

根据马鞍列岛海洋牧场的分布情况和嵊泗海洋环境特性，在海洋牧场区域建设嵊泗海洋牧场在线观测系统，集成海流计、波浪仪、多参数水质仪、高清摄像头、水听器等多种观测仪器，实现海洋中海流、波浪、温度、盐度、浊度、溶解氧、叶绿素、pH、营养盐等各种海洋环境要素的原位在线观测，以及水下噪声和生物生活习性的实况视频监控。该系统通过设计海底观测平台，将仪器固定于海床上，使其工作状态不受表面波浪和风以及其他过往船只的影响，实现稳定的原位监测，获取的资料更加稳定可靠（彩图 82）。

三、海洋牧场管理运营模式

（一）管理模式

马鞍列岛海洋牧场的管理维护单位——嵊泗县海盛养殖投资有限公司，内设项目部、计划财务部、办公室等部门，配专职人员对示范区的建设、管理、运营、档案管理等负责，每年用于海洋牧场专项经费达50 万元以上。针对海洋牧场建设制定了一整套的管理措施，公司采用工程招标制、项目监理制、工程项目结算审核制和业主负责制等管理模式。马鞍列岛海洋牧场位于马鞍列岛海洋特别保护区内，因此依托嵊泗县海洋与渔业局的海洋与渔业执法大队渔政船进行海洋牧场区的日常巡视、检查、维护及捕捞生产的执法监管等。各乡镇岛礁管护船进行礁区维护，职责为礁区的日常管护、废弃渔具和垃圾的清理、标志碑管护等。嵊泗县海洋特别保护区管理局根据市级渔业主管部门的指导意见，设置独立的海洋牧场管理机构，并根据"双转"精神，组织转产转业的渔民进行培训，让其参与海洋牧场管理工作。海洋牧场管理机构积极与科研院所等机构沟通，不定期地对海洋牧场状况进行摸底，及时解决出现的问题；科研院所等机构向海洋牧场管理机构负责，为其提供科学的理论依据，必要时提供详细的技术方案。海洋牧场管理机构主要负责海洋牧场管理相关条例的制定、牧场管理的宣传、人事安排等，其工作向海洋特别保护区管理局负责，定期汇报海洋牧场的进展，并根据海洋牧场的具体实际，创新管理方法。

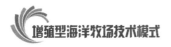

（二）运营模式

2016 年以来海洋牧场海域新增休闲旅游和垂钓船 50 余艘，吸引全国各地各类垂钓者超过 20 万人次来此垂钓。为进一步提高公众对节约利用海洋资源、保护海洋生物多样性的认识，为保护蓝色家园做出贡献，海洋牧场在每年 6 月 8 日世界海洋日暨全国海洋宣传日采用宣传册发放、宣传片展播等形式，增进社会公众尤其是青少年对海洋牧场的了解，培育海洋保护意识。并积极组织参加中国国际海洋牧场暨渔业新产品新技术博览会，与全国各地共同交流海洋牧场建设成果，推广宣传嵊泗海洋牧场建设经验。

（三）特色产品

马鞍列岛海洋牧场特色产品以褐菖鲉、黑鲷等岩礁性鱼类为主。此外，马鞍列岛海洋牧场还盛产海鲈、石斑鱼等名贵鱼类。

四、海洋牧场建设成效

（一）经济、社会及生态效益

马鞍列岛海洋牧场投放的人工礁体形成了良好的庇护效应，人工栖息地及生态系统改善明显。人工礁体能够增加生物多样性，给大型贝藻类提供栖息场所，进而减少海水中的营养盐，净化海水水质、减少赤潮发生，有效修复海洋生态环境。海洋牧场底栖生物和游泳生物等类群生物丰富，群落多样性维持在较高水平，群落结构较为稳定。底栖生物、游泳生物的量大大增加，提高了海域生态系统稳定性，能够为鱼类等经济物种提供很好的栖息生境。整体上，海洋牧场建设区海域生态环境逐步改善，渔业资源正在逐步恢复，初步取得了较好的生态效益。

马鞍列岛海洋牧场项目是保护和开发相协调的新型公益性事业，能有效改善岛礁及海域生态环境，做到海洋生物资源的可持续开发利用，社会和经济效益同样显著。海洋牧场建设为优化渔业产业结构和解决渔民的就业问题提供了新的有效途径。海洋牧场的建设能促进渔业增长方式转变和渔业产业结构调整，嵊泗全县捕捞产业减船转产有序进行，截至 2019 年底，共压减渔船 215 艘，压减功率 20 381 千瓦。2019 年，编制完成休闲渔业发展规划，新增新型休闲渔船 22 艘。

海洋牧场的建设有利于当地休闲旅游业的发展。建设兼具休闲功能的海洋牧场，以嵊泗特有的阳光、海水、沙滩、岩礁等美景为基础，以海上游钓为新卖点吸引国内外游客，丰富了当地的旅游项目，增加了旅游特色，有利于进一步发挥旅游资源优势。同时，也可为居民和游客提供大量优质海产品。

（二）主要成功经验

早在人工鱼礁区和海洋牧场建设之初，嵊泗县就与上海海洋大学、浙江省海洋水产研究所、中国水产科学研究院东海水产研究所等国内知名的水产院校和科研机构开展了科技合作。2016 年，嵊泗县人民政府与上海海洋大学签署合作框架协议，正式建立战略合作关系。这一系列的合作，为马鞍列岛海洋牧场的建设提供了可靠的科学支撑和完善的技术保障。

人工鱼礁区的建设起到了良好的渔业资源养护作用。礁区海域出现了很多"新老住客"——包括褐菖鲉、大泷六线鱼、黄鳍鲷、黑鲷、真鲷、海鲈等 10 余种经济鱼类。礁区逐步建成后，在礁区进行钓捕等作业的群众渔业小船单产成倍增加，且渔获质量较好。通过海洋牧场项目的助推，近年新增休闲旅游和垂钓船 60 余艘，生态游钓业得到大力发展。从"捕捞"者，到"放牧"人，从第一产业传统渔业到第三产业休闲渔业的转型，海洋牧场为海洋渔业的新发展提供了探索空间。

第六节　深圳大鹏湾海域海洋牧场

一、海洋牧场基本情况

（一）发展概况

深圳大鹏湾海洋牧场位于大鹏半岛西部海域，中心区域鹅公湾人工鱼礁区所在的洋筹湾-鹅公湾海域、金沙湾-大澳湾-水头沙海域（彩图 83）。目前，大鹏半岛周边海域已建设人工鱼礁区 3 个，其中杨梅坑人工鱼礁区 3.65 千米^2，2003—2007 年完成投资 2 037.3 万元，投放礁体 12.76 万空方；鹅公湾人工鱼礁区 0.92 千米^2，2007—2008 年完成投资 800 万元，投放礁体和旧船 3.22 万空方；东冲-西冲人工鱼礁区 1.43 千米^2，2017 年至今完成投资 5 572 万元，投放礁体 26.43 万空方。2014—2016 年，在大鹏新区政府的支持下，由广东海洋大学深圳研究院珊瑚保育团队等共投放人工珊瑚礁 45 座，种植珊瑚苗约 10 000 株。2018 年，深圳市大鹏湾海洋牧场入选第四批国家级海洋牧场示范区。

（二）自然条件

大鹏湾海域属于亚热带季风气候，水深条件良好，近岸海域开阔，海水

交换充分,海水水质良好,主要水环境指标基本达到了海水水质标准二类要求,符合珊瑚群落生物的生长的要求。人工珊瑚礁建设在水深6~10米的海域,人工鱼礁建设在水深10~21米的海域。礁区水流畅通,不属强流区或弱流区,透明度大于2米,受强风大浪影响小,海洋环境质量良好。鹅公湾海湾内,受地形影响较大,最大流速达0.35米/秒。海区水产资源丰富,主要有黑鲷、石斑鱼、鲍、对虾、龙虾、糙鲹、棕环鲹、枥江珧、合浦珠母贝等,也是珊瑚的传统分布区。湾内水生生物种类繁多,生物物种多样性极为丰富,发展海洋渔业具有得天独厚的条件。

(三)功能定位

大鹏湾海域海洋牧场属于养护型海洋牧场,主要养护对象为珊瑚、黑鲷、石斑鱼、海鳗和曼氏针乌贼等。通过投放人工鱼礁、种植珊瑚、增殖放流海洋生物等措施,营造适合海洋生物繁衍、栖息和生长的多营养层级海洋生态环境,有效改善海域生态环境,恢复渔业资源,促进海洋生态系统的稳定,建成具有深圳市大鹏新区特色的生态化、标准化、规模化、信息化的现代化海洋牧场。

二、海洋牧场建设模式

(一)总体布局

大鹏湾海域海洋牧场按照"二片四区三园二基地三配套"规划布局进行建设。其中,"二片"为:深圳市大鹏湾海域国家级海洋牧场示范区一区(鹅公湾海洋牧场),深圳市大鹏湾海域国家级海洋牧场示范区二区(大澳湾海洋牧场);"四区"为:鹅公湾新人工鱼礁区,大澳湾人工鱼礁区,鹅公湾增殖放流区,大澳湾增殖放流区;"三园"为:鹅公湾体验休闲渔业园,大澳湾体验休闲渔业园,较场尾宣传教育互动园;"二基地"为:公湾服务型休闲渔业基地,洲仔头休闲型休闲渔业基地;"三配套"为:海洋生态与渔业文化建设,海洋牧场管理制度建设,科学研究。

(二)人工珊瑚礁建设

综合考虑珊瑚增殖保护能力和以往珊瑚增殖保护的工作基础,利用水下珊瑚种植技术,对原生死亡的珊瑚礁区进行人工水下种植,提高自然海域珊瑚覆盖率,恢复珊瑚礁生态环境。选用钢筋混凝土、石材、塑料管材、砖材、钢材、高分子聚合物等适用于珊瑚增殖修复的附着基质材料,制作块状附着基、圆柱附着基、海底立体珊瑚景观附着基等多种形状的珊瑚附着基。

1. 礁体类型与结构

人工珊瑚以钢筋混凝土和钢结构预制件为主，结合防沉玄武岩纤维复合材料礁、功能复合型生态礁等多种礁材、礁型。依据海域生物资源种类对象的习性选择礁型，使鱼礁能适应不同生物的需要。

具有多种功能的珊瑚培育复合型人工鱼礁，由长方体框架结构、内部四棱锥型的钢筋混凝土结构和玻璃钢珊瑚培育栅格板组合而成。整个礁体为 3.66 米×2.5 米×1.8 米的长方体框架结构，礁体棱柱壁厚 0.2 米，单个珊瑚培育型人工鱼礁为 16.47 空方；内部四棱锥型的钢筋混凝土结构规格为 3.66 米×2.5 米×1.5 米，倾角 34°，壁厚 0.1 米，锥体内部中空，四个面表面积共为 14.29 米^2，每个面上有 9 个直径为 0.25 米的圆形开孔；顶部有 2 块 0.61 米×3.66 米的网格状栅格板，表面积为 4.47 米^2，两板间隔 1.28 米（图 4-17）。

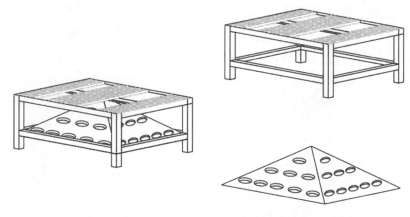

图 4-17　珊瑚培育复合型人工鱼礁示意图

（图片来源：深圳市大鹏新区经济服务局）

2. 礁体投放与布局

按照鱼礁单体、礁群和礁区的布局原则，考虑水流的作用和产生的效应，单位鱼礁、鱼礁群的排列方向与水流方向垂直，呈"品"字形布置。人工珊瑚礁区的布局，宜采用疏密结合的方式投放，礁体在水下的方位应以迎流面的面积大为宜，以产生较大的涡流效应。投放时每15～20 个单体礁为一个单位礁，单位礁内单体礁间距控制在 1～1.5 倍礁宽；单位礁的排列方向与水流方向垂直，单位礁之间距离 4～5 倍礁宽，即单位礁间的横向（与水流方向垂直）距离为 6～10 倍礁宽、纵向（与水流方向平行）距离为 50～100 米，以便于游钓、定置刺网、延绳钓和笼捕作业。15～20 个单位礁形成一个礁群，礁群间距离 150～300 米。相邻两行的鱼礁单体、相邻两行的单位礁、相邻两行的鱼礁群，宜对着来流方向错开排列，以充分发挥流场效应。

（三）人工鱼礁建设

鹅公湾新人工珊瑚礁区拟建于深圳市大鹏湾海域国家级海洋牧场示范区一区内，水深为 10～21 米，区域面积为 3.72 千米²，该示范区已建设鹅公湾人工鱼礁区 0.92 千米²，可新建人工珊瑚礁区面积为 2.8 千米²。大澳湾人工珊瑚礁区拟建于深圳市大鹏湾海域国家级海洋牧场示范区二区内水深为 10～13.5 米的海域，可新建人工珊瑚礁区面积为 0.21 千米²。大鹏湾海域国家级海洋牧场示范区人工鱼礁区的主要建设礁型是人工珊瑚礁。

1. 礁体类型与结构

功能复合型生态礁礁体大小为 3 米×3 米×3 米，体积为 27 空方（图 4-18），重量约 3 吨，礁体的饵料培养体主体结构与底座之间高度为 1 米，以保证发生沉降时礁体的饵料培养体结构在海底表面上部。

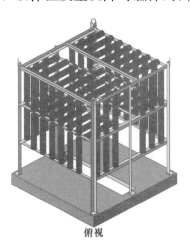
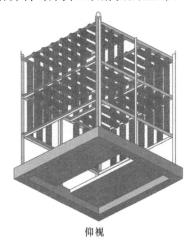

俯视　　　　　　　　　　　　仰视

图 4-18　A 型功能复合型生态礁

（图片来源：深圳市大鹏新区经济服务局）

2. 礁体投放与布局

本海区共投放 6 个单位生态礁群，生态礁边长为 3 米，每 5 个为一组，间隔 5.5 米，组成"品"字形单位生态礁（图 4-19），每个单位生态礁群包括 5 个单位生态礁（图 4-20），共计 148 个单体生态礁形成一个复合型生态礁场。

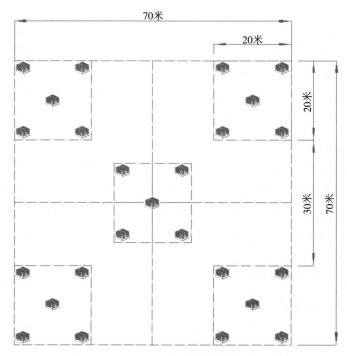

图 4-19　单位鱼礁礁群布局图

（图片来源：深圳市大鹏新区经济服务局）

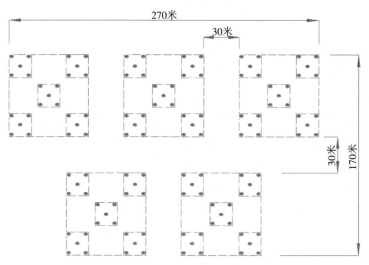

图 4-20　人工鱼礁礁区布局图

（图片来源：深圳市大鹏新区经济服务局）

（四）资源增殖

海洋牧场珊瑚苗人工繁殖以人工无性繁殖为主、人工有性繁殖为辅（彩图84）。利用珊瑚出芽无性繁殖、密度过大的珊瑚群体具有相互攻击的习性，从邻近岛屿周边海域分布群体大、密度高的珊瑚群体中，采集质量好的活体造礁石珊瑚亲体，分株形成无性繁殖珊瑚苗，采用水泥粘固、水下胶粘等固定方式使珊瑚苗与附着基结合，再采用室外和室内人工无性繁殖珊瑚方式，进行珊瑚苗人工无性繁殖。

渔业资源增殖放流方面，在农业农村部、广东省与深圳市相关单位的指导与支持下，在示范区及其附近海域持续开展增殖放流活动，主要放流种类有黑鲷、黄鳍鲷、红笛鲷、紫红笛鲷、斑节对虾、波纹巴非蛤等，并由中国水产科学院南海水产研究所等机构开展相关的效果评估工作，渔业资源放流活动在科学指导下取得了较高的放流存活率。

三、海洋牧场管理运营模式

（一）管理模式

在农业农村部、广东省农业农村厅与深圳市相关单位的领导和监督指导下，示范区通过面向社会公开招投标，建立了中标单位法人责任制，由中标单位承担深圳市大鹏湾海域国家级海洋牧场示范区的人工鱼礁建设、造礁石珊瑚种苗增殖、增殖放流、休闲旅游开发和休闲渔业开发的工作。

在长期的人工鱼礁海洋牧场建设和管理实践中，深圳市、大鹏新区不断完善工作方式方法，不断总结和积累经验。深圳市持续加强了海洋牧场管理队伍建设，并加强了海洋牧场的后期管理和维护，渔政执法部门采取日常巡查与专项行动相结合方式开展海洋牧场的巡查管护工作，同时聘请当地渔民共同巡查，齐抓共管；海监执法部门加强巡航、重点监管，严防违法倾倒行为的发生，积累了丰富的海洋牧场管理经验。

深圳市、大鹏新区的海洋与渔业主管机构已形成行政管理、海上执法、技术推广三支基本队伍，各尽其职，为加强深圳市大鹏湾海域国家级海洋牧场示范区建设后的管理，实现法制化和科学化管理，使深圳市大鹏湾海域国家级海洋牧场示范区产生应有的生态、经济和社会效益。

（二）运营模式

深圳市大鹏湾海域国家级海洋牧场示范区以"政府监管，企事业单位托管，共建共享"的模式开展海洋牧场未来的管理、维护、运营工作，进一步提高海洋资源环境保护水平，推进以海洋生态牧场为主题特色的区域性渔业资源与生态环境养护以及全生态链、全产业链综合开发，充分发挥海洋牧场碳汇功能，创造蓝色经济协调发展共赢生态圈，彰显生态岛、生命岛、生物岛的特色，打造国家级海洋生态文明示范点、世界级滨海生态旅游示范区，使之成为沿海地区增殖海洋生物资源、修复海域生态环境、实现传统海洋经济新的增长点的重要抓手，有力助推深圳低碳城市建设。

（三）特色品牌

"潜爱大鹏"珊瑚保育计划已投放人工珊瑚礁 700 多座、种植珊瑚苗 2.5 万株，向着世界级人工珊瑚修复示范区的目标努力。目前，人工种植的珊瑚苗不仅存活良好，存活率高，投放的珊瑚礁上也有珊瑚虫附着，海草生长茂盛，种植区周围有大片的原生珊瑚出现，所在海域的海洋生物密度和多样性也得到明显提升，而"潜爱大鹏"珊瑚保育计划已成为新区成功推广、家喻户晓的品牌，并成为深圳的一张国际生态名片。

四、海洋牧场建设成效

（一）经济、社会及生态效益

大鹏湾海洋牧场每年可接待游钓休闲游客 10 万人；游钓休闲渔业收益 9 000 万元，其中，海上游钓休闲渔业直接收益 3 000 万元，带动食宿、购物、游钓、休闲产品流通等休闲渔业间接收益 1.5 亿元。大鹏新区以打造"生物岛""生命岛""生态岛"及"世界级滨海旅游度假区"为总体目标，突出生态文明、湾区经济、全域旅游等特色功能，通过投放人工生态礁、种植珊瑚等方式改善海底环境，净化水质，增殖放流该海域原始存在的海洋经济物种，依托形成的多营养级海洋生态牧场，规划建设以休闲、潜水为特色的新兴海洋生态旅游综合体，并将其打造成为"三岛一区"及"美丽大鹏"的典范。

大鹏湾海洋牧场的人工珊瑚礁建设等生态建设过程，是一次全民环保意识教育的过程。通过在海洋牧场开发休闲渔业、组织海洋生态观光旅游，让公众投入大自然怀抱，激发人们对大自然的热爱，是生动、深刻的环境保护教育。

大鹏湾海洋牧场的人工珊瑚礁建设和海洋生物增殖，能有效地养护海洋资源环境，将有效促进休闲渔业的发展。而积极推进现代休闲渔业发展，扩大海洋休闲渔业产业规模，丰富休闲渔业发展模式，提升休闲渔业发展水平，是实现渔业产业结构调整的战略选择。大鹏湾海洋牧场可将 10 艘渔船改造升级为游钓休闲渔船，按每艘游钓休闲渔船需工作人员 5 人，可增加就业岗位 50 个，有利于解决传统捕捞渔民的转产转业问题。

深圳大鹏湾海洋牧场开展的海藻-贝类、海参、珊瑚和鱼虾类增殖放流、休闲旅游开发等海洋牧场建设工作，属于国家、省和地方政府鼓励和支持的修复保护海洋生态和发展海洋渔业的措施，有利于渔业资源的保护与合理利用。

（二）主要成功经验

（1）将海洋牧场建设和珊瑚礁保护与生态修复相结合　深圳大鹏湾海洋牧场地处亚热带，水温适宜，水质优良，是亚热带珊瑚的重要分布区，通过人工鱼礁建设和珊瑚种植培育，修复和优化大鹏海域渔业资源和生态环境，有效解决渔业资源衰退和海底荒漠化问题，形成有利于海洋生物栖息的人工生态系统，起到恢复和增殖渔业资源的作用。

（2）利用区位优势，将海洋牧场建设与生态旅游相融合　深圳大鹏湾海洋牧场以"海洋生态＋"为发展理念，以保护海洋生态环境为基础，以拓展蓝色经济空间、促进海洋经济向质量效益型转变为目标，在海底生态环境恢复稳定后，以海洋牧场为产业链协同载体，融合海洋、生态、旅游、体育、文化五大产业创新要素，形成海洋生态保护与修复、高端潜水观光、水上休闲运动、滨海体验旅游、海洋文化与科普教育、海洋生态文明、海洋饮食文化等产业板块，打造海洋生态牧场产业综合生态系统，实现生态、社会、经济三大效益联动，创造百亿级海洋经济发展新业态。

第七节　海南蜈支洲岛海域海洋牧场

一、海洋牧场基本情况

（一）发展概况

海南蜈支洲岛海域海洋牧场位于三亚市蜈支洲岛东侧，由蜈支洲岛风景区于 2011 年起投资建设，截至 2018 年已完成投资 4 000 万元，海洋牧场总面积 266.53 公顷，总投礁量 4.25 万空方。2019 年该海洋牧场入选第五批国家级海洋牧场示范区（图 4-21）。

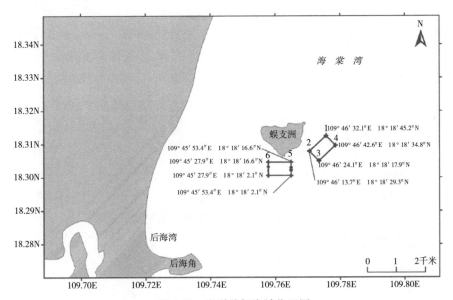

图 4-21　海洋牧场海域位置图

（图片来源：海南蜈支洲旅游开发股份有限公司）

（二）自然条件

海南蜈支洲岛海域属热带海洋性季风气候区，气温年温差较小。海洋牧场所在海区潮汐性质属不规则全日潮，潮流最大流速 0.74 米/秒；海域内溶解氧、化学需氧量、营养盐（氮、硅、磷）等各项水质指标符合《海水水质标准》二类要求。海洋牧场海域地势平坦，水深在 10～30 米，底质为硬质沙质底，适宜建设人工鱼礁。浅水区域有热带珊瑚礁及活珊瑚分布，活珊瑚生长发育较为完好，种类众多，珊瑚礁生态系统生物多样性丰富，由此构成独特的热带近岸海洋生态系统（彩图85）。

调查期间海洋牧场海域浮游植物细胞丰度较低，初级生产力不足，浮游植物平均数量为 14.33×10^4 个/米^3，浮游动物平均生物量为 8.18 毫克/米^3，大型底栖动物平均生物量为 1.90 克/米^3。调查海域共采集到游泳动物 114 种，其中鱼类 79 种，头足类 5 种，甲壳类 30 种。游泳动物的平均渔获率为 7.09 千克/时和 476 个/时。优势渔获种类共有 21 种，其中，中国枪乌贼的优势度最高，其他优势鱼类依次为红鳍、直额

蟳、长眼看守蟹、四线天竺鲷、纵带鲱鲤、须赤虾、海鳗、小牙鲾、长毛对虾、短蝶、口虾蛄、紫隆背蟹、叫姑鱼、鯻、突吻鳗、褐篮子鱼、黑边布氏鲾、红星梭子蟹、棕斑兔头鲀和黑尾吻鳗等。海区生物多样性较高，渔业资源相对丰富。

调查海域共发现 63 种造礁石珊瑚，主要优势种为多孔鹿角珊瑚、二异角孔珊瑚、缨真叶珊瑚、伞房鹿角珊瑚、叶状蔷薇珊瑚等，常见种为精巧扁脑珊瑚、澄黄滨珊瑚、丛生盔形珊瑚、标准蜂巢珊瑚等，造礁石珊瑚平均覆盖度为 17.45%。造礁石珊瑚主要分布在 4～10 米水深海域。浅水区域主要为珊瑚碎屑和砂质底质，随着深度增加礁石和珊瑚逐渐增多，7～9 米区域基本是珊瑚分布最好的区域；之后随着深度增加珊瑚又逐渐减少；至水深 12～15 米区域，砂质底质逐渐增多，再无珊瑚分布。调查海域范围的软珊瑚平均覆盖度为 4.55%，主要软珊瑚种类有：豆荚软珊瑚、短指软珊瑚、肉芝软珊瑚以及柳珊瑚。

（三）功能定位

海南蜈支洲岛海域海洋牧场以珊瑚礁保护和休闲旅游为主要功能定位，是海南省目前唯一的经营性海洋牧场。以建造人工鱼礁为主体，在蜈支洲岛周围海域通过建设与改造海洋生物生息地，起到保护海洋生态环境和恢复渔业资源的作用，并通过发展海钓和海底潜水观光等旅游项目，实现蜈支洲岛旅游区可持续发展。

二、海洋牧场建设情况

（一）总体布局

蜈支洲岛海域海洋牧场经过多年的建设与发展，已经取得了一定的成就，形成了资源增殖兼休闲鱼礁区、珊瑚礁修复型鱼礁区和底播增养殖区等多个功能区，已投放的人工鱼礁遍布蜈支洲岛周边海域（图 4-22）。

（二）人工鱼礁建设

海洋牧场已投放的人工鱼礁按照材质与结构分为混凝土型、沉船型和其他构筑物鱼礁。累计投放人工鱼礁 1 442 个，共计 42 512 空方。

1. 混凝土型构件人工鱼礁

混凝土型人工鱼礁的形状包括三角形、方形、圆形（图 4-23），投放数量 1 418 个，共计 25 690 空方。

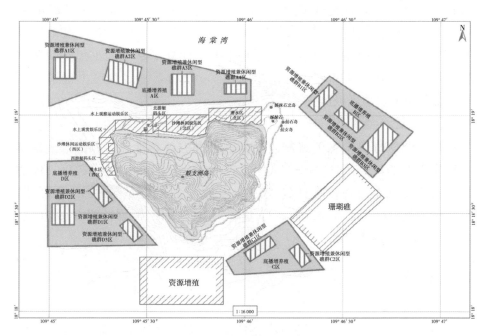

图 4-22 海洋牧场布局图示意

（图片来源：海南蜈支洲旅游开发股份有限公司）

图 4-23 混凝土型人工鱼礁

（图片来源：海南蜈支洲旅游开发股份有限公司）

2. 沉船型人工鱼礁

沉船型人工鱼礁的材质包括钢制和玻璃钢两种材质。沉船型人工鱼礁数量 21 艘，共计 11 700 空方（彩图 86）。

（三）珊瑚礁建设

蜈支洲岛海域海洋牧场人工鱼礁投放后，有效限制了非法拖网作业对珊瑚礁的破坏，同时人工鱼礁作为珊瑚礁基，为珊瑚提供更多附着基质、促进珊瑚群落的拓展，也为仔稚鱼和珊瑚礁鱼类提供了更多的索饵

171

和栖息空间，有效恢复了鱼类资源，进一步促进了近岛区珊瑚礁的恢复。人工鱼礁投放后5年，珊瑚分布区域增加了20%以上，人工鱼礁上也形成了健康的珊瑚群落。在此基础上，建立了基于人工鱼礁的珊瑚礁修复模式，在人工鱼礁区移植珊瑚8 000余株，一定程度上促进了珊瑚资源的恢复（彩图87）。

（四）资源增殖

蜈支洲岛海域野生鱼类种类较多，为保护其多样性，海区严格控制增殖放流人工鱼类苗种，主要采用投礁的方式恢复野生鱼类群落，仅适当开展鱼类放流，在蜈支洲岛周边海域放流青石斑鱼苗种12.8万尾。自2011年以来，底播珍珠贝、华贵栉孔扇贝、鲍等累计近100万粒，增殖花刺参苗种4 000头。

三、海洋牧场管理运营

（一）管理模式

蜈支洲岛海域海洋牧场由海南蜈支洲岛旅游开发有限公司负责管护，围绕海洋牧场建设及运营过程，公司明确了管理层职责职能，梳理了各部门任务目标，并制定了一系列规章制度。首先是关于各岗位职能职责分工的制度，包括《海洋部职能职责》《海洋生物管理员岗位职责》《海洋水下操作员岗位职责》等，保证了海洋牧场的各项管理任务落实到人。其次是工作流程与标准类制度，包括《海洋生物管理员工作流程与标准》《海洋水下操作员工作流程与标准》《海洋部海洋牧场工作流程与标准》《海洋环境巡查制度》等，保证了项目运营管理的质量和效果。海洋牧场建成后，公司以完备的规章制度为基础，进行严格的牧场巡视、检查、维护及捕捞生产和执法监管。海洋巡视方面，海洋部10余名员工在蜈支洲岛四周离岸200米海域、面积约为100万米^{2}范围内进行巡视。公司海洋部定期查看人工鱼礁工程状况，并观察礁体附着物、鱼群等存续情况；对珊瑚和鱼类，也都有不同要求的巡视和检查。此外，对于蜈支洲岛周边出现的污染物，公司定期组织清理，海洋部负责对水面油污的处理，海上娱乐部负责对死鱼处理；涉及水面漂浮的塑料制品、泡沫箱等海洋垃圾，则由船务部和海上娱乐部按区域各自清理。

（二）运营模式

通过多年的海洋牧场建设，野生热带鱼类资源得到良好的养护，促进了退化珊瑚礁的自我修复，营造了生机勃勃的珊瑚礁生态系统。蜈支洲岛旅游区也因此形成了以海洋牧场为核心的休闲海钓、鱼礁潜水、海底漫步、海底拾贝、海底婚礼等一系列的旅游项目，打造了独具特色的热带海洋牧场休闲旅游模式，为游客提供优质的旅游体验。蜈支洲岛致力于将海洋牧场与资源增殖、休闲垂钓、科研推广等融合，打造循环经济。得益于丰富的鱼类资源，海洋牧场 2015 年成为"相约海南——游钓蜈支洲"全国海钓大赛的举办地。蜈支洲海洋牧场正计划以人工鱼礁为基础建设海底生态公园，按照旅游区规划，未来在热带海洋牧场的基础上继续建设海底生态公园，包含海底村庄、海底艺术区、海底博物馆等，实现海洋生态恢复与旅游相结合的运营新模式。

四、海洋牧场建设成效

（一）建设成效

1. 生态效益

据 2017 年调查数据，蜈支洲岛海域投放的鱼礁状态良好，礁区和岛周均探测到有较密集的鱼群存在，海底环境较鱼礁投放前得到了良好的修复及改善，海底生物种类增多，生物数量明显增加。蜈支洲岛附近的人工珊瑚成活率可达 90％以上，珊瑚生长率也非常高，基本可以达到 0.5～0.8 厘米/月，人工鱼礁上也成功附着了大量的新生珊瑚，珊瑚覆盖率显著提高。2019 年夏季蜈支洲岛海域鱼类总资源密度比 2018 年提高 30％，礁区海域的渔业资源比非礁区高 5 倍以上。蜈支洲岛海洋牧场海域的游泳动物生物多样性较高、分布较均匀。活珊瑚覆盖率均值为 28.18％（介于 3.88％～56.88％），岛南侧活珊瑚覆盖率（41.85％）显著高于岛北侧（14.52％），活珊瑚覆盖率显著高于该海域海洋牧场建设前的水平。因此，海洋牧场建设对海洋生态保护和渔业资源养护起到了显著作用（彩图 88）。

2. 社会效益

蜈支洲岛海域海洋牧场具有鲜明的热带海滨特色，目标是建成"极具海南民俗风情船的人工景观鱼礁构成的海底村落，非同寻常的壮观飞机战舰残骸组成的海底博物馆，形态各异的现代雕塑组成的海底艺术区，集观赏性、实用性、艺术性于一体的海上娱乐平台"。生活在五彩斑斓人工鱼礁生态丛林中的海洋生物将对全社会海洋环保意识的提升产

生积极的作用。

3. 经济效益

"既要生态效益，也要经济效益"，蜈支洲岛海域海洋牧场努力实现多元化发展，不仅将景区的身份定位为海洋的建设者，保护和修复蜈支洲岛海洋生态环境，而且在立足海洋文化的基础上，不断开拓发展新领域。以"旅游＋"模式，打造中国海岛旅游模式，在已有的海岛度假、海岛休闲、海岛娱乐等旅游产品基础上发展新型观光旅游产品，构建大众旅游时代的多元化海岛型旅游产品，走海岛型旅游区可持续发展路线。海洋牧场建设有效地带动了当地渔民转产转业，发展绿色经济。海洋牧场生物资源显著改善后，岛上建设了酒店、购物区、餐厅、交通设施等，互动式游乐项目亦多种多样。除了基本的环岛电动车及浮潜深潜等活动之外，岛上有超过 20 项水上活动丰富的旅游配套吸引了大量国内外游客前往。蜈支洲岛年接待游客超 300 万人，旅游收入超 12 亿元。

（二）主要成功经验

蜈支洲岛海域海洋牧场的成功之处是将海洋牧场建设与蜈支洲岛休闲旅游相结合，即通过海洋牧场建设，改善蜈支洲岛海域生态环境，丰富上岛休闲旅游和渔业体验内容，提升蜈支洲岛旅游知名度，同时，通过旅游宣传扩大海洋牧场建设的影响力，形成海洋开发经营反哺海洋生态修复的人与自然和谐相处的海岛开发样板。

蜈支洲岛海域海洋牧场依托地理优势，基于海洋生态学理论，以热带岛礁/珊瑚礁生境养护与资源增殖为核心，融合热带海洋旅游为特色，构建以热带资源养护与休闲旅游有机结合为特色的海洋生态牧场。2016年 10 月，蜈支洲岛旅游区荣获国家 5A 级旅游景区，现已成为海南省著名的热带海岛生态旅游度假休闲胜地。

作为我国第一个热带海洋牧场，蜈支洲岛海域海洋牧场充分利用多样化自然生境（如珊瑚礁盘、海草床等），并在适宜区域营造人工生境（如投放人工鱼礁），通过开展资源养护与增殖放流等措施，恢复区域生物多样性、提升环境承载力、增加野生珊瑚礁鱼类和其他经济鱼类资源量，实现多营养层次功能群合理搭配，在保证生态系统健康、增加资源产出的同时为休闲旅业提供优良生态环境，有效促进渔旅结合的现代海洋渔业产业发展，将蜈支洲岛海域建成以海洋生态旅游为核心的国家级海底生态公园，使之成为国内热带珊瑚岛礁资源养护与休闲旅游型海洋牧场的典型代表。另外，管护单位在陆地建设有客运码头、办公大楼、大型停车场等设施，在蜈支洲岛上建有五星级标准的珊瑚酒店、海洋运动中心、大型风味餐厅，拥有大小船、艇 100 余艘，每年可接待300 余万人次。

经济、生态及社会效益分析

增殖型海洋牧场的效益主要包括生态效益、经济效益和社会效益。增殖型海洋牧场主要通过对象生物的增殖，在保障生态良好的前提下产出渔获物，因此就效益而言，其经济效益高低是此类型牧场建设的重要关注点。

第一节　经济效益分析

增殖型海洋牧场在经济效益方面主要表现为通过海洋牧场建设使增殖对象生物资源得到大幅提升，生物产出量特别是优质海产对象生物产出量得到大幅增加，从而使渔民收入不断增加，在增殖品种产量提升的同时可以带动产品品牌化发展，充分发挥名优品牌效应，提升产品附加值，使得渔区经济得到快速发展；另外还可以带动其他产业如加工制造、物流配送、生态观光等产业发展，有效延长产业链条，使整个增殖型海洋牧场建设丰富全产业链条，真正使产前、产中、产后的各产业全面发展，经济效益全面提升。

一、提高渔民收入、渔业产值

近年来渔业生产力的提高丰富了渔业资源，进一步推动了渔业生产的增长使其能够长远发展。目前，人工鱼礁按经济学可划分为四类：公共物品类、私人物品类、俱乐部物品类和拥挤性物品类（表 5-1）。

表 5-1　人工鱼礁经济学划分

类　型	竞争性	排他性	释例
公共物品类（Ⅰ）	—	—	生态保护鱼礁，产卵场养护礁

（续）

类 型	竞争性	排他性	释例
私人物品类（Ⅱ）	＋	＋	休闲钓鱼礁，经营性鱼礁
俱乐部物品类（Ⅲ）	－	＋	贵族俱乐部鱼礁，特许鱼礁
拥挤性物品类（Ⅳ）	＋	－	半开放鱼礁

注：表中＋和－分别表示有和无。

国外关于人工鱼礁的研究已证明它对于经济的促进作用。Whitmarsh 等（2008）通过分析人工鱼礁对近岸海域渔场的支撑作用，审查了人工鱼礁的用途和潜力，证实了它们在维持沿海渔业中的作用。2002 年，日本北海道大学佐藤修博士论证过：1 空方人工鱼礁渔场比未投礁的一般渔场，平均可增加 10 千克渔获量，如按此计算，拟投放 4 000 空方（能产生最佳效应的投放鱼礁体积的最小值）的人工鱼礁，则平均可增加 40 吨渔获量，平均每吨渔获物按 2 万元计算，可增加 80 万元产值。

在国内，天津大神堂牡蛎礁海洋特别保护区建立之后，对保护区各功能区进行了有计划的生态保护与恢复，使该区域生物数量大幅度增加，同时经济物种的种类数量也得到了提升，间接提高了当地渔民的收入水平。

珊瑚礁能维持渔业资源。珊瑚礁可为多种重要商业鱼类提供食物来源及繁殖场所，促进了渔业收入的增加，带来一定的经济效益。Moberg 等（1999）曾系统地论述了珊瑚礁生态系提供资源和物理结构功能、生物功能、生物地球化学功能、信息功能和社会文化功能等。研究表明：健康的珊瑚礁系每年每平方公里渔业产量达 35 吨，全球约 10％的渔业产量源于珊瑚礁地区，在印度－太平洋等发展中国家则可高达 25％，是人类所需蛋白质的主要来源。

二、促进相关产业经济发展

牡蛎礁对经济效益的推动体现在通过提高海钓消费、促进休闲渔业和商业性捕捞增长，得到经济收益。纽约市曼哈顿区自 2014 年开始实施"十亿牡蛎计划"，重建纽约市周围水域的牡蛎礁。项目与当地的多家餐厅合作，将牡蛎作为招牌菜，这一举措促进了当地的经济发展。

多数海草床区在开发海草床旅游资源的同时，注重带动海草床附属资源的发展，比如相关的加工产业以及高科技产业。从表 5-2 可以看出，人类活动对海草进行了直接和间接的开发，直接利用价值从 1980 年到 2005 年上涨了 4 452.88 万元，间接利用价值有所下降。随着经济水平的改善，可以适当投入资金研发海草的其他价值，比如海草自身所具有的美容保健作用，最大限度地开发海草床资源的价值。

表 5-2　人类活动对海草生态系统服务价值的影响（万元）

价值类型	服务功能	1980 年	2005 年	价值量变化
直接利用价值	食物生产	356.94	4 809.82	4 452.88
间接利用价值	调节大气、生态系统营养循环、水质净化、生物多样性、科学研究	47 802.12	8 691.29	−39 110.83
总经济价值	—	48 159.06	13 501.11	−34 657.95

　　海藻产业是以大型海藻为主的新兴产业，目前全球的海藻生产量正逐年攀升中，其中大型海藻生产量占全部藻类的 99%，热带经济大型海藻近年来逐渐成为大型海藻养殖业的主流对象，极大地促进了藻类产业的快速发展。2010 年以前，全球海藻场主要增殖对象是以海带、裙带菜为主的冷温带海藻。近年来，随着相关产业发展需求的增加，江蓠和麒麟菜等热带海藻在市场上供不应求。大多数江蓠科海藻种类的用途十分广泛，除了作为食品，还是提取琼胶的主要原料和鲍养殖的主要饲料，对富营养化海水养殖区也具有明显的生物修复作用，已成为重要的大型经济栽培海藻种类。

　　海藻历来是亚洲国家饮食中的主要元素，在中国、日本、韩国和菲律宾被广泛用作食物，在这些国家，海藻因其营养价值以及丰富和独特的风味而被公认。热带经济海藻更是由于能够食用、味道鲜美且营养价值高等特点在市场上往往处于供不应求的局面，很容易带动形成养殖的产业化、市场化以及加工产业的配套，创造丰厚的产值和利润。

　　在中国，海藻主要用于食用、化工原料、水产饲料、海藻肥等消费用途。以海藻为原料的商品加工随着藻类养殖业的发展不断衍生，海藻产品价格也持续提升，形成了现代海藻产业体系和技术力量，为水产养殖作出了巨大贡献。

　　在挪威，50 多年来，海藻一直是当地以收获天然生物量为基础的大量工业利用的主题。相关应用包括：①人类食品；②家畜和鱼类饲料产品；③肥料；④益生素；⑤化妆品；⑥生物活性肽；⑦药品和营养品。预计这些产品将在以海藻种植为基础的新出现的挪威生物经济中发挥重要作用。在爱尔兰大西洋沿岸，野生海藻的收获发挥着重要的文化和社会经济作用。随着海藻价值被人们重视，爱尔兰海藻工业出现了新的活力，随着进入人类营养和化妆品市场后进一步迈入高质量、高价值产品的行列。

珊瑚礁为休闲旅游带来经济效益。珊瑚礁自身颜色、形态各异，具有观赏价值，还集热带风光、海洋风光、海底风光、珊瑚花园、生物世界于一体，是发展生态旅游的绝佳胜景，也是重要的生态旅游基地。在旅游方面，人们注重强调某一类涉礁活动带来的经济价值，比如开展水肺潜水旅游、休闲垂钓、鲨鱼观赏等丰富的珊瑚礁旅游资源有效地带动了日本冲绳旅游者人数的增加，推动了当地旅游业的持续发展。

珊瑚礁蕴藏着丰富的矿产和油气资源。目前珊瑚礁的最大经济效益体现在它是高产的、储量巨大的、潜在的新能源的产生地，珊瑚礁灰岩是多孔隙岩类，渗透性好，有机质丰富，是油气良好的生储层。目前已发现和开采的礁型大油田有十多个，可采储量50多亿吨，这些大型油气田多产于古代的堡礁中。珊瑚礁及其潟湖沉积层中，还有煤炭、铝土矿、锰矿、磷矿。在礁体粗碎屑中发现铜、铅、锌等多金属层控矿床。从地质地貌的研究角度来看，珊瑚礁具有良好的生、储、盖、闭条件，世界上日产万吨的8口油井中，有4口分布在礁型油气田上。

第二节　生态效益分析

增殖型海洋牧场的生态效益方面，主要是通过建设海洋牧场让海洋生态环境得到修复和改善，可分为两个部分：一是可以改善非生物环境，如通过人工鱼礁建设可以改变海底的光、色、声、地形、底质等，为生物提供适宜的生长环境；二是改善生物环境，如大型藻类为多种生物提供饵料、栖息地、产卵附着基等，有助于生物的繁衍和生长，对维持生物多样性、生物群落结构稳定发挥重要作用。

一、改善海域的生态环境，净化水质

人工鱼礁的投放可以改变海域的生态环境，陈应华（2009）等根据

投礁前后大亚湾人工鱼礁区浮游植物的调查，分析发现投礁后浮游植物的生物量逐年递增，也证明了人工鱼礁的投放有助于改善生态环境提高初级生产力水平。秦传新（2011）等通过调查深圳市杨梅坑人工鱼礁区，发现该水域逐步形成了自然的、完善的生态结构，生态效益已初步体现，人工鱼礁区海域生态系统初级生产力明显增加。林军、章守宇（2007）等从物理环境、鱼礁材料和礁体投放冲击力等角度发现礁体的物理稳定性决定其生态稳定性，证明了人工鱼礁是改变近海生态环境和增养殖水产资源的一种有效手段。

牡蛎礁指由大量牡蛎固着生长于硬底物表面所形成的一种生物礁系统，牡蛎礁具有净化水体的功能。国内对于牡蛎礁的生态作用做过许多研究，Quan 等（2009）使用牡蛎壳作为长江口牡蛎礁恢复的底物替代材料，发现牡蛎礁区水生生态系统的结构与功能得到明显改善。李春青等（2013）通过对天津海域牡蛎礁区的调查显示，该区域生态修复与生物资源恢复项目的实施对于海洋环境和海洋生物资源的改善有积极作用。长江口由于环境污染、过度捕捞和大型工程建设，河口生态系统面临全面退化。为了修复河口生态系统、弥补大型工程建设对河口生态系统的破坏和影响，中国水产科学研究院东海水产研究所率先启动了长江口生态系统修复项目。通过在长江口南北导堤及其附近水域进行了巨牡蛎的增殖放流，已取得初步成效。在美国东南部和墨西哥湾沿岸的河口和沿海地区，牡蛎礁不仅是生物栖息地，还能够减少河口富营养化，降低浊度并改善水质，影响着许多东南部河口的健康和稳定。

海草床具有改善海水的透明度，净化和调控水质及营养盐循环的功能。它能够降低周围海水中悬浮物的浓度，可以有效吸收水体和表层沉积物中的营养盐，有助于保持水体清澈。

大型海藻对氮、磷元素的吸收量相当可观。海藻在生长过程中通过吸收海水中的氮和磷并转化成自身所需营养成分，同时还具有积累营养盐的能力，可以作为海洋生态系统中的氮库和磷库，能有效抑制水域富营养化，防止赤潮发生。徐惠君等（2011）调查了 2008 年浙江温州洞头海区大型经济海藻羊栖菜和坛紫菜的养殖面积和产量，发现海藻养殖可以防止洞头海区的富营养化程度加剧，净化海水水质，防止赤潮发生。

二、提供避难所、栖息地、繁殖场所

人工鱼礁在环境修复以及渔业资源养护与增殖中均起到了积极的作用，证明了人工鱼礁的生态效果。如 Ahmad 等研究马来西亚半岛东岸人工鱼礁区发现，其为鱼类和其他海洋动植物提供了新的生境，大多数人工鱼礁的表面在投放后 6 个月内有附着生物附着。近年来，Mohd 等（2013）研究发现，在 3 年时间内，人工鱼礁区海洋动物群落覆盖度平均达到 17%。尽管海洋表层生物的定居总覆盖率仍然很低（平均17.02%，2008 年 4 月和 2010 年 5 月），但是，部署在蒂奥曼岛帕努巴湾的瓦博科尔人工鱼礁显示出为珊瑚和其他固着生物建立新栖息地的潜力。Yamamoto 等（2014）指出，人工鱼礁投放布局的复杂性，导致鱼群组成的差异性。研究表明，人工鱼礁对当地鱼类物种丰富度的积极影响主要是为相对稀有的物种提供避难所。因此，自然栖息地减少时，人工鱼礁结构对维持低丰度物种的贡献可能特别有用。

牡蛎礁栖息地对动物群落具有重要作用，因为牡蛎礁可以提高附着牡蛎的聚集率并提供生物栖息地，10 米^2 的牡蛎礁栖息地每年将增加2.6 千克鱼类和大型甲壳类动物。纽约港受环境污染影响，海洋生物日益减少，牡蛎作为天然净化器，形成的礁区可以为其他的海洋生物提供栖息地，并帮助纽约的海岸抵御恶劣气候造成的风暴潮。在美国东南部和墨西哥湾沿岸的河口和沿海地区，牡蛎礁除了能够减少河口富营养化、改善水质外，牡蛎礁还作为生物栖息地，为游泳动物提供通道、避难所、产卵场所等。

海草床对于珊瑚礁鱼类的影响主要是基于他们可以作为鱼类的避难所、摄食场和产卵地等因素，海草床复杂的群落结构为鱼类资源提供了良好的隐蔽场所，降低了被捕食的概率；海草床为大量海洋生物提供栖息地，其中包括底栖动植物、深海动植物、附生生物、浮游生物、细菌和寄生生物，同时还是鱼、虾及蟹等的生长场所和繁衍场所。海草床里的腐殖质特别多，也有利于海鸟的栖息。同时，海草床作为天然的防波堤，能够消减波浪动能，使海草床内形成相对稳定的海域，从而更有利于小型海洋生物，特别是海洋生物幼体的栖息，并成为其天然的避护场所。海草具有丰富的生物多样性，在海草群落中，1 公顷的海草床可生产的生物量达到 24 吨/年，这一巨大的生物量为无数的观赏和经济生物

提供食物和栖息场所。

海藻场是海洋生态系统重要的组成部分，扩大大型海藻增殖面积可使海区打造成海藻森林，能为海洋动物提供饵料以及良好的栖息环境，因其具有丰富的食物来源以及复杂的生境结构，使其成为底栖动物、鱼类、哺乳类和鸟类等众多海洋动物生命活动的绝佳场所。对提高生物多样性和维护生态系统具有重大意义。大型海藻的生长特性决定了它们是海洋生态系统中最主要的初级生产力之一，这也使得大型海藻能够为大量海洋生物提供稳定的食物来源。海藻场作为鱼类（特别是幼体）良好的栖息环境，成为许多经济鱼类和无脊椎动物的重要育幼场所，并且在促进生物幼体生长率、存活率、提供食物来源和庇护场所等具有重要作用。

珊瑚礁为许多海洋生物提供了产卵、繁殖、栖息和躲避敌害的场所。珊瑚礁构造中众多孔洞和裂隙，为习性相异的生物提供了各种生境，为它们创造了栖居、藏身、育幼、索饵的有利条件。

三、提供饵料

海草床为鱼类生长提供了丰富的饵料；而海草脱落形成的碎屑，又成为刺参、方格星虫和一些蟹类、滤食性动物重要的食物来源。死亡的海草床也是复杂食物链形成的基础，细菌分解海草腐殖质，为沙虫、蟹类和一些滤食性动物如海葵和海鞘类提供食物。大量腐殖质的分解释放出氮、磷等营养元素，溶解于水中被海草和浮游生物重新利用。而浮游植物和浮游动物又是幼虾、鱼类及其他滤食性动物的食物来源。

海藻场是海洋生态系统重要的组成部分，扩大大型海藻增殖面积可将海区打造成海藻森林，能为海洋动物提供饵料以及良好的栖息环境，因其具有丰富的食物来源以及复杂的生境结构，是底栖动物、鱼类、哺乳类和鸟类等众多海洋动物生命活动的绝佳场所。大型海藻的生长特性决定了它们是海洋生态系统中最主要的初级生产力之一，这也使得大型海藻能够为大量海洋生物提供稳定的食物来源。海藻场作为鱼类（特别是幼体）良好的栖息环境，成为许多经济鱼类和无脊椎动物的重要育幼场所，并且在为生物幼体提供食物来源和庇护场所从而提高其生长率、存活率等方面具有重要作用。

珊瑚礁具有很高的生物生产力，能在养分不足的水域内进行有效的循环，为大量的物种提供食物。

四、提高生物多样性

人工鱼礁的投放对提高生物多样性具有重要意义。张虎（2005）等对连云港海州湾鱼礁的渔业资源养护情况进行调查，结果表明人工鱼礁投放后鱼礁区生物多样性指数和丰度均有所增加，优势资源种类也有一定的变化。林军、章守宇（2007）等从物理环境、鱼礁材料和礁体投放冲击力等角度发现礁体的物理稳定性决定其生态稳定性，证明了人工鱼礁是改变近海生态环境和增养殖水产资源的一种有效手段。其他国家和地区对于人工鱼礁的生态效果也进行了多年的研究。在意大利的亚热带沿海，人们把 1000 多辆废弃汽车抛到海底，一段时间后，这些旧汽车周围长满了水下植物，许多鱼、虾及其他海洋动物被吸引到汽车周围，这里成了人们获得高渔获物的捕捞基地。Hackradt 等（2011）研究发现，随着礁区面积和礁体孔洞数量的增加，鱼类丰富度和多样性随之提高；而且，自然鱼礁和人工鱼礁区的鱼类组成、营养层级和结构明显不同。Simon 等（2011）则通过在人工和自然礁进行鱼类的水下视觉调查，比较了两个人工鱼礁和两个天然鱼礁的鱼类体长频率、平均生物量和四种鱼类的出现频率，证实了人工鱼礁对特定鱼类的吸引和集聚效果。

海草床相比珊瑚礁一般领域面积更大，在一定程度上能够截留更多的仔鱼。定量研究表明，没有海草床存在的环境下，珊瑚礁鱼类资源的丰富度和生物量显著下降，这也是海草床对珊瑚礁鱼类贡献的直接证据。海草具有丰富的生物多样性，在海草群落中，1 公顷的海草床可生产的生物量达到 24 吨/年，这一巨大的生物量为无数的观赏和经济生物提供食物和栖息场所。海草群落的生物多样性可达到 292~10644 个/公顷。研究表明在海草床中，可找到超过 100 种伴生生物，而在没有海草的地方，只有不到 60 种。

在所有的海洋生态系统中，珊瑚礁的生物多样性是最丰富的，其丰富的程度只有热带雨林可以比拟。吴钟解等（2015）根据海南岛东岸及南岸近 10 年的珊瑚礁浅水礁坪区珊瑚礁鱼类的长期定点水下监测数据，从种类组成、分布密度变化、多样性指数、相对丰富度以及相似性等方面探讨了海南岛东岸、南岸珊瑚礁浅水礁区鱼类物种组成及群落结构变

化，发现丰富的珊瑚礁资源为珊瑚礁鱼类提供了栖息及繁育场所，造就了珊瑚礁鱼类物种丰富的特点。黄晖等（2012）指出与 1975 年和 2002 年相比，海南岛西北部造礁石珊瑚物种数量有了显著增加，从 33 种增加到 50 种。张桥民等（2006）在调查中指出，尽管在珊瑚礁衰退的大背景下，在对三亚鹿回头岸段石珊瑚的种数保留较高的情况下，本区仍然维持了较高的生物多样性。说明珊瑚礁对海洋生态系统的良性发展以及对提高生物多样性有促进作用，对沿海地区发展和环境保护提供了有力的支持。

五、减少海浪、海流等的影响，稳固海底底质，保护海岸线

人工鱼礁除了能够提高物种多样性、为水生动物提供栖息地外，还具有减少海流、海浪等对海底的影响的功能。Andersen 等（2017）研究发现，利用人工鱼礁来避免或减轻破碎波活动的影响。通过比较同类型的最大波幅的大小和位置的变化，以及缩放平台的最大位移和人工暗礁耗散波能的能力，发现不同形状和大小的人工鱼礁可以改变海浪的运动。

牡蛎作为天然净化器，形成的礁区可以为其他的海洋生物提供栖息地，并帮助海岸抵御恶劣气候时的风暴潮。例如，北卡罗来纳州海岸线经历了严重的侵蚀，沿海湿地渔业资源也有所下降。为了减少海岸侵蚀过程和增加鱼类栖息地，管理人员利用牡蛎礁来进行改善，将其作为天然缓冲来消除波浪作用并稳定沉积物。

海草床有稳固近海底质和海岸线的作用。海草是一种根茎植物，生长于近海海岸淤泥质或沙质沉积物上，它根系很稠密，可以固定底质，抵抗波浪与潮汐运动，防止或减缓海滩和海岸的流失，降低其被侵蚀的程度与速度，起到巩固及防护海床底质和海岸线的作用。因此，海草床作为海岸保护的天然屏障，对海洋底栖生物保护起着非常重要的作用。在广西北部湾地区，由于成片繁茂海草床的存在，改善了近岸潮间带和潮下带环境，提高了抵御波浪和潮汐的能力，从而保护了近岸海洋的生态环境。

相较于开阔海域，海藻场能够创造更为稳定的流场和水温环境，Komatsu 等（1994）研究发现，当波浪或海流在进入海藻场后会显著减弱，其流速只有非海藻区的 $70\%\sim85\%$；海藻场的存在还有助于避

免海底沉积物大量流失，Tuya 等（2014）对泰国格兰岛海藻场的水下实验表明，海藻场对沉积物的固定率能够达到 63%，这为底栖碎屑食性动物的生存提供了保障。

珊瑚礁可以起到保护海岸线的作用，珊瑚礁在保护脆弱的海岸线免于被海浪侵蚀这一过程中扮演了重要的角色。它就好像自然的防波堤一般，有 70%～90% 的海浪冲击力量在遭遇珊瑚礁时会被吸收或减弱，而珊瑚礁本身会有自我修补的力量。死掉的珊瑚会被海浪分解成细砂，这些细砂丰富了海滩，也取代已被海潮冲走的沙粒。珊瑚礁、红树林、海防林被称为海岸线的三道防线。这三道防线共同作用，对于沿海地区防风减灾，防止海岸线侵蚀起着巨大的作用。因此，珊瑚礁既是一种生物地质体，又是一种特有的地貌景观。有些珊瑚礁与其所靠的岬角基岩组成特别的地貌组合，对被蚀岸段起着自然的护岸作用，在军事上也是天然良好的防护工事。

六、调节气候

牡蛎礁具有修复海洋环境、促进生物附着、聚集和固碳等作用，通过牡蛎的钙化过程每年固定碳量达 3.33×10^4 吨，直接产生的固碳效益达 837 万元/年，相当于营造 1110 公顷热带森林。

海草床是地球上最有效的碳捕获和封存系统。有研究发现，其储存碳的效率比森林高达 90 倍。海草床是继红树林、珊瑚礁以外的一个重要典型的海洋生态系统。海草床除了具有固定底质、保护海岸以及调节气候等生态防护效应外，同时也具有保护海岸带生态系统的"蓝碳"效应。海草群落具有很高的生产力，其年生产力可以相当于甚至超过陆生植物。由此可见，海草具有高生产力，是热带和温带浅海水域第一性生产力的重要提供者。

作为光合自养型生物，大型海藻是海洋生态系统中物质吸收转换的基础驱动者之一，其通过光合作用获取能量进行生长、繁殖等生命活动。此过程中，大型海藻通常需要吸收海水中包括溶解无机碳、硝酸盐和磷酸盐在内的多种无机物质，再经过一系列生化反应后产生有机物质，并释放相应量的氧气。Egan 等（2002）研究显示，每平方米巨藻的碳吸收率可达 3.4 千克/年。大型海藻在生长过程中还能释放大量的氧气，Hatcher 等（1977）研究发现每平方米的巨藻一天当中净释放的

氧气最高可达 2.2 克。

部分藻类对无机碳的去除效率可达 96.98%，大陆架生长的大型藻类碳汇能力相当于全球海洋固碳总量的 35%。目前，中国藻类养殖的年产量超过 110 万吨，年固碳量基本超过 50 万吨，且海藻的产量仍在逐年增加。刘耀谦等（2019）研究发现硇洲岛岩礁带 19 种天然生长的大型海藻在自然环境下可以生长良好，并且具有较好的固碳能力，尤其是拟鸡毛菜、纵胞藻、半叶马尾藻、囊藻等年生产力与养殖经济藻类接近。大型海藻对氮、磷元素的吸收量相当可观，对海水中氮、磷元素含量有促进作用。海藻在生长过程中通过吸收海水中的氮和磷转化成自身所需营养成分，同时还具有积累营养盐的能力，可以作为海洋生态系统中的氮库和磷库，能有效抑制水域富营养化，防止赤潮发生。

珊瑚礁有优化大气环境的作用。珊瑚礁生态系统的物质循环主要有碳、氮、磷和硅等 4 种元素的生物地球化学循环，包括固氮、二氧化碳/钙的贮存与控制、废物清洁等过程。珊瑚虫在碳循环中扮演着重要的角色，它可吸收二氧化碳，将它们转变为碳酸钙骨骼，有助于降低地球大气中的二氧化碳含量，从而减轻温室效应、降低大气温度。同时，这种生物化学过程也维持了全球钙平衡，每年珊瑚礁沉淀输送到海洋中的钙约有 1.2×10^{13} 摩尔。

第三节　社会效益分析

首先，海洋牧场建设可以有效配合渔民转产转业，为捕捞渔民上岸提供出路，从而为渔业转型升级奠定基础，为改革注入活力。其次，海洋牧场可以促进旅游业等第三产业发展，推动三产融合、第六产业发展。再次，海洋牧场通过废弃物资源化利用等方式可以推动环境及资源保护理念深入人心，使人们对海洋牧场概念更加明晰，形成人人爱护海洋环境、保护海洋资源的良好风尚。最后，海洋牧场可以使渔民权益、渔业权益得到有效维护，科学用海、规范用海、和谐用海的理念将深入人心。

一、带动渔民转产转业，促进就业，提高渔民生产生活水平

人工鱼礁产生的社会效益直接体现在增殖目标生物的产量大幅度提

高，水产品的数量与质量得到保障，促进渔民增收，带动渔民转产转业，拉动经济发展。

牡蛎礁的建立为科学、合理、可持续利用海洋资源做出重要贡献，能产生良好的社会影响，综合兼顾了海洋生态、水产养殖、渔民生产生活等多个方面，避免了对当地渔民生产生活的影响。英国的埃塞克斯郡默西岛通过开展采牡蛎大赛，吸引了来自世界各地的游客，提高了当地居民的收入水平，同时也丰富了游客及居民的社会活动。

在所罗门群岛，海藻增养殖有许多社会经济利益。当地和国际社会以及所罗门群岛政府都受益于海藻种植。其中包括海藻增养殖为家庭提供收入；为当地人提供了能力建设的机会，当地居民参加了渔业和海洋资源部举办的讲习班，提高他们的技能；通过海藻增养殖赚取外汇收入，减少了许多太平洋岛屿国家面临的贸易平衡问题。马来西亚政府通过"马来西亚海藻发展计划"（通过马来西亚渔业部管理），在确保粮食安全、减少捕捞渔业的压力、创造外汇收入、提供就业、扩大替代生计以及为商业和商业投资创造机会等方面发挥越来越重要的作用。

二、提高群众海洋资源保护意识

牡蛎礁建成之后将通过生态旅游等形式可以为公众提供一个良好的宣传海洋保护和生态保护的基地，从而达到良好的社会效益。

海草床建设过程中，政府部门大多采取"在保护中开发、在开发中保护"的措施，建立资源与环境保护和海洋经济统筹兼顾的海洋可持续发展示范基地。在特别保护区范围内以海域空间的合理调配实现对海洋环境和海洋资源的合理配置，促进各类资源可持续利用技术和清洁生产技术的应用。体现保护是为了更好地开发，以开发来促进保护，逐步建立符合海洋开发实际的"资源节约型"和"环境友好型"的可持续发展模式。①建立海草床生物资源可持续利用示范基地。海草床的屏蔽作用和高初级生产力为许多贝类、鱼类和蟹类等生物提供栖息地。通过放养的手段和自然恢复，增加生物量，在管理部门的指导下，采取合理控制性的捕捞方式，控制捕捞数量，捉大放小，维持生物持续繁殖，成为海草床生物资源可持续利用示范基地。②建立海草床生态公园，开展海洋观光旅游。例如：新村港在建立海草床生态公园时就以新村港充满神秘色彩的"海底草原"吸引游客，在其中放养各种景观生物，恢复海草生

态系统，使其成为"海草床生态公园"，开展浮潜、潜水及玻璃底观光船等项目进行海草床生态观光旅游，在海草床生长区可以看到多姿的海洋生物，让人近距离感受海洋，意识到保护海洋资源的重要性，促进人与自然和谐共生。

三、促进社会可持续发展

人工鱼礁的社会效益间接体现在对社会需求的满足程度，增殖技术的推广，科研成果的产业化转换，当地游钓等休闲渔业的发展，周边群众关于资源保护思想认识，以及促进国家政府对行业项目的支持等。如多功能人工鱼礁（MFAR）能够提供一个可以进行体育、经济、娱乐和环境改善的环境，也是海防建设的要素。

海草床资源可以带动相关高科技产业的发展。美国科学家通过基因工程技术，将海草中的基因注入陆地作物高粱的基因中，于 1997 年培植出第一批可用海水浇灌的新型高粱。德国科学家利用海草中含有的碳酸钙于 2001 年制成性能几乎与人的骨头完全一样的人造骨，是理想的骨组织替代物。因此，保护好海草床资源并在保护中进行科学开发，对经济社会可持续发展具有巨大的推动作用。

珊瑚与珊瑚礁具有很高的观赏价值。由于珊瑚和珊瑚礁能带来独特的景观体验越来越多的潜水观光客在寻找全球各地原始珊瑚礁群。因此，不少国家在确保珊瑚礁可持续发展的前提下，合理利用珊瑚和珊瑚礁的观赏价值，科学发展观光旅游产业，如澳大利亚的大堡礁群，是旅游业发展的一个典范。

附：海洋牧场科普宣传资料、海洋牧场相关标准（准则）

科普宣传资料
（许强、覃乐政提供）

相关标准（准则）
（孙景春、罗刚提供）

参 考 文 献

蔡晓明，2000. 生态系统生态学 [M]. 北京：科学出版社.

蔡学廉，2005. 我国休闲渔业的现状与前景 [J]. 渔业现代化 (1)：46-48.

陈德权，2018. 辽宁海洋休闲观光渔业发展瓶颈与策略研究 [J]. 辽宁经济 (10)：68-70.

陈克龙，苏旭，2013. 生物地理学 [M]. 北京：科学出版社.

陈坤，张秀梅，刘锡胤，2020. 中国海洋牧场发展史概述及发展方向初探 [J]. 渔业信息
    与战略，35 (1)：12-21.

陈坤，张秀梅，刘锡胤，等，2020. 中国海洋牧场发展史概述及发展方向初探 [J]. 渔业
    信息与战略，35 (1)：12-21

陈攀，陈燕，马军，等，2018. 西沙礁盘区琼枝麒麟菜底播养殖技术研究 [J]. 海南热带
    海洋学院学报，25 (5)：18-22.

陈丕茂，舒黎明，袁华荣，等，2019. 国内外海洋牧场发展历程与定义分类概述 [J]. 水
    产学报，43 (9)：1851-1869.

陈武法，2003. 用多功能卫星导航仪定位投放人工鱼礁 [J]. 水产科技，31-32.

陈心，冯全英，邓中日，2006. 人工鱼礁建设现状及发展对策研究 [J]. 海南大学学报
    (自然科学版)，83-89.

陈永茂，李晓娟，傅恩波，2000. 中国未来的渔业模式——建设海洋牧场 [J]. 资源开发
    与市场 (2)：78-79.

陈勇，2020. 中国现代化海洋牧场的研究与建设 [J]. 大连海洋大学学报，35 (2)：
    147-154.

陈勇，吴晓郁，邵丽萍，等，2006. 模型礁对幼鲍和幼海胆行为的影响 [J]. 大连水产学
    院学报，21 (4)：361-365.

陈勇，杨军，田涛，等，2014. 獐子岛海洋牧场人工鱼礁区鱼类资源养护效果的初步研究
    [J]. 大连海洋大学学报，29 (2)：183-187.

陈勇，于长清，张国胜，等，2002. 人工鱼礁的环境功能与集于效果 [J]. 大连水产学院
    学报，17 (1)：64-68.

崔丹，王辉，刘君，等，2019. 海南岛沿岸海域砗磲资源调查及保护前景展望 [J]. 海洋
    通报，38 (5)：527-532.

崔勇，关长涛，万荣，等，2010. 海珍品人工增殖礁模型对刺参聚集效果影响的研究 [J].
    渔业科学进展 (2)：109-113.

邓显明，陶春辉，孙春岩，等，2006. 侧扫声呐和浅地层剖面仪在人工鱼礁选址和监测中
    的应用 [C]. 中国地球物理学会第 22 届年会，中国四川成都.

董利苹，曲建升，王金平，等，2020. 国际海洋牧场研究的发展态势 [J]. 世界农业 (2)：
    4-13，58.

段丁毓，2019. 海洋牧场景观规划策略研究 [D]. 上海：上海海洋大学.

段丁毓，秦传新，朱文涛，等，2020. 海洋牧场景观生态分类研究：以柘林湾海洋牧场为例 [J]. 渔业科学进展，41（2）：1-11.

冯顺楼，1983. 开创海洋渔业新局面的一个重要措施——从我国海洋渔业潜在危机看"人工鱼礁"建设的必要性 [J]. 福建水产（4）：20-23.

冯顺楼，1989. 发展人工鱼礁开辟海洋牧场是振兴我国海洋渔业的必然趋势 [J]. 现代渔业信息（2）：3.

奉杰，张涛，李海州，等，2018. 基于 EwE 模型的海洋牧场生物承载力评估和未来生物量变化预测 [C]. 第二届现代化海洋牧场国际学术研讨会、中国水产学会渔业资源与环境专业委员会 2018 年学术年会，中国辽宁大连.

高月鑫，曾江宁，黄伟，等，2018. 海洋功能区划与海洋生态红线关系探讨 [J]. 海洋开发与管理，35（1）：33-39.

公丕海，2014. 海洋牧场中海珍品的固碳作用及固碳量估算 [D]. 上海：上海海洋大学.

郝振林，张秀梅，张沛东，等，2008. 金乌贼荧光标志方法的研究 [J]. 水产学报（4）：577-583.

何培民，刘媛媛，张建伟，等，2015. 大型海藻碳汇效应研究进展 [J]. 中国水产科学，22（3）：588-595.

贺亮，刘丽，廖健，等，2016. 圆台型混凝土人工藻礁礁体结构设计及其稳定性分析 [J]. 广东海洋大学学报，36（6）：74-80.

胡求光，2017. 国家海洋发展战略与浙江蓝色牧场建设路径研究 [M]. 北京：海军出版社.

黄晖，2014. 三亚珊瑚礁生态系统退化机制与生态修复研究 [J]. 中国科技成果（7）：78-80.

黄晖，李秀保，2013. 南海珊瑚生物学与珊瑚礁生态学 [J]. 科学通报，58（7）：1573.

黄晖，刘骋跃，2019. 热带岛礁型海洋牧场中珊瑚礁生态系统的构建和恢复——以造礁石珊瑚为例 [C]. 第三届现代海洋（淡水）牧场学术研讨会摘要集.

黄晖，张浴阳，刘骋跃，2020. 热带岛礁型海洋牧场中珊瑚礁生境与资源的修复 [J]. 科技促进发展.

黄伟，曾江宁，陈全震，等，2016. 海洋生态红线区划——以海南省为例 [J]. 生态学报，36（1）：268-276.

黄小平，江志坚，范航清，等，2016. 中国海草的"藻"名更改 [J]. 海洋与湖沼，47（1）：290-294.

贾晓平，陈丕茂，唐振朝，等，2011. 人工鱼礁关键技术研究与示范 [M]. 北京：海洋出版社.

雷新明，黄晖，练健生，2019. 三亚珊瑚礁珊瑚藻种类及其空间特征与环境因子的关系 [J]. 热带海洋学报，38（3）：79-88.

李滨勇，王权明，黄杰，等，2019. "多规合一"视角下海洋功能区划与土地利用总体规划的比较分析 [J]. 海洋开发与管理（1）：3-8.

李娇，关长涛，公丕海，等，2013. 人工鱼礁生态系统碳汇机理及潜能分析 [J]. 渔业科学进展，34（1）：65-69.

李磊，2010. 珠江口海洋牧场建设思考 [J]. 海洋开发与管理（9）：105-108.

李连凯，陈胜，2011. 舟山市白沙岛海洋牧场建设现状分析及发展对策研究［J］. 绿色科技（10）：13-15.

李陆嫔，2011. 我国水生生物资源增殖放流的初步研究［D］. 上海：上海海洋大学.

李森，范航清，邱广龙，2010. 海草床恢复研究进展［J］. 生态学报，30（9）：2443-2453.

李思发，1990. 淡水鱼类种群生态学［M］. 北京：农业出版社.

李文涛，张秀梅，2009. 海草场的生态功能［J］. 中国海洋大学学报（自然科学版），39（5）：933-939.

李永振，陈国宝，袁蔚文，2004. 南沙群岛海域岛礁鱼类资源的开发现状和开发潜力［J］. 热带海洋学报，23（1）：69-75.

李振基，陈圣宾，2011. 群落生态学［M］. 北京：科学出版社.

李正楼，2002. 国家海洋局发布《全国海洋功能区划》［J］. 海洋开发与管理，19（5）：64-65.

梁君，王伟定，虞宝存，等，2015. 东极海洋牧场厚壳贻贝筏式养殖区可移出碳汇能力评估［J］. 浙江海洋学院学报（自然科学版）（1）：9-14.

廖彬彬，2013. 热带珊瑚岛礁生态系统风险评价与管理研究［D］. 上海：华东师范大学.

刘洪雁，2018. 青岛崂山湾人工鱼礁区食物网结构和生态系统功能评价［D］. 青岛：中国海洋大学.

刘辉，奉杰，赵建民，2020. 海洋牧场生态系统监测评估研究进展与展望［J］. 科技促进发展，16（2）：213-218.

刘鹏，周毅，刘炳舰，等，2013. 大叶藻海草床的生态恢复：根茎棉线绑石移植法及其效果. 海洋科学，37（10）：1-8.

刘同渝，2003. 国内外人工鱼礁建设状况［J］. 渔业现代化（2）：36-37.

刘卫东，2013. 经济地理学思维［M］. 北京：科学出版社.

刘晓颖，2016. 海洋生态红线区遥感监测方案设计与实践［D］. 天津：天津师范大学.

刘燕山，郭栋，张沛东，等，2015. 北方潟湖大叶藻植株枚订移植法的效果评估与适宜性分析［J］. 植物生态学报，39（2）：176-183.

刘卓，杨纪明，1995. 日本海洋牧场（Marine Ranching）研究现状及其进展［J］. 现代渔业信息（5）：14-18.

龙丽娟，杨芳芳，韦章良，2019. 珊瑚礁生态系统修复研究进展［J］. 热带海洋学报（6）：1-8.

卢飞，2009. 基于满意度的休闲渔业体验研究［D］. 青岛：中国海洋大学.

逯金明，2018. 基于多波束和侧扫声呐的人工鱼礁区对比分析［J］. 山东工业技术（5）：183.

马丽丽，殷建平，吴跃伟，2018. 国际珊瑚礁领域研究现状及知识图谱分析［J］. 海洋科学（11）：118-125.

牛文涛，徐宪忠，林荣澄，2010. 沉积物对珊瑚礁及礁区生物的影响［J］. 海洋通报，29（1）：106-112.

农业部渔业渔政管理局，中国水产科学研究院，2017. 中国海洋牧场发展战略研究［M］. 北京：中国农业出版社.

潘永奇，王慧晨，薛衍祥，2018. 基于 4P 理论海洋牧场中的休闲旅游分析［J］. 南方企业家（2）：231.

秦树辉，2010. 生物地理学［M］. 北京：科学出版社.

邱广龙，林幸助，李宗善，2014. 海草生态系统的固碳机理及贡献［J］. 应用生态学报，25（6）：1825-1832.

全为民，冯美，周振兴，等，2017. 江苏海门蛎蚜山牡蛎礁恢复工程的生态评估［J］. 生态学报，37（5）：1709-1718.

阙华勇，陈勇，张秀梅，2016. 现代海洋牧场建设的现状与发展对策［J］. 中国工程科学，18（3）：79-84.

沈天跃，2015. 人工鱼礁投放误差评价方法研究［D］. 上海：上海海洋大学.

施炜纲，2009. 长江中下游流域放流物种选择与生态适应性研究［J］. 中国渔业经济，27（3）：45-52.

宋瑞玲，姚锦仙，吴恺悦，等，2018. 海洋保护区管理与保护成效评估的方法与进展［J］. 生物多样性，26（3）：74-82.

孙芪，2015. 海湾生境退化诊断与生态系统结构——功能关系初步研究［D］. 青岛：中国海洋大学.

孙有方，雷新明，练健生，2018. 三亚珊瑚礁保护区珊瑚礁生态系统现状及其健康状况评价［J］. 生物多样性，26（3）：258-265.

唐启升，2019. 渔业资源增殖、海洋牧场、增殖渔业及其发展定位［J］. 中国水产（5）：28-29.

唐启升，方建光，张继红，等，2013. 多重压力胁迫下近海生态系统与多营养层次综合养殖［J］. 渔业科学进展，34（1）：1-11.

田芳，唐衍力，唐曼，2012. 几种鱼礁模型对真鲷诱集效果的研究［J］. 海洋科学，36（11）：85-89.

田涛，陈勇，陈辰，等，2014. 獐子岛海洋牧场海域人工鱼礁区投礁前的生态环境调查与评估［J］. 大连海洋大学学报，29（1）：75-81.

田涛，张秀梅，张沛东，等，2008. 防海胆食害藻礁的设计及实验研究［J］. 中国海洋大学学报（自然科学版）（1）：68-72.

涂逢俊，1994. 中国农业百科全书（水产业卷）［M］. 北京：中国农业出版社.

王超，张伶，2001. 航道疏浚对珠江口附近海洋生态环境影响及预防措施［J］. 海洋环境科学，20（4）：58-60.

王栋梁，余景，陈丕茂，2020. 海洋牧场建设技术研究进展［J］. 安徽农业科学，048（6）：7-11.

王峰，周毅，2014. 海草床中的海草-草食动物相互作用［J］. 生态学杂志，33（3）：843-848.

王凤霞，张珊，2018. 海洋牧场概论［M］. 北京：科学出版社.

王惠，谢恩义，徐日升，等，2019. 硇洲马尾藻 Sargassum naozhouense 幼孢子体附着及原生态恢复［J］. 广东海洋大学学报，39（1）：42-48.

王磊，2007. 人工鱼礁的优化设计和礁区布局的初步研究［D］. 青岛：中国海洋大学.

王倩，郭佩芳，2009. 海洋主体功能区划与海洋功能区划关系研究［J］. 海洋湖沼通报

（4）：188-192.

王瑞军，2017. 人工鱼礁的作用与分类［J］. 齐鲁渔业（34）：56-56.

王伟定，梁君，毕远新，等，2016. 浙江省海洋牧场建设现状与展望［J］. 浙江海洋学院
　　学报（自然科学版），35（3）.

王伟定，徐汉祥，潘国良，等，2007. 浙江省休闲生态型人工鱼礁建设现状与展望［J］.
　　浙江海洋学院学报（自然科学版）（1）：22-27.

王文彬，2015. 休闲观光渔业的发展模式与措施［J］. 新农村（5）：32-33.

王雁，吕冬伟，田雨，等，2020. 大型海藻、海草在生态养殖中的作用及在海洋牧场中的
　　应用［J］. 湖北农业科学，59（4）：124-128.

王云龙，李圣法，姜亚洲等，2019. 象山港海洋牧场建设与生物资源的增殖养护技术［J］.
　　水产学报（439）：1972-1980.

吴桑云，王文海，2000. 海湾分类系统研究［J］. 海洋学报（中文版），22（4）：83-89.

吴忠鑫，2015. 山东俚岛人工鱼礁区生态效果初步评价［D］. 青岛：中国海洋大学.

许军阁，张沛东，2018. 水温升高和升温持续时间对鳗草存活和生长的影响［C］. 第二届
　　现代化海洋牧场国际学术研讨会，中国水产学会渔业资源与环境专业委员会 2018 年学
　　术年会论文集.

许强，李秀保，王爱民，2018. 典型热带珊瑚岛礁海洋牧场渔业资源现状评价［C］. 第二
　　届现代化海洋牧场国际学术研讨会，中国水产学会渔业资源与环境专业委员会 2018 年
　　学术年会论文集.

许强，刘维，高菲，2018. 发展中国南海热带岛礁海洋牧场——机遇、现状与展望［J］.
　　渔业科学进展，39（5）：173-180.

薛彬，丁跃平，郭远明，等，2012. SED 型单波束测深仪在人工鱼礁选址的应用［J］. 河
　　北渔业，12-14.

颜泽贤，范冬萍，张华夏，2006. 系统科学导论——复杂性探索［M］. 北京：人民出
　　版社.

杨宝瑞，陈勇，2014. 韩国海洋牧场建设与研究［M］. 北京：海洋出版社.

杨超杰，2017. 两种多功能人工礁的单位鱼礁关键参数研究及其牧场区生态效果评价［D］.
　　青岛：中国海洋大学.

杨红生，2016. 我国海洋牧场建设回顾与展望［J］. 水产学报，40（7）：1133-1140.

杨红生，2017. 海洋牧场构建原理与实践［M］. 北京：科学出版社.

杨红生，2018. 海洋牧场监测与生物承载力［M］. 北京：科学出版社.

杨红生，霍达，许强，2016. 现代海洋牧场建设之我见［J］. 海洋与湖沼，47（6）：
　　1069-1074.

杨红生，许帅，林承刚，等，2020. 典型海域生境修复与生物资源养护研究进展与展望
　　［J］. 海洋与湖沼，51（4）：809-820.

杨红生，章守宇，张秀梅，等，2019. 中国现代化海洋牧场建设的战略思考［J］. 水产学
　　报，43（4）：1255-1262.

杨金龙，吴晓郁，石国峰，等，2004. 海洋牧场技术的研究现状和发展趋势［J］. 中国渔
　　业经济（5）：48-50.

杨吝，刘同渝，黄汝堪，2005. 人工鱼礁的起源和历史［J］. 现代渔业信息（12）：5-8.

杨吝，刘同渝，黄汝堪，2005. 中国人工鱼礁的理论与实践［M］. 广州：广东科技出版社.

杨清松，张燕英，张颖，等，2019. 一种基于微电极的珊瑚共生体光补偿点测定方法探讨［J］. 生物学杂志，36（6）：96 99.

杨心愿，2019. 祥云湾海洋牧场人工牡蛎礁群落特征及其生态效应［D］. 青岛：中国科学院大学（中国科学院海洋研究所）

姚天舜，2017. 青浜大型海洋藻类生态分布与人工海藻场生境构造技术［D］. 浙江：浙江海洋大学.

叶富良，张健东，2002. 鱼类生态学［M］. 广州：广东高等教育出版社.

尹增强，章守宇，2008. 对我国渔业资源增殖放流问题的思考［J］. 中国水产（3）：9-11.

游桂云，杜鹤，管燕，2012. 山东半岛蓝色粮仓建设研究——基于日本海洋牧场的发展经验［J］. 中国渔业经济，30（3）：30-36.

于亚群，2016. 獐子岛海洋牧场区游憩价值评估［D］. 大连：大连海洋大学.

俞锦辰，李娜，张硕，等，2019. 海州湾海洋牧场水环境的承载力［J］. 水产学报，43.

曾呈奎，1979. 关于我国专属经济海区水产生产农牧化的一些问题［J］. 自然资源（1）：58-64.

张广海，张震，2013. 海洋牧场化解休闲渔业发展矛盾［J］. 中国渔业经济（3）：25-28.

张桂华，2005. 我国休闲渔业的现状及发展对策［J］. 长江大学学报（自科版），2（8）：98-102.

张怀慧，辛洪富，1992. 我国人工鱼礁工程若干影响因素讨论［J］. 大连水产学院学报，6（2）：42-52.

张健，李佳芮，2014. 我国人工鱼礁建设概况、问题及建设途径［J］. 河北渔业（3）：59-61.

张立斌，杨红生，2012. 海洋生境修复和生物资源养护原理与技术研究进展及展望［J］. 生命科学，24（9）：1062-1069.

张沛东，曾星，孙燕，等，2013. 海草植株移植方法的研究进展［J］. 海洋科学，37（5）：100-107.

张沛东，刘燕山，田璐，等，2015. 一种大叶藻种子自然海域播种方法［P］. 山东：CN104429218A，2015-03-25.

张乔民，杨红强，赵美霞，等，2019. 热带生物海岸保护与发展研究［J］. 中国工程科学，21（6）：53-58.

张涛，奉杰，宋浩，2020. 海洋牧场生物资源养护原理与技术［J］. 科技促进发展，16（2）：206-212.

张雪萍，2011. 生态学原理［M］. 北京：科学出版社.

章守宇，林军，汪振华，等，2019. 长江口近外海人工鱼礁建设［M］. 北京：中国农业出版社.

章守宇，孙宏超，2007. 海藻场生态系统及其工程学研究进展［J］. 应用生态学报（7）：1647-1653.

章守宇，许敏，汪振华，2010. 我国人工鱼礁建设与资源增殖［J］. 渔业现代化，37（3）：55-58.

赵海涛，张亦飞，郝春玲，等，2006. 人工鱼礁的投放区选址和礁体设计 [J]．海洋学研究，69-76.

赵锦霞，张志卫，王晶，等，2016. 浅谈我国生态岛礁分类建设 [J]．海洋开发与管理，布局，33（2）：19-23.

赵美霞，余克服，张乔民，2016. 珊瑚礁区的生物多样性及其生态功能 [J]．生态学报（1）：186-194.

赵新生，孙伟富，任广波，等，2014. 海州湾海洋牧场生态健康评价 [J]．激光生物学报，23（6）：626-632.

郑凤英，邱广龙，范航清，等，2013. 中国海草的多样性、分布及保护．生物多样性，21（5）：517-526.

周毅，徐少春，张晓梅，等，2020. 海洋牧场海草床生境构建技术 [J]．科技促进发展，16（2）：200-205.

周毅，许帅，徐少春，等，2019. 中国温带海域新发现较大面积（大于 0.5 km² ）海草床：Ⅱ声呐探测技术在渤海唐山沿海海域发现中国面积最大的鳗草海草床 [J]．海洋科学，4（8）：50-55.

朱孔文，孙满昌，张硕，等，2010. 海州湾海洋牧场人工鱼礁建设 [M]．北京：中国农业出版社．

朱树屏，2007. 朱树屏文集 [M]．北京：海洋出版社．

朱文涛，秦传新，马欢，等，2018. 大亚湾珊瑚礁春季底栖生物的多样性研究 [C]．第二届现代化海洋牧场国际学术研讨会，中国水产学会渔业资源与环境专业委员会 2018 年学术年会论文集．

朱晓东，李扬帆，吴小根，等，2005. 海洋资源概论 [M]．北京：高等教育出版社．

A Moura，D Boaventura，et al.，2007. Effect of depth and reef structure on early microbenthic communities of th J e Algarve artificial reefs（southern Portugal）[J]．Hydrobiologia，580：173-180.

Abe M，Yokota K，Kurashima A，et al.，2009. Temperature characteristics in seed germination and growth of *Zostera japonica* Ascherson & Graebner from Ago Bay，Mie Prefecture，central Japan [J]．Fisheries Science，75：921-927.

Aburto-Oropeza O，Balart E F，2001. Community structure of reef fish in several habitats of a rocky reef in the Gulf of California [J]．Marine Ecology，22（4）：283-305.

Beck M W，Brumbaugh R D，Airoldi L，et al.，2011. Oyster reefs at risk and recommendations for conservation，restoration，and management [J]．BioScience，61（2）：107-116，110.

Benayas J M R，Newton A C，Diaz A，et al.，2009. Enhancement of biodiversity and ecosystem services by ecological restoration：a meta-analysis [J]．Science，325（5944）：1121-1124.

Biebl R，McRoy C，1971. Plasmatic resistance and rate of respiration and photosynthesis of *Zostera marina* at different salinities and temperatures [J]．Marine Biology，8（1）：48-56.

Bortone SA，Martin T，Bundrick CM，1994. Factors affecting fish assemblage development on a modular artificial reef in a northern Gulf of Mexico estuary [J]．Bulletin of Marine

efなெ

Science, 55 (2-3): 319-332.

Bos A R, Bouma T J, Kort G L J D, et al., 2007. Ecosystem engineering by annual intertidal seagrass beds: Sediment accretion and modification [J]. Estuarine Coastal and Shelf Science, 74 (1-2): 344-348.

Bradley M P, Stolt M H, 2006. Landscape-level seagrass-sediment relations in a coastal lagoon [J]. Aquatic botany, 84 (2): 121-128.

Brumbaugh R and Coen L, 2009. Contemporary approaches for small-scale oyster reef restoration to address substrate versus recruitment limitation: A review and comments relevant for theolympia oyster, ostrea lurida carpenter 1864 [J]. Journal of Shellfish Research, 28: 147-161.

Cabaitan P C, Gomez E D, Aliño, et al., 2008. Effects of coral transplantation and giant clam restocking on the structure of fish communities on degraded patch reefs [J]. Journal of Experimental Marine Biology and Ecology, 357: 85-98.

Carney L, Waaland J, Klinger T, et al., 2005. Restoration of the bull kelp *Nereocystis luetkeana* in nearshore rocky habitats [J]. Marine Ecology-progress Series, 302: 49-61.

Chapman P, Reed D, 2006. Advances in coastal habitat restoration in the northern Gulf of Mexico [J]. Ecological Engineering, 26 (1): 1-5.

Christensen V, Walters C J, 2004. Ecopath with Ecosim: methods, capabilities and limitations [J]. Ecological Modelling, 172 (2-4): 109-139.

Colden A M, Latour R J, Lipcius R N, 2017. Reef height drives threshold dynamics of restored oyster reefs [J]. Marine Ecology Progress Series, 582: 1-13.

Cullen-Unsworth L C, Unsworth RK, 2016. Strategies to enhance the resilience of the world's seagrass meadows [J]. Journal of Applied Ecology, 53 (4): 967-972.

Davis R C, Short F T, 1997. Restoring eelgrass, *Zostera marina* L., habitat using a new transplanting technique: The horizontal rhizome method [J]. Aquatic Botany, 59: 1-15.

Davis R C, Short F T, Burdick D M, 1998. Quantifying the effects of green crab damage to eelgrass transplants [J]. Restoration Ecology, 6 (3): 297-302.

De'ath G, Fabricius K E, Sweatman H, 2012. The 27-year decline of coral cover on the Great Barrier Reef and its causes [J]. Proceedings of the National Academy of Sciences of the United States of America, 109 (44): 17995-17999.

Devinny J S, Leventhal J, 1979. New methods for mass culture of *Macrocystis pyrifera sporophytes* [J]. Aquaculture, 17 (3): 241-250.

Duarte C M, 1991. Seagrass depth limits [J]. Aquatic botany, 40 (4): 363-377.

Falace A, Zanelli E, Bressan G, 2006. Algal transplantation as a potential tool for artificial reef management and environmental mitigation [J]. Bulletin of Marine Science, 78 (1): 161-166.

Fischer P, 2000. An experimental test of metabolic and behavioral responses of benthic fish species to different types of substrate [J]. Canadian Journal of Fisheries and Aquatic Sciences, 57 (11): 2336-2344.

Foster K L, Steimle F W, Muir W C, et al., 1994. Mitigation potential of habitat

replacement: concrete artificial reef in Delaware Bay-preliminary results [J] . Bulletin of Marine Science, 55, 783-795.

Fredriksen S, Filbee-Dexter K, Norderhaug K M, et al. , 2020. Green gravel: a novel restoration tool to combat kelp forest decline [J] . Scientific Reports, 10: 3983.

Fulford R S, Breitburg D L, Luckenbach M, et al. , 2010. Evaluating ecosystem response to oyster restoration and nutrient load reduction with a multispecies bioenergetics model [J] . Ecological Applications, 20 (4): 915-934.

Gain I E, Brewton R A, Robillard MM R, et al. , 2017. Macrofauna using intertidal oyster reef varies in relation to position within the estuarine habitat mosaic [J] . Marine Biology, 164 (1): 16.

Gardner T A, Isabelle M Côté, Gill J A, et al. , 2003. Long-term regional-wide declining in Caribbean corals [J] . Science, 301 (5635): 958-960.

Gilby B L, Olds A D, Peterson C H, et al. , 2018. Maximizing the benefits of oyster reef restoration for finfish and their fisheries [J] . Fish and Fisheries, 19 (5): 931-947.

Giulia C, Davide C, Marco M, et al. , 2007. Short-term response of the slow growing seagrass *Posidonia oceanica* to simulated anchor impact [J] . Marine Environmental Research, 63: 341-349.

Guilbeau B P, Harry F P, Gambrell R P, et al. , 2003. Algae attachment on carbonated cements in fresh and brackish waters-preliminary results [J] . Ecological Engineering, 20 (4): 309-319.

Gutiérrez J L, Jones C G, Strayer D L, et al. , 2003. Mollusks as ecosystem engineers: the role of shell production in aquatic habitats [J] . Oikos, 101 (1): 79-90.

Harwell H D, Posey M H, Alphin T D, 2011. Landscape aspects of oyster reefs: Effects of fragmentation on habitat utilization [J] . Journal of Experimental Marine Biology and Ecology, 409 (1-2): 30-41.

Harwell M C, Orth R J, 1999. Eelgrass (*Zostera marina* L.) seed protection for field experiments and implications for large-scale restoration [J] . Aquatic Botany, 64 (1): 51-61.

Hatcher B G, Chapman A R O, Mann K H, 1977. Annual carbon budget for kelp laminaria-longicruris [J] . Marine Biology, 44 (1): 85-96.

Hernández-Carmona G, García O, Robledo D, et al. , 2000. Restoration techniques for macrocystispyrifera (Phaeophyceae) populations at the southern limit of their distribution in México [J] . Botanica Marina, 43 (3): 273-284.

Holbrook S J, Reed D C, Scott B J, 2002. Survival experiments withoutplanted seedlings of surfgrass (*Phyllospadix torreyi*) to enhance establishment on artificial structures [J]. Ices Journal of Marine Science, 59: 350-355.

Hollowed A B, 1996. Report on the climate change and carrying capacity of the North Pacific ecosystem [J] . GLOBEC Rep, 15, 99.

Huang X, Wang Z, Liu Y, et al. , 2016. On the use of blast furnace slag and steel slag in the preparation of green artificial reef concrete [J] . Constr Build Mater, 112: 241-246.

Hughes T P, 1994. Catastrophes, phase shifts, and large-scale degradation of a Caribbean coral reef [J]. Science, 265 (5178): 1547-1551.

Jan R Q, Liu Y H, Chen C Y, et al., 2003. Effects of pile size of artificial reefs on the standing stocks of fishes [J]. Fisheries Research, 63 (3): 327-337.

Khumbongmayum A D, Khan M, Tripathi R, 2005. Sacred groves of Manipur, northeast India: biodiversity value, status and strategies for their conservation [J]. Biodiversity & Conservation, 14 (7): 1541-1582.

Kim D, Jung S, Kim J, et al., 2019. Efficiency and unit propagation indices to characterize wake volumes of marine forest artificial reefs established by flatly distributed placement models [J]. Ocean Eng, 175: 138-148.

Lamb J B, Van De Water J A, Bourne D G, et al., 2017. Seagrass ecosystems reduce exposure to bacterial pathogens of humans, fishes, and invertebrates [J]. Science, 355 (6326): 731-733.

Largo D, 1993. Constructing an artificial seaweed bed [J]. Seaweed Cultivation and Marine Ranching: 113-130.

Leanne C. Cullen-Unsworth, Unsworth R K F, 2016. Strategies to enhance the resilience of the world's seagrass meadows [J]. Journal of Applied Ecology, 53 (4): 967-972.

Leber K M, 1999. Rationale for an experimental approach to stock enhancement [M] // Howell B R, Moksness E, Svåsand T E. Stock enhancement and sea ranching. Oxford, England: Fishing News Books, 63-75.

Lee K S, Park S R, Kim Y K, 2007. Effects of irradiance, temperature, and nutrients on growth dynamics of seagrasses: A review [J]. Journal of Experimental Marine Biology and Ecology, 350 (1): 144-175.

Lee M O, Otake S, Kim J K, 2018. Transition of artificial reefs (ARs) research and its prospects [J]. Ocean & Coastal Management, 154: 55-65.

Li F, Xu M, Wang Z, et al., 2014. Ecological restoration zoning for a marine protected area: A case study of Haizhouwan National Marine Park, China [J]. Ocean & coastal management, 98: 158.

Lima J S, Zalmon I R, Love M, 2019. Overview and trends of ecological and socioeconomic research on artificial reefs [J]. Marine Environmental Research, 145: 81-96.

Liu H, Xu Q, Liu S, et al., 2015. Evaluation of body weight of sea cucumber *Apostichopus japonicus* by computer vision [J]. Chinese journal of oceanology and limnology, 33 (1): 114-120.

Liu X, Zhou Y, Liu B, et al., 2019. Temporal dynamics of the natural and trimmed angiosperm *Zostera marina* L. (Potamogetonales: Zosteraceae), and an effective technique for transplantation of long shoots in a temperate tidal zone (northern China) [J]. Wetlands, 39 (5): 1043-1056.

Lv H, Zhang X, Zhang P, et al., 2011. The implement of plastic oval tags for mark-recapture in juvenile Japanese flounder (*Paralichthys olivaceus*) on the northeast coast of Shandong Province, China [J]. African Journal of Biotechnology, 10 (61):

13263-13277.

Marbá N, Duarte C M, Cebrián J, et al. , 1996. Growth and population dynamics of *Posidonia oceanica* on the Spanish Mediterranean coast: elucidating seagrass decline [J]. Marine Ecology Progress Series, 137: 203-213.

Martín Merino-Ibarra, 1993. Biomass and dynamics of Thalassia testudinum in the Mexican Caribbean: elucidating rhizome growth [J]. Marine Ecology Progress Series, 95 (1-2): 185-192.

McCoy E, Borrett S, La Peyre M, et al. , 2017. Estimating the impact of oyster restoration scenarios on transient fish production [J]. Restoration Ecology, 25 (5): 798-809.

Meehan A J, West R J, 2000. Recovery times for a damaged *Posidonia australis* bed in south eastern Australia [J]. Aquatic Botany, 67 (2): 161-167.

Miller M W, Falace A, 2000. Evaluation methods for trophic resource factors-nutrients, primary production, and associated assemblages [J]. Artificial Reef Evaluation with Application to Natural Marine Habitats: 95-126.

Millidine K J, Armstrong J D, Metcalfe N B, 2006. Presence of shelter reduces maintenance metabolism of juvenile salmon [J]. Functional Ecology, 20 (5): 839-845.

Näslund J, Johnsson J I, 2014. Environmental enrichment for fish in captive environments: effects of physical structures and substrates [J]. Fish and Fisheries, 17 (1): 1-30.

Neill W H, Brandes T S, Burke B J, et al. , 2010. Ecophys. Fish: A simulation model of fish growth in time-varying environmental regimes [J]. Reviews in Fisheries Science, 12 (4): 233-288.

Neves dos Santos M, Monteiro C C, Lasserre G, 2005. Observations and trends on the intra-annual variation of the fish assemblages on two artificial reefs in Algarve coastal waters (southern Portugal) [J]. Scientia Marina, 69 (3): 415-426.

Ohno M, 1993. Succession of Seaweed Communities on Artificial Reefs in Ashizuri, Tosa Bay, Japan [J]. The Korean Journal of Phycology, 8 (2): 191-198.

Okuda K, 2008. Coastal environment and seaweed-bed ecology in Japan [J]. Kuroshio Science, 2: 15-20.

Orth R J, Marion S R, Granger S, et al. , 2009. Evaluation of a mechanical seed planter for transplanting *Zostera marina* (eelgrass) seeds [J]. Aquatic Botany, 90 (2): 204-208.

Oyamada K, Tsukidate M, Watanabe K, et al. , 2008. A field test of porous carbonated blocks used as artificial reef in seaweed beds of *Ecklonia cava* [J]. Journal of Applied Phycology, 20 (5): 863-868.

Paling E I, vanKeulen M, Wheeler K, et al. , 2001a. Mechanical seagrass transplantation in Western Australia [J]. Ecological Engineering, 16 (3): 331-339.

Paling E I, vanKeulen M, Wheeler KD, et al. , 2001b. Improving mechanical seagrass transplantation [J]. Ecological Engineering, 18 (1): 107-113.

Park J I, Lee K S, 2007. Site-specific success of three transplanting methods and the effect [J]. Marine Pollution Bulletin, 1-11.

Peralta G, Pérez-Lloréns J L, Hernández I, et al. , 2002. Effects of light availability on

growth, architecture and nutrient content of the seagrass *Zostera noltii* Hornem [J]. Journal of Experimental Marine Biology and Ecology, 269 (1): 9-26.

Peterson C H, Grabowski J, Powers S P, 2003. Estimated enhancement of fish production resulting from restoring oyster reef habitat: Quantitative valuation [J]. Marine Ecology-Progress Series, 264: 249-264.

Peyre M L, Furlong J, Brown L A, et al., 2014. Oyster reef restoration in the northern Gulf of Mexico: Extent, methods and outcomes [J]. Ocean & Coastal Management, 89: 20-28.

Piazza B P, Banks P D, Peyre M K L, 2005. The potential for created oyster shell reefs as a sustainable shoreline protection strategy in Louisiana [J]. Restoration ecology, 13 (3): 499-506.

Pickering H, 1996. Artificial reefs of bulk waste materials: a scientific and legal review of the suitability of using the cementstabilised by-products of coal-fired power stations [J]. Marine Policy, 20 (6): 483-497.

Pitcher T, 2002. Forecasting the benefits of no-take human-made reefs using spatial ecosystem simulation [J]. ICES Journal of Marine Science, 59: 17-26.

Plutchak R, Major K, Cebrian J, et al., 2010. Impacts of oyster reef restoration on primary productivity and nutrient dynamics in tidal creeks of the north central gulf of Mexico [J]. Estuaries & Coasts, 33 (6): 1355-1364.

Rose K A, Kimmerer W J, Edwards K P, et al., 2013. Individual-based modeling of Delta Smelt population dynamics in the upper San Francisco estuary: I. Model description and baseline results [J]. Transactions of the American Fisheries Society, 142 (5): 1238-1259.

Scyphers S B, Powers S P, Heck Jr K L, et al., 2011. Oyster reef as natural breakwaters mitigate shoreline loss and facilitate fisheries [J]. PLoS ONE, 6 (8): 22396.

Serizawa Y, Ohno M, 1995. Succession of seaweed communities on artificial reefs in Tei Tosa Bay, Japan [J]. Bull Jpn Soc Sci Fish, 61 (6): 854-859.

Short F T, Carruthers T J B, Dennison W C, et al., 2007. Global seagrass distribution and diversity: a bioregional model [J]. Journal of Experimental Marine Biology and Ecology, 350 (1-2): 3-20.

Short F T, Willy-Echeverria S, 1996. Natural and human-induced disturbance of seagrasses [J]. Environment Conservation, 23: 17-27.

Short F T, Polidoro B, Livingstone S R, et al., 2011. Extinction risk assessment of the world's seagrass species [J]. Biological Conservation, 144 (7): 1961-1971.

Shuichi K, 2018. Economic, ecological and genetic impacts of marine stock enhancement and sea ranching: A systematic review [J]. Fish and Fisheries, 19: 511-532.

Stekoll M S, Deysher L, 1996. Recolonization and restoration of upper intertidal *Fucus gardneri* (Fucales, Phaeophyta) following the Exxon Valdez oil spill [J]. Hydrobiologia, 326 (1): 311-316.

Susini M L, Mangialajo L, Thibaut T, et al., 2007. Development of a transplantation technique of *Cystoseira amentacea* var. *stricta* and *Cystoseira compressa* [M] . Dordrecht: Kluwer Academic Publishers.

Taylor M D, Suthers I M, 2008. A predatory impact model and targeted stock enhancement approach for optimal release of Mulloway (*Argyrosomus japonicus*) [J] . Reviews in Fisheries Science, 16 (1-3): 125-134.

Terawaki T, Hasegawa H, Arai S, et al., 2001. Management-free techniques for restoration of *Eisenia* and *Ecklonia* beds along the central Pacific coast of Japan [J] . Journal of Applied Phycology, 13 (1): 13-17.

Terawaki T, Yoshikawa K, Yoshida G, et al., 2003. Ecology and restoration techniques for *Sargassum* beds in the Seto Inland Sea, Japan [J] . Marine Pollution Bulletin, 47 (1-6): 198-201.

Thorhaug A, 1987. Large-scale seagrass restoration in a damaged estuary [J] . Marine Pollution Bulletin, 16 (2): 55-62.

Thrope J E, 1980. Salmon ranching [M] . London: Academic Press: 441.

Unsworth R K F, Nordlund L M, Cullen-Unsworth L C, 2019. Seagrass Meadows Support Global Fisheries Production [J] . Conservation Letters, 12 (1): 12566.

Uthicke S, 1998. Nutrient regeneration by abundant coral reef holothurians [J] . Journal of Experimental Marine Biology & Ecology, 265 (2): 153-170.

Uthicke S, Karez R, 1999. Sediment patch selectivity in tropical sea cucumbers (Holothurioidea: Aspidochirotida) analysed with multiple choice experiments [J] . Journal of Experimental Marine Biology & Ecology, 236 (1): 69-87.

Van Katwijk M, Hermus D, De Jong D, et al., 2000. Habitat suitability of the Wadden Sea for restoration of *Zostera marina* beds [J] . Helgoland Marine Research, 54 (2-3): 117-128.

Vásquez J, Tala F, 1995. Experimental repopulation of *Lessonia nigrescens* (Phaeophyta, Laminariales) in intertidal areas of northern Chile [J] . Journal of Applied Phycology, 7: 347-349.

Wallace C, Wolstenholme J, True J, 1999. Staghorn corals of the world: an identification key and photo library for species of *Acropora* [J] . Australian coral reef society.

Waycott M, Duarte C M, Carruthers T J, et al., 2009. Accelerating loss of seagrasses across the globe threatens coastal ecosystems [J] . Proceedings of the national academy of sciences, 106 (30): 12377-12381.

Wulff J L, 2006. Rapid diversity and abundance decline in a Caribbean coral reef sponge community [J] . Biological Conservation, 127 (2): 176.

Xu S, Zhou Y, et al., 2019. Single beam sonar reveals the distribution of the eelgrass *Zostera marina* L. and threats from the green tide algae *Chaetomorpha linum* K. in Swan-Lake lagoon (China) [J] . Marine Pollution Bulletin, 145: 611-623.

Yamamoto M, Fukushima M, Liu D, 2012. The Effect of Humic Substances on Iron Elution in the Method of Restoration of Seaweed Beds Using Steelmaking Slag [J] . Isij International, 52 (10): 1909-1913.

Yoon J T，Sun S M，Chung G，2014.*Sargassum* bed restoration by transplantation of germlings grown under protective mesh cage［J］.Journal of Applied Phycology，26（1）：505-509.

Yoshida G，Yoshikawa K，Arai S，et al.，2006.Seaweed colonization on the experimental substrata set in *Sargassum horneri*（Fucales，Phaeophyta）community［J］.Fisheries Engineering（Japan）.

Yu Y Q，Zhang Q S，Tang Y Z，et al.，2012.Establishment of intertidal seaweed beds of *Sargassum thunbergii* through habitat creation and germling seeding［J］.Ecological Engineering，44：10-17.

Zhou Y，Liu P，Liu B，et al.，2014.Restoring eelgrass（*Zostera marina* L.）habitats using a simple and effective transplanting technique［J］.PloS one，9（4）：e92982.

今井义弘，高谷义幸，1998.回流水槽による北海道南西沿岸の魚類の行動観察［J］.北水试验报，52：9-16.

農林水産技術会議事務局，1991.海洋牧場［M］.東京：恒星社厚生閣：408-617.

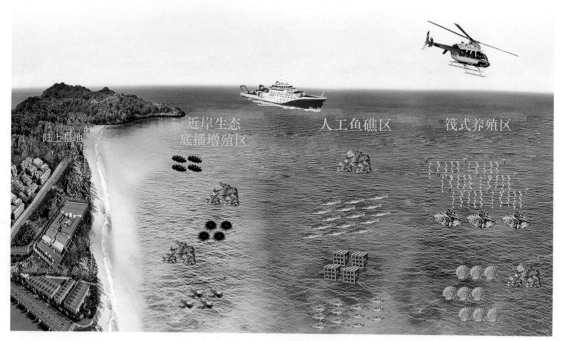

彩图1　海洋牧场示意图
(改自杨红生等，2017)

彩图2　现代化海洋牧场概念图
(引自陈勇，2020)

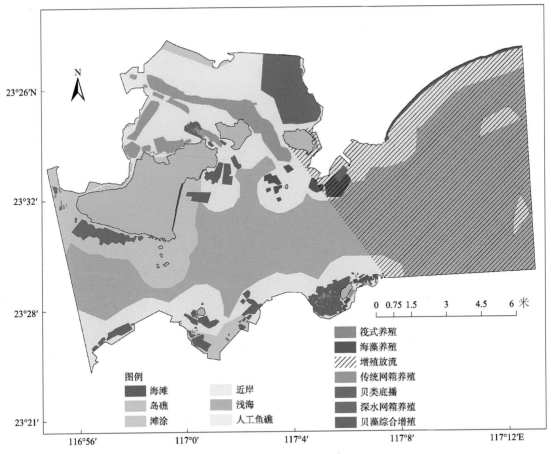

彩图3　广东柘林湾海洋牧场开放景观分类示意
（引自段丁毓等，2020）

图例

海滩	近岸
岛礁	浅海
滩涂	人工鱼礁

筏式养殖	
海藻养殖	
增殖放流	
传统网箱养殖	
贝类底播	
深水网箱养殖	
贝藻综合增殖	

0　0.75　1.5　　　3　　　4.5　　　6 米

彩图4　一种适用于浅海底播增养殖的多层组合式海珍礁

彩图5　中国北方鳗草海草床

彩图6　中国南方日本鳗草海草床

彩图7　移植草皮法

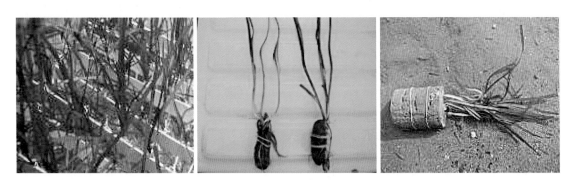

彩图8　框架移植法（左）、根茎绑石移植法（中）、泥筒移植法（右）

彩图9　珊瑚礁生态系统

彩图10　衰退的珊瑚礁生态系统

彩图11　珊瑚人工移植

（图片来源：张浴阳）

彩图12　美国牡蛎礁附着基材料与结构

彩图13　澳大利亚牡蛎礁附着基与礁体结构

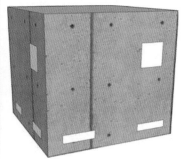

彩图14　我国各地牡蛎礁修复的附着基选择和礁体设计

　　注：1.浙江三门牡蛎礁修复项目投放以石头为主的底质物；2.香港牡蛎礁修复项目以投放水泥柱作为附着底物；3.天津祥云湾牡蛎礁修复采用设计的大型混泥土鱼礁为附着基质。

彩图15　我国香港后海湾牡蛎礁修复现场

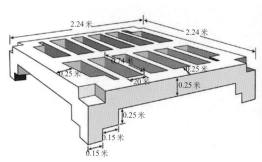

彩图16　美国弗吉尼亚人工牡蛎礁结构和修复效果

彩图17　牡蛎城堡的修复效果（左为刚铺设完，右为修复后效果）

彩图18　英国多尔诺奇峡湾牡蛎礁修复项目人为投放成年欧洲牡蛎

彩图19　牡蛎鱼礁增殖刺参效果图

彩图20　牡蛎礁和钢架及混凝土的综合设计效果

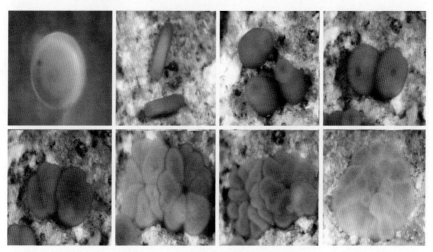

彩图21　壮实鹿角珊瑚幼体附着过程

彩图22　用于造礁石珊瑚断枝移植的大型仿生礁

彩图23　用于造礁石珊瑚断枝移植的生物礁球

彩图24　东海区人工鱼礁附着厚壳贻贝

彩图25　东海区人工鱼礁附着海百合

彩图26　嵊泗海洋牧场人工鱼礁特殊结构诱集鱼类

彩图27　莱州明波水产养殖模式
（图片来源：孔一颖）

彩图28　"长鲸1号"深水智能养殖网箱

彩图29 "长鲸1号"网箱养殖时实时监测图

彩图30 美国海岸防护型牡蛎礁建设实例（一）
（图片来源：大自然保护协会）

彩图31　美国海岸防护型牡蛎礁建设实例（二）
（图片来源：大自然保护协会）

彩图32　牡蛎礁与海岸带防护（山东荣成桑沟湾）
（图片来源：方建光和王军威）

彩图 33　鳗草生殖枝的采集及其自然海域成熟

（引自刘燕山，2015）

彩图 34　鳗草平铺地毯式播种过程及其恢复效果

（引自刘燕山，2015）

彩图35　鳗草苗圃式育苗床的设计与制作及其培育效果
（引自刘燕山，2015）

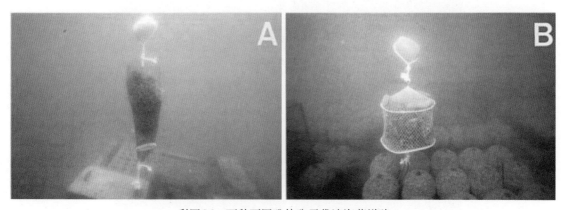

彩图36　两种不同礁体孢子袋法海藻增殖

受精卵　　　　　胚　　　　　30天　　　　40天　　　　3个月

彩图37　地中海囊链藻海藻场原位修复过程

彩图38　济州岛藻场建设
（引自Jang Taek Yoon等，2014）

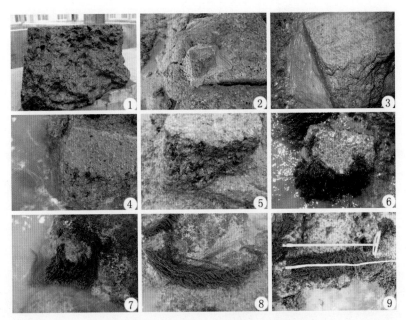

彩图39 硇洲马尾藻人工藻礁苗的生长过程

（引自王惠等，2019）

注：1.2016年7月20日，室内培养68天后的附有幼孢子体的混泥土块；2.2016年7月23日，混凝土块用速凝水泥固定于徐闻南山原生态自然礁石上；3.2016年8月20日，下海28天的人工藻礁苗；4.2016年11月7日，下海107天的人工藻礁苗；5.2016年12月17日，下海147天的人工藻礁苗；6.2017年2月26日.下海218天的藻体，有气囊形成；7.2017年4月2日.下海253天的藻体，有生殖托形成；8.2017年5月1日，下海282天的处于繁殖盛期的藻体；9.2018年5月20日，下海666天的第二年人工藻礁上的藻体。

彩图40 马鞍列岛铜藻海藻场建设藻礁附着海藻生长过程

（图片来源：章守宇）

| Collect fertile kelps | → | Induce spore release | → | Seed spores on gravel | → | Incubation 14 d low flow 55 d high flow | → | Scatter gravel on reef | → | In situ growth 2.5 mo. |

彩图41　石块海藻附着过程

采集肥厚的海带→产生孢子并释放→将孢子附着在石块上→分别在低水流速下孵化14天和高水流速下孵化55天→在礁石上散布砾石→保持原位生长2.5个月

（引自Stein Fredriksen等，2020）

彩图42　造礁石珊瑚正在排卵

A.简单鹿角珊瑚　B.细枝鹿角珊瑚

彩图43　珊瑚树断枝培育法

（引自黄晖等，2020）

彩图44　浮床珊瑚断枝培育法
（引自黄晖等，2020）

彩图45　缆绳珊瑚断枝培育法
（引自黄晖等，2020）

彩图46　铆钉珊瑚移植

彩图47　生物黏合剂珊瑚断枝移植
(引自黄晖等，2020)

彩图48　用于造礁石珊瑚断枝移植的生物礁球
（引自黄晖等，2020）

彩图49　玄武岩生态礁
（图片来源：李秀宝）

彩图50　祥云湾海洋牧场监测管理平台及平台上搭载的监测仪器

（图片来源：张云岭）

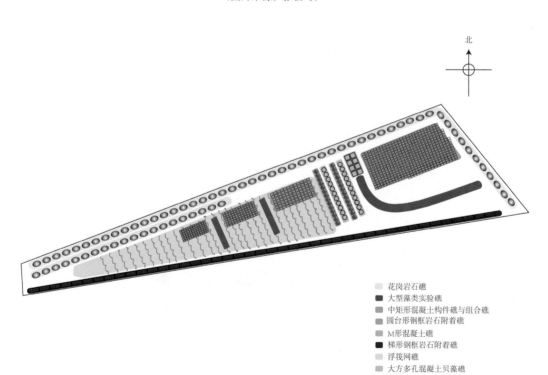

北

花岗岩石礁
大型藻类实验礁
中矩形混凝土构件礁与组合礁
圆台形钢框岩石附着礁
M形混凝土礁
梯形钢框岩石附着礁
浮筏网礁
大方多孔混凝土贝藻礁

彩图51　祥云湾海洋牧场投礁示意图

彩图52　环带状礁体上生长藻类

彩图53　网链状藻床区内生长藻类
（图片来源：唐山海洋牧场实业有限公司）

彩图54　藻林恢复后贝藻礁系统海藻床情况
（图片来源：唐山海洋牧场实业有限公司）

彩图55　8孔沉箱

（图片来源：唐山海洋牧场实业有限公司）

彩图56　12孔沉箱

（图片来源：唐山海洋牧场实业有限公司）

彩图57　16孔沉箱（方形孔）

（图片来源：唐山海洋牧场实业有限公司）

彩图58 16孔沉箱（椭圆形孔）
（图片来源：唐山海洋牧场实业有限公司）

彩图59 大方多孔混凝土贝藻礁图
（图片来源：唐山海洋牧场实业有限公司）

彩图60 M形混凝土贝藻礁图
（图片来源：唐山海洋牧场实业有限公司）

彩图61　花岗岩块石贝藻礁

（图片来源：唐山海洋牧场实业有限公司）

彩图62　投礁类型

（图片来源：山东蓝色海洋科技股份有限公司）

彩图63　自升式多功能海洋牧场平台

（图片来源：山东蓝色海洋科技股份有限公司）

彩图64 海洋牧场规划图
（图片来源：威海长青海洋科技股份有限公司）

彩图65 礁体类型
（图片来源：威海长青海洋科技股份有限公司）

彩图66　海洋牧场海藻增殖
（图片来源：威海长青海洋科技股份有限公司）

彩图67　增殖放流
（图片来源：威海长青海洋科技股份有限公司）

彩图68　海洋牧场配套工程建设
（图片来源：威海长青海洋科技股份有限公司）

彩图69　海上休闲垂钓
（图片来源：威海长青海洋科技股份有限公司）

彩图70　海洋牧场展示厅
（图片来源：威海长青海洋科技股份有限公司）

彩图71　海洋牧场科普活动
（图片来源：威海长青海洋科技股份有限公司）

彩图72 海洋牧场资源增殖效果
（图片来源：威海长青海洋科技股份有限公司）

彩图73 海洋牧场休闲垂钓平台
（图片来源：青岛鲁海丰食品集团有限公司）

彩图74　海洋牧场休闲海钓船
（图片来源：青岛鲁海丰食品集团有限公司）

彩图75　人工鱼礁类型
（图片来源：青岛鲁海丰食品集团有限公司）

彩图76 海洋牧场增殖放流
（图片来源：青岛鲁海丰食品集团有限公司）

彩图77 海洋牧场在线监控系统
（图片来源：青岛鲁海丰食品集团有限公司）

彩图78 海洋牧场科普宣传
（图片来源：青岛鲁海丰食品集团有限公司）

彩图79 海洋牧场休闲海钓船
（图片来源：青岛鲁海丰食品集团有限公司）

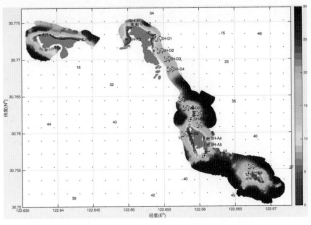

彩图80 三横礁区单位鱼礁配置图
（图片来源：嵊泗县海洋与渔业局）

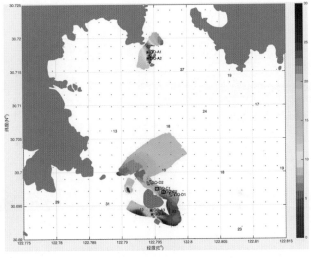

彩图81 枸杞礁区单位鱼礁配置图
（图片来源：嵊泗县海洋与渔业局）

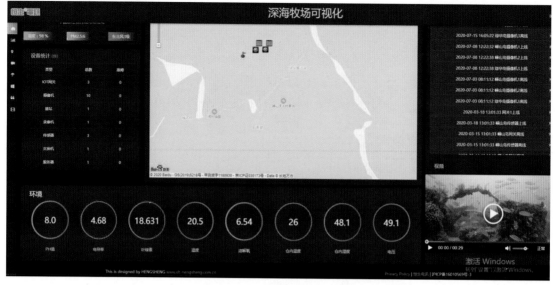

彩图82　海洋牧场在线监测系统
（图片来源：嵊泗县海洋与渔业局）

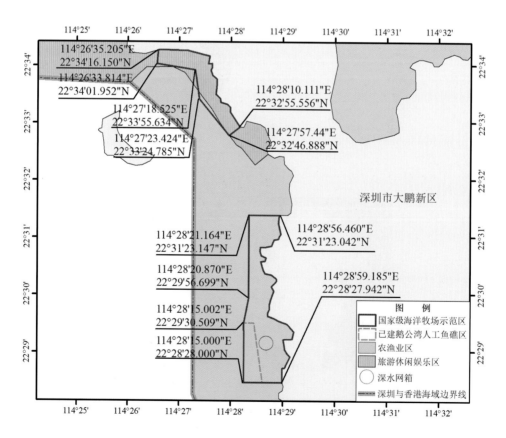

彩图83　深圳市大鹏湾海域海洋牧场规划位置
（图片来源：深圳市大鹏新区经济服务局）

彩图84 海上人工无性繁殖珊瑚苗
（图片来源：深圳市大鹏新区经济服务局）

彩图85　海洋牧场及毗邻海域珊瑚分布
（图片来源：海南蜈支洲旅游开发股份有限公司）

彩图86　沉船型人工鱼礁
（图片来源：海南蜈支洲旅游开发股份有限公司）

彩图87　海洋牧场珊瑚修复
（图片来源：海南蜈支洲旅游开发股份有限公司）

彩图88　海洋牧场生物资源养护
（图片来源：海南蜈支洲旅游开发股份有限公司）